核电厂技术岗位必读丛书

压水堆物理热工人员岗位必读

主　编　邓志新

副主编　潘泽飞　邹　森　杨卓芳

内容简介

本书以秦山核电压水堆物理热工相关岗位理论知识和实操技能培养为核心，以“反应堆物理试验、堆芯监督与反应性管理、堆芯换料设计、堆芯燃料管理”等主要能力的培养为主线，为相关工作岗位的从业人员提供了一套系统的学习材料，共设置11章内容，包括反应堆物理基础、反应堆动力学、反应性系数、反应性控制、反应堆功率及其分布、裂变产物的产生与中毒、反应堆物理试验、堆芯监督与反应性管理、堆芯设计、堆芯燃料管理、反应堆热工水力基础。

本书既可作为秦山核电压水堆物理热工相关岗位的培训教材，帮助新员工在上岗前了解、熟悉和掌握本专业岗位的知识，也可作为从事核电厂运行和相关管理工作的专业技术人员的参考资料。

图书在版编目(CIP)数据

压水堆物理热工人员岗位必读/邓志新主编. —哈尔滨：哈尔滨工程大学出版社，2023.1
ISBN 978-7-5661-3756-2

Ⅰ. ①压… Ⅱ. ①邓… Ⅲ. ①压水反应堆-反应堆物理学-热工学-岗位培训-教材 Ⅳ. ①TL421

中国版本图书馆CIP数据核字(2022)第208468号

压水堆物理热工人员岗位必读
YASHUIDUI WULI REGONG RENYUAN GANGWEI BIDU

选题策划 石 岭
责任编辑 张 彦 关 鑫
封面设计 李海波

出版发行 哈尔滨工程大学出版社
社　　址 哈尔滨市南岗区南通大街145号
邮政编码 150001
发行电话 0451-82519328
传　　真 0451-82519699
经　　销 新华书店
印　　刷 黑龙江天宇印务有限公司
开　　本 787 mm×1 092 mm 1/16
印　　张 15.50
字　　数 395千字
版　　次 2023年1月第1版
印　　次 2023年1月第1次印刷
定　　价 78.00元
http://www.hrbeupress.com
E-mail:heupress@hrbeu.edu.cn

序

秦山核电是中国大陆核电的发源地,9台机组总装机容量666万千瓦,年发电量约520亿千瓦时,是我国目前核电机组数量最多、堆型最丰富的核电基地。秦山核电并网发电三十多年来,披荆斩棘、攻坚克难、追求卓越,实现了从原型堆到百万级商用堆的跨越,完成了从商业进口到机组自主化的突破,做到了在"一带一路"上的输出引领;三十多年的建设发展,全面反映了我国核电发展的历程,也充分展现了我国核电自主发展的成果;三十多年的积累,形成了具有深厚底蕴的核安全文化,练就了一支能驾驭多堆型运行和管理的专业人才队伍,形成了一套成熟完整的安全生产运行管理体系和支持保障体系。

秦山核电"十四五"规划高质量推进"四个基地"建设,打造清洁能源示范基地、同位素生产基地、核工业大数据基地及核电人才培养基地,拓展秦山核电新的发展空间。技术领域深入学习贯彻公司"十四五"规划要求,充分挖掘各专业技术人才,组织编写了"核电厂技术岗位必读丛书"。该丛书以"规范化""系统化""实践化"为目标,以"人才培养"为核心,构建"隐性知识显性化,显性知识系统化"的体系框架,旨在将三十多年的宝贵经验固化传承,使人员达到运行技术支持所需的知识技能水平,同时培养人员的软实力,让员工能更快更好地适应"四个基地"建设的新要求,用集体的智慧,为实现中核集团"三位一体"奋斗目标、中国核电"两个十五年"发展目标、秦山核电"一体两翼"发展战略和"1+1+2+4"发展思路贡献力量,勇做新时代核电领跑者,奋力谱写"国之光荣"崭新篇章。

秦山核电 副总经理:

前言

本书在2012年出版的秦山第二核电厂培训教材《核电厂物理热工》的基础上，根据秦山核电技术领域培训体系规范管理的要求组织修改、编写而成。原版教材仅针对秦山第二核电厂压水堆机组进行讲解。本书除将原版教材中部分不适用于当下核电厂实际情况的章节删减外，还增加了秦山第一核电厂30万千瓦机组、方家山核电站压水堆机组的相关内容，同时还增加了近几年新研发的动态刻棒法、"一点法"堆外探测器校刻等先进的物理试验方法等内容。

依据压水堆物理和热工水力专业岗位规范和对相关职责的规定，本书共设置了11章内容，包括反应堆物理基础、反应堆动力学、反应性系数、反应性控制、反应堆功率及其分布、裂变产物的产生与中毒、反应堆物理试验、堆芯监督与反应性管理、堆芯设计、堆芯燃料管理、反应堆热工水力基础。

在具体编写过程中，代前进、詹勇杰、刘臻、沈聪确定了内容框架；代前进、刘臻、杨卓芳、王勇智、徐飘、杨嗣、王澄瀚、沈亚杰、许进、蔡庆元、汪聪梅、项骏军结合当前最新的物理计算软件、物理试验技术及工作经验，对本书进行了全面、细致的编制和审校。此外，本书内容借鉴了杨兰和、戚屯锋、潘泽飞、汪聪梅、何子帅、詹勇杰、叶国栋、刘臻、张佶翱、项骏军、代前进、杨少杰的研究内容，在此对各位同仁表示感谢！

由于时间仓促，加之编者水平有限，疏漏之处在所难免，恳请读者指正。

编　者

2022年7月

目　录

第1章 反应堆物理基础

核反应堆是一种能以可控方式实现自持链式裂变反应或核聚变反应的装置,分为裂变堆和聚变堆两种类型。迄今为止,世界上已建成且广泛使用的反应堆都是裂变堆,聚变堆尚处于研究设计阶段。因此,本书中的核反应堆仅指裂变反应堆。在反应堆内,中子与核燃料原子核作用,不断地发生裂变反应并释放出能量和中子。除了核燃料外,反应堆中还有冷却剂、慢化剂、结构材料和中子吸收体等。要启动反应堆,使其由次临界状态达到临界状态,再将功率提升至给定水平并自动保持在该水平上运行,或对反应堆实行事故保护、停止链式反应并使反应堆进入次临界状态,都必须调节反应堆活性区内的中子注量率分布和能量释放水平。对于反应堆系统的核物理特性,可以用增殖系数和反应性来描述。本章对裂变链式核反应、裂变能、裂变产物和反应堆的临界概念进行了阐述,探讨了增殖系数、中子注量率分布、临界方程及中子注量率与反应堆功率的关系等问题。

1.1 核裂变

核反应堆内的主要核过程是中子与核反应堆内的各种元素相互作用的过程。中子与原子核相互作用的方式有3种:势散射、直接相互作用和复合核的形成。这些相互作用可引起下列核反应:(n,γ)、(n,α)、(n,β)、(n,f)、(n,p)、(n,n)等。核裂变(n,f)是反应堆内最重要的中子与核相互作用的过程。它的重要性在于:核裂变过程释放出大量的能量,同时释放出中子。这在适当的条件下就有可能使这一反应自动进行下去,从而能够持续不断地释放出大量的能量和多个中子。

在反应堆物理分析中,研究中子与原子核的相互作用时,通常按能量大小将中子分为:快中子(0.1 MeV以上)、超热中子(1 eV~0.1 MeV)、热中子(1 eV以下)。

1.1.1 裂变反应

一个中子轰击一个重核,重核被分成2或3个中等质量数的裂变碎片的核反应称作裂变反应(三裂变碎片极少)。在这种核反应过程中,靶核俘获一个中子,形成一个复合核,并在极短的时间内分裂成两个碎片,同时放出2~3个中子,释放出大量的能量。目前,热中子反应堆内最常用的核燃料是裂变同位素铀-235($^{235}_{92}U$)。其裂变反应如下:

$$^{235}_{92}U + ^{1}_{0}n \rightarrow ^{A1}_{Z1}X + ^{A2}_{Z2}X + \nu ^{1}_{0}n + W \tag{1-1}$$

式中,$^{A1}_{Z1}X$、$^{A2}_{Z2}X$均为中等质量数的核,称为裂变碎片;ν为每次裂变平均放出的中子数;W为能量。

1.1.2 裂变产物与裂变中子

1. 裂变产物

核裂变反应的一个重要结果是产生裂变碎片和放出裂变中子。核裂变的方式有很多种,其中绝大多数是裂变成两个碎片。裂变碎片的质量数－产额曲线如图1－1所示,从图中可以看出,引起裂变的中子的能量不同,曲线的形状也不同。对于热中子裂变来说,目前已发现有80种以上的裂变碎片,这说明铀－235核差不多要以40种以上的不同裂变途径裂变,裂变碎片的质量数分布在72～161之间。对称裂变(两个碎片的质量数相等,均为118)的产额只有0.01%;非对称裂变的最大产额为6.00%(两个碎片的质量数分别为95和139)。

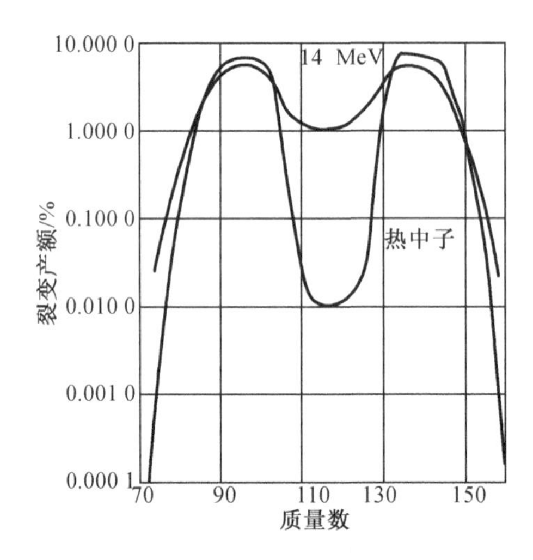

图1－1　铀－235核裂变碎片的质量数－产额曲线

几乎在所有情况下,这些裂变碎片都具有过大的中子－质子比。它们通常要经过一系列的β衰变,将过剩的中子转变为质子,才成为稳定核。裂变碎片及其衰变产物都叫作裂变产物。裂变产物中有些元素核,如氙(Xe)和钐(Sm),具有相当大的热中子吸收截面,它们将消耗反应堆内的中子。通常把这些中子吸收截面大的裂变产物叫作毒物。

裂变产物具有很强的放射性(主要是β射线和γ射线),需要经过很长的时间才会逐步减弱,这增加了其处理难度。

2. 裂变中子

裂变中子是在裂变反应过程中放出的新的次级中子。裂变反应过程中放出的中子数与裂变方式有关。但是,在实际计算中需要使用的是每次裂变放出的平均中子数,用$\nu(E)$表示,其值的大小依赖于裂变核和引起裂变的中子能量,$\nu(E)$值由式(1－2)和式(1－3)给出。

$$\nu_{235}(E)=2.416+0.133E \tag{1-2}$$

$$\nu_{239}(E)=2.862+0.135E \tag{1-3}$$

式中,E为引起核裂变的中子能量,MeV。通常来说,若热中子轰击铀－235,ν值取2.43(即每次裂变平均放出2.43个次级中子);若热中子轰击钚-239(^{239}Pu),ν 值取2.98(即每次裂变平均放出2.98个次级中子)。

在裂变反应放出的次级中子中,99%以上的裂变中子是在裂变瞬间(10~14 s)发射出来的,这些裂变中子叫作瞬发中子。瞬发中子的能量分布范围相当大,从0.05 MeV到10 MeV。另外,还有不到1%的裂变中子(铀-235裂变反应中约为0.65%)是在裂变碎片的衰变过程中发射出来的,这些裂变中子叫作缓发中子。也就是说,缓发中子的发射时间与裂变瞬间相比有一些延迟。依据从裂变发生到中子释放所经过的平均时间,一般在轻水堆中可将缓发中子分成6组。表1-1给出了铀-235核热中子裂变时缓发中子的有关数据。

表1-1 铀-235核热中子裂变时缓发中子的数据

组	半衰期 T_i/s	能量/keV	产额 β_i	平均寿期 l_i/s
1	54.510	250	0.000 247	78.640
2	21.840	560	0.001 385	31.510
3	6.000	430	0.001 222	8.660
4	2.230	620	0.002 645	3.220
5	0.496	420	0.000 832	0.716
6	0.179	430	0.000 169	0.258

注:β_i 为第 i 组缓发中子在全部裂变中子(瞬发中子和缓发中子的总数)中所占份额;T_i 为第 i 组缓发中子先驱核的半衰期。

β 可通过式(1-4)得出:

$$\beta = \sum_i \beta_i = 0.006\ 5 \tag{1-4}$$

缓发中子的平均寿命用 $\bar{l}$ 表示:

$$\bar{l} = \frac{\sum_i \beta_i l_i}{\sum_i \beta_i} = 12.74\ \text{s} \tag{1-5}$$

6组缓发中子先驱核的衰变常数 $\lambda_i = 1/l_i$。

由于先驱核产生的缓发中子的能量比裂变直接产生的瞬发中子的能量低,因此缓发中子具有较小的中子泄漏概率,但它引起快裂变的概率也会变小。考虑到两者在价值上的差异,将先驱核第 i 群的份额乘以价值因子 I_i,可得到第 i 群有效缓发中子份额:

$$\bar{\beta}_{ieff} = \bar{I}_i \cdot \beta_i \tag{1-6}$$

设对先驱核所有能群,其缓发中子平均价值都相同,则可给出总的有效缓发中子份额:

$$\bar{\beta}_{eff} = \bar{I}\sum_{i=1}^{6} \beta_i \tag{1-7}$$

一般来说,对于所考虑的可裂变同位素,每个先驱核的缓发中子份额都是不同的。表1-2给出了秦山第二核电厂(即秦山核电二期工程)第一循环缓发中子数据。

虽然，缓发中子在裂变中子中所占份额很小，但它对反应堆的动力学过程却有非常重要的影响。

表1－2　秦山第二核电厂第一循环缓发中子数据

群	寿期初(BOL)		寿期末(EOL)	
	$\beta_i\times10^5$	λ_i/s^{-1}	$\beta_i\times10^5$	λ_i/s^{-1}
1	21.7	0.012 5	14.6	0.012 6
2	146.3	0.030 8	111.8	0.030 7
3	135.3	0.114 7	98.7	0.119 3
4	282.4	0.310 2	200.2	0.318 6
5	96.2	1.232 5	72.1	1.246 6
6	32.4	3.287 4	25.2	3.268 0
总计	714.3		522.6	
瞬发中子寿命/μs	25.43		25.97	

注：表中数据为 $I=0.97$ 时的数据。

1.1.3　裂变能量

核裂变反应的另一个重要结果是释放出大量的能量。根据裂变反应前后核素间的质量亏损，可以计算出核裂变能。实验证明，每个铀－235原子核裂变反应释放出的能量约为200 MeV，其中80%的能量是以裂变碎片的动能形式释放出来的。铀－235核裂变释放的能量见表1－3。

表1－3　铀－235核裂变释放的能量

能量形式	能量/MeV	发射时间
裂变碎片的动能	168	瞬发
裂变中子的动能	5	瞬发
瞬发 γ 能量	7	瞬发
裂变产物 γ 衰变能量	7	缓发
裂变产物 β 衰变能量	8	缓发
中微子能量	12	缓发
总计	207	

在核反应堆内，裂变碎片的动能绝大部分都在核燃料内转换成了热能。裂变中子本身有一部分会被反应堆内各种材料吸收，发生(n,γ)反应，放出3～12 MeV能量。虽然这部分能量并不是核裂变直接释放出来的，但它也是裂变带来的结果，并且这部分能量的绝大部

分也是在反应堆内转变成了热能，因此通常也会把它们归入裂变反应所释放出的可利用能量。由于中微子不带电，质量又很小，几乎不与反应堆内任何物质作用，因此其带有的12 MeV能量在反应堆内是无法被利用的。确切地讲，每次核裂变反应后所放出的可利用的能量会随着反应堆堆型的不同而有所不同，一般计算时，可以近似地认为铀－235核每次裂变后，堆芯可利用能量约为200 MeV。可利用的裂变能量中，约97%分配在燃料内，不到1%（为γ射线能量）分配在堆屏蔽层内，其余能量则分配在冷却剂和结构材料内。可利用的能量中还包括裂变产物衰变过程中放出的γ射线和β射线，占总可利用能量的4%～5%，但这部分能量的释放存在一定的时间延迟。当反应堆停止运行时，裂变能量中的大部分会因裂变反应的终止而不再释放，而裂变产物的衰变会放出β射线和γ射线及其能量，并维持一段时间。因此，反应堆在停堆后仍然需要进行冷却和屏蔽。

1.2 链式裂变反应

1.2.1 自持链式裂变反应

通过上面的讨论可知，当中子与裂变物质作用而发生核裂变反应时，裂变物质的原子核通常会分裂为两个中等质量数的核（即裂变碎片），与此同时，还将平均地产生两个以上的新的裂变中子，并释放出蕴藏在原子核内部的核能。在适当的条件下，这些裂变中子又会引起周围其他裂变同位素的裂变反应，如此连续不断地反应下去，这种核反应称为链式裂变反应。

如果每次裂变反应产生的中子数目大于引起核裂变反应所消耗的中子数目，那么一旦在少数的原子核中引起了裂变反应，就有可能不再依靠外界的作用而使裂变反应不断地进行下去，这样的核裂变反应称为自持链式裂变反应。核反应堆就是一种能以可控方式产生自持链式裂变反应的装置，并能够以一定的速率将蕴藏在原子核内部的能量释放出来。

一个热中子反应堆要维持自持链式裂变反应的最低限度条件是：一个可裂变物质的核（如铀核）俘获一个热中子而产生裂变；在新产生的中子中，至少有一个热中子被俘获，并再次引起另一个核的裂变。

但是，由于核反应堆是由核燃料、慢化剂、冷却剂和结构材料等组成的装置，因此在核反应堆内，并不是全部的裂变中子都能引起新的裂变反应，有一部分裂变中子不可避免地要被反应堆内非裂变材料吸收或从反应堆内泄漏并损失掉。一个核反应堆能否发生自持链式裂变反应，取决于上述裂变、吸收和泄漏等过程中的裂变中子的产生率与消失率之间的平衡关系。

1.2.2 反应堆临界条件

核反应堆自持链式裂变反应的条件可以很方便地用有效增殖系数k来表示。它的定义为：对给定的系统，新生一代的中子数和产生它的直属上一代中子数之比，或中子的产生率

与总消失率之比，即

$$k = \frac{新生一代的中子数}{直属上一代的中子数} \tag{1-8}$$

或

$$k = \frac{系统内中子的产生率}{系统内中子的总消失率(吸收 + 泄漏)} \tag{1-9}$$

显然，有效增殖系数 k 与系统的材料成分、结构(易裂变同位素的富集度、慢化剂－燃料比等)和反应堆的大小(中子的泄漏程度)有关。无限大介质的反应堆的增殖系数可以用 k_∞ 表示，此时中子泄漏率为零，k_∞ 可表示成为

$$k_\infty = \frac{系统内中子的产生率}{系统内中子的吸收率} \tag{1-10}$$

而有限大小反应堆总会避免不了中子的泄漏。一般来说，堆芯越大，不泄漏的概率也越大。为了维持反应堆的链式裂变反应，有限尺寸堆芯的临界条件为

$$k_{eff} = k_\infty P_L \tag{1-11}$$

式中，P_L 为总的不泄漏概率，大小主要取决于反应堆堆芯的大小和几何形状，定义式如下：

$$P_L = \frac{系统内中子的吸收率}{系统内中子的吸收率 + 系统内中子的泄漏率} \tag{1-12}$$

式(1－11)中，k_{eff}为有限大小反应堆的有效增殖系数，其大小等于某一代中每一个被裂变材料吸收的热中子所产生的且能保留在反应堆内被再次吸收的热中子的数目，即

$$k_{eff} = \frac{系统内中子的产生率}{系统内中子的总消失率(吸收 + 泄漏)} \tag{1-13}$$

当 $k_{eff} > 1$ 时，反应堆内产生的中子数目多于反应堆内消失的中子数目，系统内的中子数目将随时间的推移而不断增加。此时，反应堆为超临界状态，堆功率将随时间的推移而增大。

当 $k_{eff} = 1$ 时，反应堆内产生的中子数目等于反应堆内消失的中子数目，系统内的中子数目将不随时间的推移而增加。此时，反应堆为临界状态，堆功率将保持在给定功率水平上。

当 $k_{eff} < 1$ 时，反应堆内产生的中子数目少于反应堆内消失的中子数目，系统内的中子数目将随时间的推移而不断减少。此时，反应堆为次临界状态，堆功率将随时间的推移而降低。

式(1－11)为反应堆的临界条件。因此，要使核反应堆维持自持链式裂变反应，首先必须要求 $k_\infty > 1$。如果对于由特定材料组成和布置的系统，它的无限大介质的反应堆的增殖因子 $k_\infty > 1$，那么对于这种系统，必定可以通过改变反应堆堆芯的大小找到一个合适的堆芯尺寸，恰好满足 $k_\infty P_L = 1$，亦即反应堆处于临界状态。此时的堆芯大小称为临界大小，反应堆内所装载的核燃料质量称为临界质量。

决定反应堆临界大小的一个因素是反应堆的材料组成。例如，对于采用浓缩铀的反应堆，其 k_∞ 比较大，所以其不泄漏概率就小一点，仍然可以满足 $k_\infty P_L = 1$ 的条件。因此用浓缩铀作为燃料的核反应堆，其临界大小必定小于用天然铀作为燃料的核反应堆。决定反应

堆临界大小的另一个因素是反应堆的几何形状。由于中子总是通过反应堆的表面泄漏出去的,而中子的产生则发生在反应堆的整个体积中,因此要减少中子的泄漏损失,也就是要提高其不泄漏概率,就要减小反应堆的表面积与体积之比。通常来说,球形的表面积最少,即球形反应堆的中子泄漏损失最小。然而在实际工程上,动力核反应堆多数都被设计成圆柱形。

1.2.3 反应堆内的中子循环

在热中子反应堆中,由裂变反应产生的中子都是快中子,其具有的能量最大平均为2 MeV左右。这些裂变中子在反应堆内运动的过程中将与慢化剂的原子核发生碰撞,能量降低直到与介质原子核热运动的动能平衡为止(即慢化成热中子),这一过程称为慢化过程。这些热中子在介质内仍需要运动(这一运动过程通常称为热中子的扩散过程),最后被介质吸收,并引起新的裂变反应。如此代代循环,重复不已。热中子反应堆中,每代中子循环内中子数目的增减与平衡主要取决下列几个过程:

- 铀-238(^{238}U)的快中子倍增(快中子增殖系数 ε)。
- 燃料吸收热中子引起的裂变(每次吸收的中子产额 η)。
- 慢化剂及结构材料等物质的辐射俘获(热中子利用系数 f)。
- 慢化过程中的共振吸收(逃脱共振俘获概率 p,又称逃脱共振吸收概率)。
- 中子的泄漏,包括慢化过程中的泄漏(裂变中子在慢化过程中的不泄漏概率 P_s)和热中子在扩散过程中的泄漏(热中子在扩散过程中的不泄漏概率 P_d)。

反应堆内中子数目的变化是上述过程竞争的结果(图1-2)。其中,前两个过程使反应堆内中子数目增加,后3个过程使反应堆内中子数目减少。下面将具体描述。

1. 快中子增殖系数 ε

定义:由所有具有各种能量的中子引起裂变所产生的快中子总数,与仅由热中子裂变所产生的快中子总数的比值。

$$\varepsilon=\frac{\text{由所有具有各种能量的中子引起裂变所产生的快中子总数}}{\text{仅由热中子裂变所产生的快中子总数}} \tag{1-14}$$

2. 每次吸收的中子产额 η

定义:燃料每吸收一个热中子所产生的平均裂变中子数。由于燃料每吸收一个热中子引起裂变的概率为 Σ_f/Σ_a,若铀-235每次裂变所产生的平均裂变中子数为 ν,则有

$$\eta=\frac{\Sigma_f}{\Sigma_a}\nu \tag{1-15}$$

式中,Σ_f 为燃料的宏观裂变截面;Σ_a 为热中子宏观吸收截面。

3. 热中子利用系数 f

定义:被燃料吸收的热中子数占被堆芯所有物质吸收的热中子数的份额。即

$$f=\frac{\text{被燃料吸收的热中子数}}{\text{被堆芯所有物质吸收的热中子数}} \tag{1-16}$$

式(1-16)的分母为包括燃料、慢化剂、冷却剂和结构材料等在内的所有物质吸收的热中子的总数。

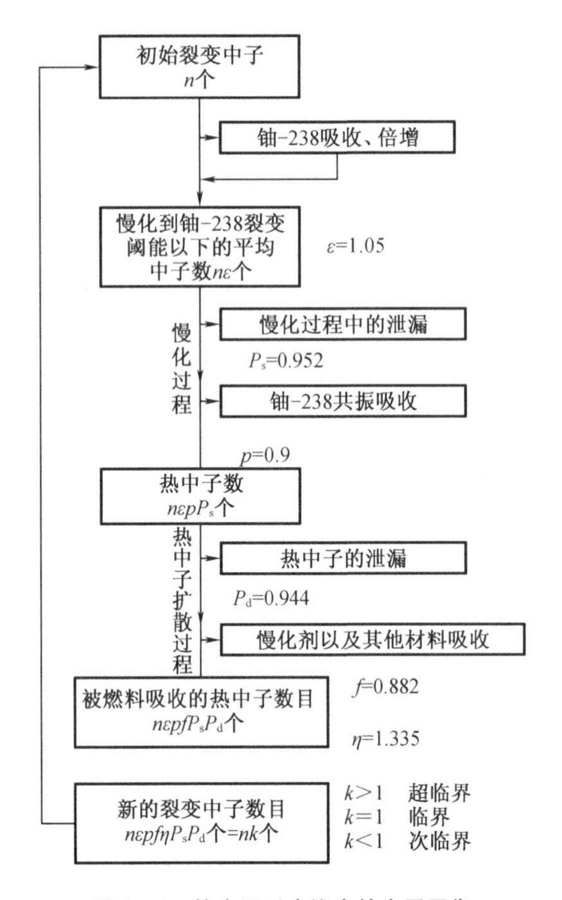

图 1－2　热中子反应堆内的中子平衡

4. 逃脱共振俘获概率 p

定义:在慢化过程中,中子逃脱共振吸收的概率。

5. 不泄漏概率 P_L

定义:裂变中子在慢化过程中的不泄漏概率和热中子在扩散过程中的不泄漏概率的乘积。即

$$P_L = P_s P_d \tag{1－17}$$

由此可见,中子在反应堆内的循环过程如下:假设在某一代开始时有 n 个裂变中子,在其被有效地慢化以前,由于铀－238 快中子倍增,中子数目将增加到 $n\varepsilon$ 个。这些中子将继续慢化,但是由于共振吸收会导致损失一部分中子,因此只有 $n\varepsilon p$ 个中子能够逃脱共振吸收而慢化成热中子。在裂变中子慢化过程和热中子扩散过程中,由于泄漏损失,实际上被燃料吸收的热中子数目只有 $n\varepsilon pP_sP_d$ 个。显然,能够被燃料吸收利用的热中子数目为 $n\varepsilon pfP_sP_d$个,其余热中子被其他材料吸收。被燃料吸收的热中子将使燃料核发生新的裂变反应,重新放出裂变中子。由于燃料每吸收一个热中子将产生 η 个裂变中子,因此新的裂变中子数目为 $n\varepsilon pf\eta P_sP_d$ 个。图 1－2 给出了上述各过程的形象描述和一些典型数据。

根据有效增殖系数的定义,可以得出

$$k_{eff} = \frac{n\varepsilon pf\eta P_s P_d}{n} = k_\infty P_L \tag{1－18}$$

由于 $P_L = P_s P_d$，因此有 $k_\infty = \varepsilon p f \eta$。这个表达式通常被称为“四因子公式”。上面分析热中子反应堆内中子平衡的方法称为“四因子模型”。在早期的反应堆物理分析和计算中，四因子模型被广泛应用。同时，该模型对热中子反应堆内中子的循环过程给出了清晰的物理概念和形象的描述。但是，四因子模型仅是对充分热化的热中子反应堆内的物理过程的一种近似的简单描述，并不能严格地描述一些更为复杂的反应堆物理过程。尽管如此，无限增殖系数仍然是一个极其重要的物理参数，它对堆芯燃料管理的计算有着极其重要的意义。

1.2.4 临界方程

综上所述，P_L 随堆芯体积的增大而增大。如果改变堆的形状来减小表面积与体积之比，P_s 和 P_d 也增大。因此，可以用影响反应堆体积和形状的几何参数来计算 P_s 和 P_d。

$$P_s = e^{-B_m^2 \tau} \tag{1-19}$$

$$P_d = \frac{1}{1 + B_g^2 L^2} \tag{1-20}$$

式中，τ 为中子年龄，其值是无穷大介质中，快中子从产生点到变成热中子点直线距离均方值的 1/6；L^2 为热中子扩散长度（距离），其值是无穷大介质中，中子从变成热中子点到它被吸收点的直线距离均方值的 1/6；B_g^2、B_m^2 分别为反应堆的几何曲率和材料曲率，cm^{-2}。

对于裸堆而言，几何曲率 B_g^2 只与反应堆的几何形状和尺寸大小有关[如对于球形裸堆，$B_g^2 = (\pi/R)^2$]。材料曲率 B_m^2 反映了增殖介质材料的特性，其数值大小只取决于反应堆的材料成分和特性（如 L^2、τ、k_∞ 等），而与反应堆的几何形状及大小无关。

在引进材料曲率和几何曲率的概念后，反应堆临界条件可变为：材料曲率等于几何曲率时，反应堆处于临界状态，即临界方程可写为 $B_g^2 = B_m^2$；若 $B_g^2 < B_m^2$，反应堆处于超临界状态；若 $B_g^2 > B_m^2$，反应堆处于次临界状态。

1.3 反应堆功率

1.3.1 反应堆热功率

反应堆在单位时间内释放的热能称为反应堆的热功率。前文已经介绍过，一次铀-235核裂变将产生约 200 MeV 的核能，这些能量将以热能的形式被释放出来。因此，反应堆功率大小取决于单位体积反应堆内中子与可裂变物质在单位时间内的总的裂变次数，即裂变反应率 R（单位时间、单位体积内中子与可裂变物质发生裂变反应的次数）。假设以铀-235 为燃料的反应堆的平均热中子注量率为 ϕ[$n/(cm^2 \cdot s)$]；铀-235 的宏观裂变截面为 Σ_f（cm^{-1}）；裂变反应率 R 的计算过程为

$$\phi = nv$$

$$\Sigma_f = N\sigma_f$$

$$R = \phi\Sigma_f = \phi N \sigma_f \tag{1-21}$$

式中，N 为单位体积内可能发生裂变反应的原子核数；σ_f 是微观裂变截面，b（$1\ b = 10^{-28}\ m^2$）

或 cm^2；n 为中子密度（中子数）；v 是中子速度，$cm^{-2}\cdot s^{-1}$。

若假设堆芯体积为 $V(cm^3)$，每次裂变所放出的能量为 $E_f(W\cdot s)$，则反应堆的热功率 P 可表示为

$$P = RVE_f = \phi\Sigma_f VE_f \tag{1-22}$$

若铀-235 核每次裂变释放出的能量为 200 MeV，而 1 MeV $=1.6\times10^{-13}$ W·s(J)。那么，铀-235 核每次裂变释放出的能量为 3.2×10^{-11} W·s。因而有

1 J 的能量 $=3.125\times10^{10}$ 次铀-235 核裂变释放出的能量

反应堆热功率为

$$P = \frac{\Sigma_f\phi V}{3.125\times10^{10}}\ \mathrm{W} \tag{1-23}$$

热中子注量率为

$$\phi = \frac{3.125\times10^{10}P}{V\Sigma_f}\ \mathrm{n/(cm^2\cdot s)} \tag{1-24}$$

即反应堆功率水平与裂变反应率成正比。在宏观裂变截面为常数时，反应堆内平均热中子注量率正比于反应堆的功率水平。

1.3.2 衰变热

停堆后，虽然反应堆内的中子链式裂变反应已停止，但是反应堆功率不会迅速下降到零，这时的功率称为剩余功率。剩余功率的来源有两个：一是停堆后某些裂变产物还会继续发射缓发中子，引起部分铀核裂变；二是裂变产物继续放出 β 射线和 γ 射线，这些裂变产物衰变的半衰期都较长，它们在反应堆内与周围物质相互作用并迅速转化为热能。这两个因素所生成的热量称为衰变热。

根据经验公式，如果已知反应堆在某一功率水平 P 上运行时间 T，则停堆后 t 时刻，裂变产物以 β 射线和 γ 射线形式释放的总功率为

$$P_d(t,T) = 4.1\times10^{16}P[t^{-0.2}-(t+T)^{-0.2}]\ \mathrm{MeV/s}$$

或

$$P_d(t,T) = 6.56\times10^{-3}P[t^{-0.2}-(t+T)^{-0.2}]\ \mathrm{MW}$$

式中，P 为反应堆功率水平，MW。

停堆后，由于裂变产物的衰变仍然会放出 β 射线和 γ 射线及其能量，并维持一段时间。因此，反应堆在停堆后仍然需要冷却和屏蔽。

1.3.3 核反应堆功率与中子注量率的关系

由 1.3.1 可知，1 J 的能量 $=3.125\times10^{10}$ 次铀-235 核裂变释放出的能量。若用 R_f 表示反应堆内裂变反应率，$R_f=\Sigma_f\phi$，因而堆芯内任一点 r 的功率密度 $q(r)$ 的计算式为

$$q(r) = E_f\Sigma_f\phi(r) = \frac{\Sigma_f\phi(r)}{3.125\times10^{10}}\ \mathrm{W/m^3} \tag{1-25}$$

式中，Σ_f 为堆芯的宏观裂变截面；$\phi(r)$ 为堆芯内 r 处的中子注量率，$n/(m^2\cdot s)$。

由式(1-25)便可得出反应堆功率与中子注量率间的关系。如果只考虑热中子引起的铀-235 核裂变，反应堆功率(W)为

$$P=\frac{\Sigma_f\bar{\phi}V}{3.125\times10^{10}} \tag{1-26}$$

式中，V 为堆芯体积，m^3；$\bar{\phi}$ 为堆芯平均热中子注量率。

热中子注量率$[n/(m^2\cdot s)]$为

$$\bar{\phi}=\frac{3.125\times10^{10}P}{V\Sigma_f} \tag{1-27}$$

即反应堆功率水平与裂变反应率成正比。在宏观裂变截面为常数时，反应堆功率与反应堆内平均热中子注量率成正比。

在运行时，反应堆内易裂变材料的核浓度一般随运行时间的增加而减小，即宏观裂变截面一般随运行时间的增加而减小。因此，为了维持反应堆以恒定功率运行，反应堆内平均中子注量率应随运行时间的增加而增大。所以，单位时间内反应堆中总的裂变率为

$$F_f=3.125\times10^{10}P$$

对应的吸收率为

$$F_a=F_f\times\frac{\sigma_a}{\sigma_f}=(1+\alpha)\times3.125\times10^{10}P \tag{1-28}$$

式中，α 为易裂变核的俘获－裂变比；P 为反应堆功率，W。

因而，每日(86 400 s)消耗掉的易裂变核的质量称为燃料的消耗率(kg/d)，为

$$G=\frac{F_aA}{N_0\times10^3}=4.48\times10^{-12}\times(1+\alpha)P\times A \tag{1-29}$$

式中，A 为易裂变核的相对原子质量。对于铀－235，α 取0.169。假定反应堆的运行热功率为1 MW，那么由式(1－29)得到每天铀－235的消耗率约为1.23×10^{-3} kg/d。

复　习　题

1. 填空题

(1)核反应堆是一种能以可控方式实现(　　)反应或(　　)反应的装置。

(2)在裂变反应放出的次级中子中，99%以上的裂变中子是在裂变瞬间(　　)发射出来的，这些裂变中子叫作(　　)。

(3)裂变产物中有些元素核，如(　　)和(　　)，具有相当大的热中子吸收截面，它们将消耗反应堆内的中子，通常把这些中子吸收截面大的裂变产物叫作(　　)。

2. 选择题

(1)中子与原子核相互作用的方式有　　(　　)

A. 势散射　　B. 直接相互作用

C. 复合核的形成　　D. 光电效应

(2)以下哪些核反应会在反应堆内发生　　(　　)

A. (n,γ)　　B. (n,α)

C. (n,β)　　D. (n,f)

E. (n,p)　　F. (n,n)

(3)下列属于四因子公式中的因子的是 (　　)

A. 快中子增殖系数 ε　　B. 每次吸收的中子产额 η

C. 热中子利用系数 f　　D. 逃脱共振俘获概率 p

3. 判断题

(1)核反应堆中以中微子形式释放的能量是可用且可转化为电能的。 (　　)

(2)由于反应堆中的缓发中子占裂变中子的份额很小,因此缓发中子对堆芯动力学过程的影响是无关紧要的。 (　　)

(3)如果通过改变反应堆的形状来减小其表面积与体积之比,则 P_s 和 P_d 会增大(P_s 为慢化过程中的不泄漏概率;P_d 为热中子在扩散过程中的不泄漏概率)。 (　　)

(4)几何曲率 B_g^2 的大小只与反应堆的几何形状和尺寸大小有关,材料曲率 B_m^2 反映了增殖介质材料的特性,它的数值大小只取决于反应堆的材料成分和特性。 (　　)

(5)停堆后,反应堆内的中子链式裂变反应停止,反应堆功率也会迅速下降到零。

(　　)

(6)剩余功率的来源有两个:一是停堆后某些裂变产物还会继续发射缓发中子,引起部分铀核裂变;二是裂变产物继续放出 β 射线和 γ 射线。 (　　)

(7)反应堆功率运行时,一般近似认为反应堆功率与反应堆内平均热中子注量率成正比。 (　　)

(8)反应堆的临界条件可以用材料曲率和几何曲率的关系来表示,如果反应堆的材料曲率大于几何曲率,则反应堆处于次临界状态。 (　　)

(9)由先驱核产生的缓发中子的能量比裂变直接产生的瞬发中子的能量低,因此缓发中子具有较小的中子泄漏概率,即具有较高的价值。 (　　)

第2章　反应堆动力学

反应堆处于动态平衡时，由裂变反应产生的中子数恰好等于吸收和泄漏的中子数，因此，中子数密度不随时间变化。对于运行中的反应堆，介质的温度效应、裂变产物的毒物效应、燃料的燃耗(BU)效应及控制棒的运动等都能引起其增殖系数 k_{eff} 的变化，此时中子处于不平衡状态。反应堆动力学的实质是反应堆中子动力学，主要研究反应性变化时，反应堆内中子注量率等有关参量与时间的关系。

当反应堆处于临界状态时，中子的产生率与消失率相等，因而没有必要区分瞬发中子和缓发中子。然而在研究中子注量率随时间的变化时，对缓发中子的区分是特别重要的。正是因为缓发中子的缓发效应，反应堆内中子注量率变化的周期才变长了，进而使对反应堆的控制成为可能。

在研究核反应堆临界问题的单群扩散模型中引入缓发中子的缓发效应后，可以定性地描述核反应堆的时间特性。实际上，在反应堆动态分析中应用这一模型过于烦琐，计算量过大，特别是包含温度反馈等效应时更是如此。因此，在研究核反应堆动态时，需要对单群扩散模型进行简化，即假设可以用单一的空间模态(基态)描述反应堆内中子注量率的空间变化。根据此假设，可以消去单群扩散模型内的空间变量，得到仅包含时间变量的常微分方程，用以描述中子的动态过程。这种模型称为点堆动力学模型，此模型并不是真正地将反应堆当作一点来处理，而是仅仅假设其中子注量率的空间形状不随时间变化。点堆动力学模型虽然是简化模型，但它是分析反应堆(中子)特性的理论基础，也是反应堆功率控制系统设计及工作的基础。

本章内容虽然限于均匀裸堆，而且采用单群扩散模型，但许多普遍性结论同样适用于非均匀的、带反射层的反应堆。

2.1　反应堆动力学相关概念

2.1.1　瞬发中子

观察裂变中子(快中子)在无限均匀介质中慢化、扩散直至被介质吸收的情况。中子所经历的平均时间被称为中子的平均寿命。设 L_∞ 为无限大均匀堆内中子的平均寿命。显然，中子的平均寿命包括两部分：一部分为快中子被慢化到热中子所需的平均时间，称为平均慢化时间，用 t_m 表示；另一部分为热中子扩散直至被吸收所需的平均时间，称为热中子平均扩散时间，也称为热中子平均寿命，用 t_d 表示。L_∞ 可以用式(2-1)表示：

$$L_\infty = t_m + t_d \tag{2-1}$$

设热中子被吸收前经过的平均路程为热中子平均吸收自由程 λ_a，热中子平均速率为 $\bar{v}$，则热中子平均扩散时间 t_d 为

$$t_d = \frac{\lambda_a}{\bar{v}} = \frac{1}{\bar{v}\Sigma_a^T} \tag{2-2}$$

式中，Σ_a^T 为介质的热中子宏观吸收截面。设常温下热中子的平均速率为2 200 m/s，Σ_a^T 的值可由相关核物理常数手册查得。由式(2－2)可以计算出各种介质的热中子平均扩散时间 t_d。根据慢化理论也可以求出常温下不同介质的平均慢化时间 t_m。表2－1给出了常温下不同介质的 t_m、t_d。

表2－1　常温下不同介质的 t_m、t_d

介质	平均慢化时间 t_m/s	平均扩散时间 t_d/s
水	1.0×10^{-5}	2.10×10^{-4}
重水	2.9×10^{-5}	0.15
铍	7.8×10^{-5}	4.30×10^{-3}
石墨	1.9×10^{-4}	1.20×10^{-2}

如果介质由燃料和慢化剂均匀混合而成，用式(2－2)计算 t_d 时，分母中的 Σ_a^T 应用均匀混合物宏观吸收截面来代替，即

$$t_d = \frac{1}{\bar{v}(\Sigma_{aF}^T + \Sigma_{aM}^T)} \tag{2-3}$$

引入热中子利用系数 f，即

$$f = \frac{\Sigma_{aF}^T}{\Sigma_{aF}^T + \Sigma_{aM}^T} \tag{2-4}$$

式中，Σ_{aF}^T 为燃料的热中子宏观吸收截面；Σ_{aM}^T 为慢化剂的热中子宏观吸收截面。

纯慢化剂的热中子平均扩散时间用 t_{dM} 来表示。

$$t_{dM} = \frac{1}{\bar{v}\Sigma_{aM}^T} \tag{2-5}$$

将式(2－4)和式(2－5)代入式(2－3)可得出燃料、慢化剂均匀混合系的热中子平均扩散时间。

$$t_d = (1-f)t_{dM} \tag{2-6}$$

例2－1　常温下工作的无限大^{235}U－水均匀热中子反应堆(简称“热堆”)，临界时 $k_\infty=1$，$\eta=2.06$，求该系统的热中子平均扩散时间 t_d。(水的 $t_{dM}=2.1\times10^{-4}$ s)

解　临界时 $k_\infty=\varepsilon pf\eta=f\eta=1$(因为没有^{238}U，所以中子逃脱共振俘获概率 $p=1$，快中子裂变因子 $\varepsilon=1$)。

$$f=\frac{1}{\eta}=\frac{1}{2.06}=0.485$$

根据式(2－6)得

$$t_d=(1-f)t_{dM}=(1-0.485)\times2.1\times10^{-4}\approx1.1\times10^{-4}\ \text{s}$$

例2－2　无限大天然铀－石墨非均匀堆，$\varepsilon=1.028$，$p=0.905$，$\eta=1.31$，临界时 $k_\infty=1$。求该系统的 t_d。

解　临界时 $k_\infty=1$，则

$$f=\frac{k_\infty}{\varepsilon p\eta}=\frac{1}{1.028\times0.905\times1.31}\approx0.82$$

从表 2 -1 可查得石墨的 $t_{dM}=1.2\times10^{-2}$ s,则由式(2 -6)可得

$$t_d=(1-f)t_{dM}=(1-0.82)\times1.2\times10^{-2}=2.16\times10^{-3}\text{ s}$$

从表 2 -1 和算得的热中子反应堆的热中子平均扩散时间的结果来看,一般来说,$t_m\ll t_d$,所以大型热中子反应堆的平均中子寿命主要由热中子扩散平均时间 t_d 决定,即

$$L_\infty\approx t_d \tag{2-7}$$

对于快中子反应堆(简称"快堆")和中能中子反应堆,由于中子基本不发生热化,因此 $t_m\gg t_d$,L_∞ 相对于大型热堆要下降几个数量级。

对于有限大小的反应堆,有一部分中子会泄漏到反应堆外,故其堆内中子的平均寿命 L_0应为无限大均匀堆内中子的平均寿命 L_∞ 与中子不泄漏概率$\frac{1}{1+L^2B^2}$的乘积,即

$$L_0=\frac{L_\infty}{1+L^2B^2} \tag{2-8}$$

考虑一个没有外加中子源的均匀裸堆,且反应堆内由裂变反应释放的裂变中子都是瞬发中子。反应堆原先处于临界状态,$k=1$(在反应堆动力学部分,k 即 k_{eff},下同),$t=0$ 时,k 有一个很小的变化,使反应堆转变为超临界或次临界状态,之后 k 保持不变,那么,中子注量率将有怎样的响应呢?

$t<0$ 时,$k=1$;$t>0$ 时,$k=$ 常数。设 t 时刻,平均中子密度为 n,由于中子与^{235}U 的裂变反应,过了一代后平均中子密度将增为 nk,净增 $n(k-1)$。

因为瞬发中子是在中子被^{235}U 吸收而发生裂变的这一瞬间产生的,因而相继两代瞬发中子之间的平均时间(即平均每代时间)应等于中子的平均寿命 L_0。这样堆内中子注量率变化率满足:

$$\frac{dn}{dt}=\frac{n(k-1)}{L_0} \tag{2-9}$$

因为 $t>0$ 时,k 为常数,所以式(2 -9)的解为

$$n(t)=n_0e^{\frac{k-1}{L_0}t} \tag{2-10}$$

式中,n_0为 $t=0$ 时的中子注量率。

若 $k>1$,即引入的是正反应性,反应堆处于超临界状态,中子注量率 $n(t)$ 以 e 的指数形式增加。

若 $k<1$,即引入的是负反应性,反应堆处于次临界状态,中子注量率 $n(t)$ 以 e 的指数形式减少。

若 $k=1$,即反应堆处于临界状态,中子注量率 $n(t)$ 不随时间变化,是常量。

设反应堆原来的运行功率为 1 MW,若引入一个正的小反应性 0.001,且假设 $L_0=L_\infty=t_d=1.1\times10^{-4}$ s,根据式(2 -10),1 s 末反应堆运行功率将增至 8 900 MW。如果研究的对象是快中子反应堆和中能中子堆,由于其中子寿命 L_0 比热中子反应堆还要小几个量级,如快中子反应堆的 L_0可为 10^{-7} s,则中子注量率的上升速率还将更大。

中子增长速率如此之大,按目前的技术水平,这种反应堆是无法控制的。但实际上,裂变中子中有一小部分是缓发的,延长了相邻两代中子间的代时间,使得功率的增长变得缓

慢,进而使反应堆的控制成为可能。考虑缓发中子后的中子动力学仍然满足指数律,即对于超临界的反应堆,其中子注量率以指数律增加。

式(2-9)从动力学角度说明了中子随 t 变化的规律,故称为不计缓发中子效应时的中子动力学方程。对于式(2-10),还需注意以下两点:

(1)推导式(2-10)时,假定中子注量率变化完全由反应堆内燃料链式裂变反应决定,外加中子源等于零。反应堆功率运行时,由于通量高,外加中子源影响小,上述假定是完全可以的。当反应堆刚刚启动,堆内中子注量率主要由外加中子源决定时,上述假定就不成立了。

(2)推导式(2-10)时,假定 $t>0$ 时 k 为常数。当控制棒运动时,k 不为常数,此时中子注量率的变化更为复杂。

2.1.2 反应堆周期

t 时刻反应堆内中子注量率变化 e 倍所需的时间,称为该时刻反应堆的周期 T,由式(2-11)定义。

$$n(t)=n_0 e^{\frac{t}{T}} \tag{2-11}$$

按式(2-11),$t+T$ 时的中子注量率为

$$n(t+T)=n_0 e^{\frac{t+T}{T}}=en(t) \tag{2-12}$$

比较式(2-10)与式(2-11)可得

$$T=\frac{L_0}{k-1} \tag{2-13}$$

利用反应堆周期 T 可以描述反应堆内中子的变化速率。对于一个给定的反应堆,L_0 有确定的数值,周期由 k 决定。当 $k>1$,即反应堆处于超临界状态时,周期 T 为正值,中子注量率随 t 的增加而增长,且 k 越大,T 越小,即中子增长越快;当 $k<1$,即反应堆处于次临界状态时,周期 T 为负值,中子注量率随 t 的增加而减小。

通常还用中子注量率的相对变化率来直接定义反应堆周期。对式(2-11)等号两边取对数,并对时间取导数,则

$$T=\frac{n(t)}{\frac{dn(t)}{dt}} \tag{2-14}$$

式(2-14)表明,反应堆周期 T 等于反应堆内中子注量率相对增长率的倒数。实验测定反应堆周期的仪表就是按照这样的定义设计的。有时也采用倒周期 ω,其定义为

$$\omega=\frac{1}{T}$$

在实际应用中,多采用反应堆倍增周期 T_d 来描述反应堆内中子注量率的变化速率,其定义为:t 时刻反应堆内中子注量率变化 1 倍所需的时间。根据定义及式(2-11),可以得到倍增周期 T_d 与周期 T 的关系为

$$T_d=T\ln 2$$

例 2-3 反应堆功率随时间的变化见表 2-2,求反应堆的周期随时间的变化。

表 2-2 反应堆功率随时间的变化

t/s	0	2	4	6	8	10
P_r①/%	50	50.1	50.2	50.3	50.4	50.5

注:① 若无特殊说明,P_r 为相对功率水平,下同。

解 根据式(2-14),$t=2$ s 时,反应堆的周期为

$$T=\frac{n(t)}{\frac{\mathrm{d}n(t)}{\mathrm{d}t}}=\frac{50.1}{\frac{50.1-50}{2-0}}=1\ 002\ \mathrm{s}$$

其他时刻的周期计算依次类推,结果见表 2-3。

表 2-3 计算结果

t/s	0	2	4	6	8	10
P_r/%	50	50.1	50.2	50.3	50.4	50.5
T/s	—	1 002	1 004	1 006	1 008	1 010

2.1.3 缓发中子效应

裂变释放的中子分为瞬发中子和缓发中子,占裂变中子总数 99% 以上的瞬发中子在裂变后 $10^{-17}\sim10^{-14}$ s 的极短时间内发射出来。另外不到 1% 的缓发中子在裂变后大约几秒钟到几分钟之间陆续发射出来。

缓发中子发射的实验表明,钍-232(^{232}Th)、^{233}U、^{235}U、^{238}U、^{239}Pu 等核素在裂变时都存在缓发中子的发射。此外,缓发中子可按先驱核半衰期的长短分成 6 组,表 2-4 给出了 ^{235}U 热中子裂变的缓发中子数据。

表 2-4 ^{235}U 热中子裂变的缓发中子数据

组号	半衰期 $T_{\frac{1}{2}i}$/s	衰变常数 $\lambda_i/\mathrm{s}^{-1}$	平均寿命 t_i/s	能量/keV	产额 y_i	份额 β_i
1	55.790	0.012 4	80.65	250	0.000 52	0.000 125
2	22.720	0.030 5	32.79	560	0.003 46	0.001 424
3	6.220	0.111 0	9.09	405	0.003 10	0.001 274
4	2.300	0.301 0	3.32	450	0.006 24	0.002 568
5	0.610	1.140 0	0.88	—	0.001 82	0.000 748
6	0.230	3.010 0	0.33	—	0.000 66	0.000 273
总计					0.015 80	0.006 502

大多数中-质比(原子核中中子与质子的个数比)较大的裂变产物都进行 β 衰变,然而在少数情形中,其所产生的子核处于某种激发态并具有足够的能量,可能发射一个中子。

缓发中子就是这样产生的，其特征半衰期由缓发中子先驱核素的半衰期决定。

图2-1为缓发中子产生的机理示意图，展示了半衰期为55 s的缓发中子产生的机理。溴-87(^{87}Br，半衰期为55 s)的β衰变中，约70%形成一个(或几个)氪-87(^{87}Kr)的激发态，其激发能略大于核内最后一个中子的结合能，即5.4 MeV。于是，这个激发态核立即发射一个中子，形成稳定的^{86}Kr。这个中子的能量在图2-1中以E_n表示。虽然图2-1表示的只是从^{87}Kr的一个激发态发射的中子，但很可能有几个间距很近的状态。因此中子的能量有一个小的分布范围。由于观测到的缓发中子发射率由^{87}Kr的形成率决定，而^{87}Kr的形成率又取决于^{87}Br的衰变率，因此发射中子的半衰期为55 s。

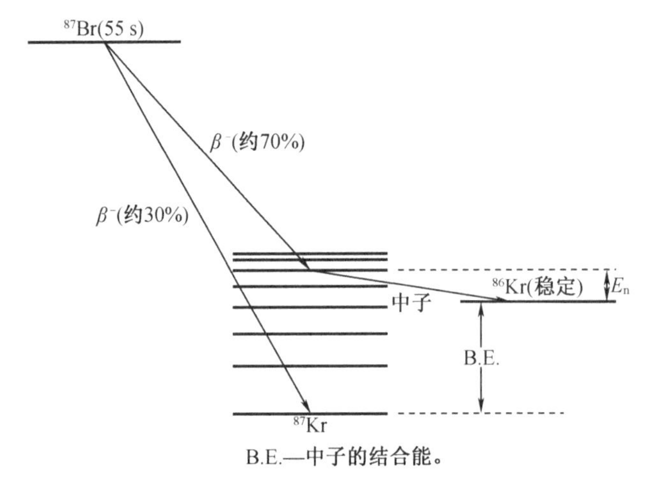

B.E.—中子的结合能。

图2-1　缓发中子产生的机理示意图

表2-4中，$T_{\frac{1}{2}i}$为第i组先驱核的半衰期，λ_i为第i组先驱核的衰变常数，t_i为第i组先驱核的平均寿命，产额y_i为每次裂变所产生的第i组缓发中子数，份额β_i为第i组缓发中子占裂变中子(瞬发中子与缓发中子的总数)的百分比。每次裂变平均放出的中子数为υ，$y_i=\upsilon\beta_i$。显然，缓发中子总份额为

$$\beta = \sum_{i=1}^{6} \beta_i$$

由表2-4可见，由于缓发中子的初始能量平均值一般比瞬发中子低，因此它在被慢化到热中子时的不泄漏概率和逃脱^{238}U共振俘获的概率都比瞬发中子的大，在这个过程中具有较高价值。由于缓发中子不能引起快裂变，因此其在这方面的价值较低。考虑瞬发中子和缓发中子在价值上的差异，将先驱核第i群的份额乘以价值因子I，即$\beta_{ieff}=I\beta_i$，称为第i组的有效缓发中子份额，$\beta_{eff}=I\beta$称为总的有效缓发中子份额。价值因子I的大小与反应堆的具体性质有关。对于小型压水堆，I为1.1~1.3；对于大型压水堆，I可小于1，如0.98。

裂变中子中，缓发中子虽然只占不到1%的份额，但其增加了中子的每代时间，大大延长了反应堆的周期。缓发中子效应可以由下面的分析看出：如果说第i组缓发中子的先驱核的平均寿命为t_i，那么这一组内的每一个中子都可看作是在裂变后平均时间t_i时才出现的，即t_i是第i组缓发中子的平均延发时间；而瞬发中子的延发时间t_0为零。如果第i组缓发中子占总裂变中子的份额是β_i，那么这一组的平均缓发时间是$\beta_i t_i$。于是各组缓发中子

的总的平均缓发时间,即先驱核的权重平均寿命,就等于各 $\beta_i t_i$ 项的和,即为 $\sum \beta_i t_i$。

考虑到缓发中子的影响,两代中子间的平均时间(即平均每代时间)$\bar{l}$ 为

$$\bar{l} = l_0 + \left[\sum_{i=1}^{6} \beta_i t_i + (1-\beta) t_0\right] \approx l_0 + \sum_{i=1}^{6} \beta_i t_i \tag{2-15}$$

仍以 ^{235}U 与水的无限均匀热堆为例,$L_0 = L_\infty = 1.1 \times 10^{-4}\ s$,由表 2-4 可得

$$\bar{l} = l_0 + \sum_{i=1}^{6} \beta_i t_i = 0.000\ 1 + 0.084\ 8 = 0.084\ 9\ \text{s}$$

可见,与不考虑缓发中子相比,考虑缓发中子的平均每代时间大大增加了,比中子平均寿命(0.000 11 s)大了许多。$\bar{l}$ 值几乎全由缓发中子的缓发效应决定。这样,反应堆的 k 值由 1.000 跃变为 1.001 后,反应堆周期应为

$$T = \frac{\bar{l}}{k-1} = \frac{0.084\ 9}{1.001 - 1} \approx 85\ \text{s}$$

这比不考虑缓发中子的反应堆周期(0.11 s)长得多。此时可以通过控制棒来控制中子的增长速率。

2.1.4 反应性的定义和单位

在反应堆的物理计算中,许多问题都是以临界状态为基准的,通常用反应性 ρ 来表示系统偏离临界的程度,其定义为

$$\rho = \frac{k-1}{k} \tag{2-16}$$

它是一个无量纲量。$\rho = 0$ 与临界态 $k = 1$ 相对应。在许多情况下,只讨论临界状态附近的问题,k 与 1 十分接近,故 ρ 可以近似写成

$$\rho \approx k - 1 \tag{2-17}$$

习惯上,反应性 ρ 的单位有 $\Delta k/k$、Δk、\$(美元)、pcm。

如果反应性 $\rho = 1\beta$,则称反应性为 1 \$,即 \$ 是反应性 ρ 与总的缓发中子份额 β 的比值。1 \$ = 100 分,1 pcm = $10^{-5}\ \Delta k/k$;在重水堆,通常用 mk 作为反应性的单位,1 mk = $10^{-3}\ \Delta k/k$。

2.2 点堆动力学方程

在中子动力学问题中,对于均匀裸堆,考虑与时间 t 有关的单群扩散方程为

$$\frac{\partial N(r,t)}{\partial t} = Dv\nabla^2 N(r,t) - \Sigma_a v N(r,t) + S(r,t) \tag{2-18}$$

式(2-18)中,等式右端第一项为 t 时刻、单位时间内因扩散而进入 r 附近单位体积中的中子数;第二项为 t 时刻、单位时间内在 r 附近单位体积中被介质吸收的中子数;第三项为源项,即在 t 时刻、单位时间内在 r 附近单位体积中产生的中子数,包括瞬发中子、缓发中子和外加中子源的贡献。单群理论认为,瞬发中子、缓发中子和外加中子源的中子具有相同的速率。等式左端是在时刻 t、单位时间内在 r 附近单位体积内中子密度的变化率。

而缓发中子先驱核 C_i 满足下列平衡方程式:

$$\frac{\mathrm{d}C_i}{\mathrm{d}t}=\beta_i k\Sigma_a vN-\lambda_i C_i \tag{2-19}$$

式(2-19)中等式右端第一项是第 i 组先驱核的生成率;第二项是相应的衰变消失率。显然,等式左端为第 i 组先驱核浓度的变化率。

式(2-18)和式(2-19)是考虑缓发中子单群扩散与时间有关的方程组。

采用时空变量分离法求解式(2-18)和式(2-19)。这里省略复杂的数学推导,直接给出结果,即

$$\frac{\mathrm{d}n(t)}{\mathrm{d}t}=\frac{k_{\mathrm{eff}}(1-\beta_{\mathrm{eff}})-1}{l_0}n(t)+\sum_{i=1}^{6}\lambda_i C_i(t)+q \tag{2-20}$$

$$\frac{\mathrm{d}C_i(t)}{\mathrm{d}t}=\frac{k_{\mathrm{eff}}\beta_{i\mathrm{eff}}}{l_0}n(t)-\lambda_i C_i(t) \tag{2-21}$$

式(2-20)和式(2-21)合称为点堆模型的中子动力学方程组,简称"点堆模型基本方程"。

这些基本方程组有明确的物理意义。对于式(2-20),等式左端表示 t 时刻、单位时间、单位体积内变化的中子数。等式右端第一项$\frac{k_{\mathrm{eff}}-1}{l_0}n(t)$表示 t 时刻、单位时间、单位体积中增加发射的瞬发中子数,$-\frac{k\beta_{\mathrm{eff}}}{l_0}n(t)$为 t 时刻、单位时间、单位体积中被扣发的缓发中子数;第二项 $\sum_{i=1}^{6}\lambda_i C_i(t)$代表各先驱核在 t 时刻、单位时间、单位体积中发射的缓发中子总数;第三项 q 为外加中子源。

式(2-21)中,等式右端第一项为 t 时刻、单位时间、单位体积中产生的先驱核数;第二项为相应的衰变项。等式左端为 t 时刻、单位时间、单位体积中先驱核原子数的变化率。

对中子动力学方程做以下讨论:

(1)点堆模型在数学上假定中子密度 N 可按时空变量分离,在物理上假定不同时刻的中子密度 $N(r,t)$ 在空间中的分布形状是相似的。也就是说,反应堆内各点的中子密度 $N(r,t)$随时间 t 的变化是同步的,反应堆内中子的时间特性与空间无关。所以在时间特性问题上,反应堆就像一个没有线度的元件,故这个模型称为点堆模型。

(2)从推导过程可见,利用点堆模型可讨论临界状态附近的问题。一个均匀裸堆开始处在临界状态,之后由于某种原因而对临界状态产生了一些小的偏离,处理这个问题时就可应用点堆模型。在解决反应堆的实际问题中,不管是使反应堆从次临界状态启动到临界状态,还是功率运行下的工况变化与停堆,k 值变化一般都很小,基本上都在 1 附近,故可利用点堆模型进行分析。

与此相对应,在这个模型下常可这样理解:k 并不是时间的敏感函数,而可近似认为 $k\approx 1$,但 $k-1$ 却可以是时间的敏感函数,故常可有

$$\rho\approx k-1 \tag{2-22}$$

(3)点堆模型的主要缺点在于,它不能给出与空间有关的细致效应。例如,在大型反应堆中,由于某一点的局部扰动产生的影响传到另一点需要一定的时间,因此在过渡过程中,反应堆内中子的空间分布会有不均匀的变化。点堆模型不能反映这种空间的精细变化特征。

2.3 小反应性阶跃变化时点堆动力学方程的解

2.3.1 有外源时的稳定态

如果反应堆处于次临界状态,反应堆内没有外加中子源,则次临界反应堆内的中子密度 n 将衰减至零。如果此时反应堆内有一个外加中子源,中子密度的变化将是另一种形式。

下面用点堆模型的基本方程来研究反应堆停堆时中子密度随时间变化的问题。

已知反应堆的停堆深度(SDM)$\rho_0<0$,反应堆就处在停堆深度上,ρ_0为常数。反应堆内有一个独立的外加中子源,每秒每立方厘米均匀放出 q_0个中子。求反应堆内中子平均密度的变化规律。

先写出点堆模型动力学方程:

$$\frac{\mathrm{d}n(t)}{\mathrm{d}t}=\frac{k_{\mathrm{eff}}(1-\beta_{\mathrm{eff}})-1}{l_0}n(t)+\sum_{i=1}^{6}\lambda_iC_i(t)+q \tag{2-23}$$

$$\frac{\mathrm{d}C_i(t)}{\mathrm{d}t}=\frac{k_{\mathrm{eff}}\beta_{i\mathrm{eff}}}{l_0}n(t)-\lambda_iC_i(t) \tag{2-24}$$

式中,$n(t)$为与时间相关的中子密度;$\beta_{i\mathrm{eff}}$为第 i 组有效缓发中子份额;β_{eff}为有效缓发中子份额,$\beta_{\mathrm{eff}}=\sum\limits_{i=1}^{6}\beta_{i\mathrm{eff}}$;$\lambda_i$为第 i 组缓发中子先驱核的衰变常数;$C_i(t)$为第 i 组先驱核密度;l_0为瞬发中子平均寿命;q 为外加中子源。其中,λ_i和 l_0都是已知常数。

系统达到稳定态时,n、C_i不随时间 t 变化,即

$$\frac{\mathrm{d}n(t)}{\mathrm{d}t}=0$$

$$\frac{\mathrm{d}C_i(t)}{\mathrm{d}t}=0$$

则方程的解为

$$n=\frac{ql_0}{1-k_{\mathrm{eff}}} \tag{2-25}$$

由式(2-25)可知,有外加中子源的反应堆处于次临界状态时,存在一个稳定态,其稳定态的中子密度由式(2-25)决定。式中,因为 $k_{\mathrm{eff}}<1$,所以 $n>0$。该式同时表明,稳定态的中子密度大小与停堆深度$(1-k_{\mathrm{eff}})$成反比,停堆深度越浅,$(1-k_{\mathrm{eff}})$越小,则稳定态的中子密度越大。反之,稳定态的中子密度越小。

可以从物理上解释上述结果。因为 $k_{\mathrm{eff}}<1$,所以根据幂级数展开,式(2-25)可以写成

$$n=q_0l_0(l+k_{\mathrm{eff}}+k_{\mathrm{eff}}^2+\cdots) \tag{2-26}$$

设第一代寿期末时,堆内单位体积中有 q_0l_0个中子,则:

第二代寿期末时,增加了 $k_{\mathrm{eff}}q_0l_0$个中子,再加上第一代的 q_0l_0个中子,共有 $q_0l_0(1+k_{\mathrm{eff}})$个中子。

第三代寿期末时,相应的中子数为 $q_0l_0+(q_0l_0+k_{\mathrm{eff}}q_0l_0)k_{\mathrm{eff}}=q_0l_0(1+k_{\mathrm{eff}}+k_{\mathrm{eff}}{}^2)$。

实际上这是一个等比级数，且比例系数$\frac{a_{i+1}}{a_i}=k<1$，其无限项之和即为式(2－26)。

图2－2给出了有外加中子源时次临界反应堆内中子相对水平的变化，纵坐标为中子密度的相对值$n/(q_0 l_0)$，横坐标为以平均寿期l_0为单位的时间。稳定值由式(2－25)算得，$n/(q_0 l_0)=1/(1-k_{eff})$。不同的曲线与不同的$k_{off}$值相对应。可以看到，$k_{off}$较小时稳定值也小，达到稳定值所需时间也短。当$k_{eff}\to 1$即$\rho_0\to 0$时，稳定值趋于无穷大，达到稳定值所需的时间也趋于无穷大，即有外加中子源的临界反应堆，其中子密度永远是增加的，不可能有稳定态。

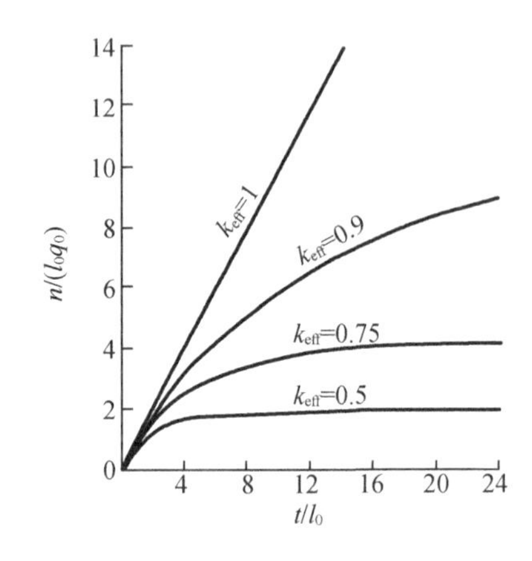

图2－2　有外加中子源时次临界反应堆内中子相对水平的变化

这从式(2－23)也可看出，$k_{eff}=1, q\neq 0$。

$$\frac{\mathrm{d}n(t)}{\mathrm{d}t}=-\frac{\mathrm{d}\left(\sum_{i=1}^{6}C_i\right)}{\mathrm{d}t}+q \tag{2-27}$$

此外，若要达到稳定，即$\frac{\mathrm{d}n(t)}{\mathrm{d}t}=\frac{\mathrm{d}\left(\sum_{i=1}^{6}C_i\right)}{\mathrm{d}t}=0$，则$q$必须为零，这与有外加中子源这一前提矛盾。

实际上，若忽略缓发中子的影响，取$\frac{\mathrm{d}\left(\sum_{i=1}^{6}C_i\right)}{\mathrm{d}t}=0$，则方程(2－28)有解。

$$n=qt+n_0 \tag{2-28}$$

式中，n_0为开始临界($t=0$)时反应堆的中子密度，即有外加中子源的临界反应堆，其中子密度是按线性规律增长的。图2－2中的曲线也表明了这一点。

换言之，当外加中子源的影响不能忽略时，要使反应堆有稳定的中子密度，就不能使它处在临界状态上。但当中子密度很高，如反应堆功率运行时，外加中子源影响可以忽略不计，稳定态与临界状态相对应，或者说，有外加中子源的反应堆的“临界状态”实质上是“微次临界状态”。

2.3.2　小反应性阶跃变化时的中子密度响应(多组缓发中子)

用6组缓发中子来处理中子动力学方程会得到较为精确的结果。此时，中子动力学方

程可写为

$$\frac{\mathrm{d}n(t)}{\mathrm{d}t}=\frac{k_{\mathrm{eff}}(1-\beta_{\mathrm{eff}})-1}{l_0}n(t)+\sum_{i=1}^{6}\lambda_i C_i(t)+q \tag{2-29}$$

$$\frac{\mathrm{d}C_i(t)}{\mathrm{d}t}=\frac{k_{\mathrm{eff}}\beta_{i\mathrm{eff}}}{l_0}n(t)-\lambda_i C_i(t) \tag{2-30}$$

令

$$n=A\mathrm{e}^{\omega t} \tag{2-31}$$

$$C_i=B_i\mathrm{e}^{\omega t},i=1,2,\cdots,6 \tag{2-32}$$

将式(2－31)和式(2－32)代入式(2－29)和式(2－30),同时假设外加中子源的影响可忽略不计,则分别得到

$$A\omega=\frac{k(1-\beta)-1}{l_0}A+\sum_{i=1}^{6}\lambda_i B_i \tag{2-33}$$

$$B_i=\frac{k\beta_i A}{l_0(\omega+\lambda_i)} \tag{2-34}$$

根据式(2－33)和式(2－34),得反应性方程为

$$k=\frac{1+\omega l_0}{1-\beta+\sum\limits_{i=1}^{6}\frac{\lambda_i\beta_i}{\omega+\lambda_i}}=\frac{1+\omega l_0}{1-\sum\limits_{i=1}^{6}\frac{\omega\beta_i}{\omega+\lambda_i}},i=1,2,\cdots,6 \tag{2-35}$$

若将 $\rho=(k-1)/k$ 代入式(2－35)可得

$$\rho=\frac{\omega l_0}{1+\omega l_0}+\frac{\omega}{1+\omega l_0}\sum_{i=1}^{6}\frac{\beta_i}{\omega+\lambda_i} \tag{2-36}$$

这是一个 ω 的七次多项式,有 7 个根。因此,求解微分方程组[式(2－29)和式(2－30)]的问题变为求解反应性方程(2－36)的问题。

求解方程(2－36)时一般采用图解法。把方程等号右端作为 ρ 的函数,将其图像画在图 2－3 中。由图 2－3 中的曲线可知:当 $\omega=0$ 时,$\rho=0$,方程等号右端 $=0$。随着 ω 正值的逐渐增加,方程等号右端单调增大并趋近于 1。当 $\omega<0$ 时,对应于 $\omega_i=-\lambda_i(i=1,2,\cdots,6)$ 和 $\omega_7=-\dfrac{1}{l_0}$,方程等号右端是奇点,且 $\omega\to\infty$ 时,方程等号右端趋近于 1。

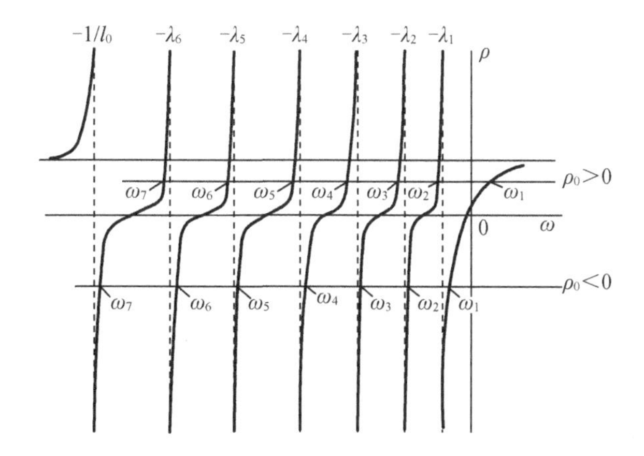

图 2－3 反应性方程的图解

方程(2-36)的根由表示该方程等号左端的水平线与等号右端的曲线的交点给出。如图2-3所示,记为$\omega_j(j=1,2,3,4,5,6,7)$。代数值较大的$\omega$与较小的$j$相对应。其中,最大的$\omega_j$与$\rho_0$同号,其他6个都是负值。

应该注意到ρ_0的变化以1为上界,即

$$-\infty < \rho < 1 \tag{2-37}$$

在极限情况下,有

$$\rho_0=0,\omega_1=0,\text{临界}$$
$$\rho_0\to 1,\omega_1\to\infty,\text{超临界}$$
$$\rho_0\to -\infty,\omega_1\to -\lambda_1,\text{次临界}$$

最后这个极限意味着无论引入多大的负反应性,都不能使反应堆的停堆周期短于最长寿期缓发中子先驱核决定的周期$T=1/\lambda_1$,在以^{235}U为燃料的热中子反应堆内$\lambda_1^{-1}=80$ s。

于是,中子密度的响应可用7个指数项之和来表示:

$$n(t) = n_0\sum_{j=1}^{7}A_j e^{\omega_j t} \tag{2-38}$$

式中,n_0是$t=0$时的中子密度;A_j由适当的初始条件定出;ω_j与反应堆特性量L_0,各组缓发中子的β_i、λ_i及阶跃值ρ_0有关。

对于大型^{235}U-水均匀热堆,$L_0=0.000\ 1$ s,$\rho_0=0.001$,中子密度的响应为

$$n(t)=n_0(1.446e^{0.018\,2t}-0.035\,9e^{-0.013\,6t}-0.140e^{-0.059\,8t}-0.067\,3e^{-0.183t}-0.020\,5e^{-1.005t}-0.007\,67e^{-2.875t}-0.179e^{-55.6t}) \tag{2-39}$$

前文在讨论图2-3时已经指出,若反应性$\rho>0$,式(2-39)中只有第一项的指数是正值,其余各指数项都是随时间的增加而衰减的,因而反应堆的特性最终由式(2-39)的第一项决定。另外,当反应性$\rho<0$时,反应性方程的所有的根都是负值,式(2-39)的所有指数项都是随时间的增加而衰减的,但是第一个指数项比其他指数项衰减得慢些,因而中子密度仍然由第一项决定。图2-4给出了不同反应性阶跃时由6组缓发中子计算所得的中子密度变化曲线,这是以^{235}U为燃料的热堆,$L_0=0.000\ 1$ s,$\beta=0.007\ 9$。图2-4中曲线表明,引入反应性阶跃后,中子相对水平有一个相应的突变,几秒后,$\log(n/n_0)$与t之间即有线性关系。这说明中子密度突变以后按一定的稳定周期以指数律上升,周期的大小与相应的渐近直线的斜率的大小成反比,ρ_0越大,直线的斜率越大,周期越小。

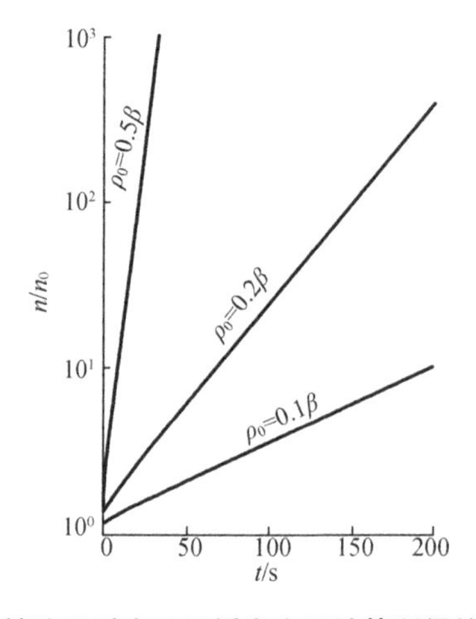

图2-4 不同反应性阶跃时由6组缓发中子计算所得的中子密度变化曲线

实际上,中子密度按一稳定周期变化说明了式(2-39)等号右端后6个指数项已相继较快地衰减了,只剩下第一项衰减得较慢。反应堆的稳定周期由ω_1决定,即$T=1/\omega_1$。由于ω_1与β_i、ρ_0及L_0有关,因此可依据^{235}U等不同易裂变核和各种值画出$T-\rho_0$关系曲线。图2-5给出了以^{235}U为燃料的反应堆的稳定周期T与正、负反应性阶跃值的关系。

不同反应堆有不同的L_0值,快堆与$L_0\approx0$对应。例如,对$L_0\approx10^{-4}$ s的热堆,引入正反应性0.001时,由图2-5中曲线可查得反应堆的稳定周期约为55 s。

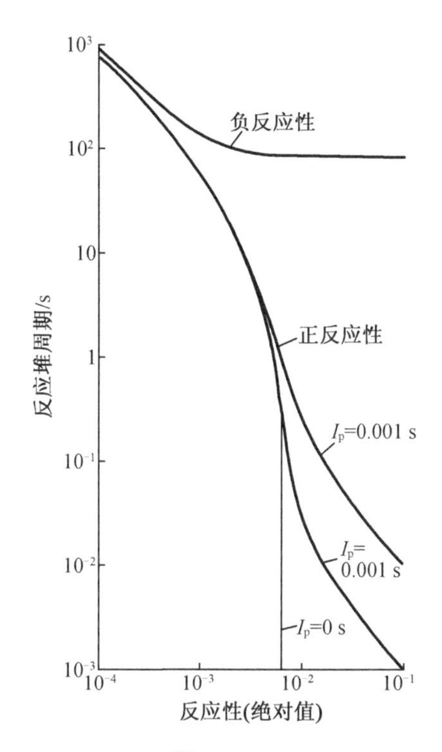

图2-5 反应性小阶跃变化下^{235}U反应堆的周期与反应性阶跃值的关系

图2-5的曲线表明:周期随着正反应性的增加而单调减少。但是对于负反应性来说,因为周期$T=1/\omega_1=1/\lambda_1\approx80$ s,所以周期有一个约为80 s的极限值。另外从图2-5中也可以看出,当$\rho\to-\infty$时,$\omega_1=-\lambda_1$,由$T=1/\omega_1$也可得出同样的结论。这个结论对反应堆的运行而言是很重要的,即停闭反应堆时,无论引入多大的负反应性,反应堆内中子密度的稳定下降周期总不小于80 s,即停闭反应堆要有一个时间过程,瞬时停闭是不可能的,停堆过程需要保持一定的冷却条件。

从图2-5可以看出,在临界反应堆中引入小阶跃反应性后,无论是单组缓发中子处理还是多组缓发中子处理,中子密度的响应都是先有一个突变,然后以稳定周期指数规律变化。特别是当$\omega\to0$或$\omega\to+\infty$时,单组缓发中子处理和多组缓发中子处理的定量结论也完全相同。

但是,当ρ有中等大小的正值时,单组缓发中子处理的计算结果与多组缓发中子处理的计算结果有所不同。

当引入了很大的负反应性时,单组处理的结果实际上已不再有效。例如,前面已经提到的以^{235}U为燃料的热堆,$\rho=-0.20$,若采用等效单组缓发中子处理,其稳定周期为

−13.3 s。可是实验表明,其稳定周期约为 −80 s。如果采用多组缓发中子处理,其稳定周期为 −80 s,与实验结果一致。

2.3.3 倒时公式

倒时公式是反应堆稳定周期 T 与引入反应性 ρ 之间的关系式,是反应堆物理实验中通过测量 T 来求 ρ 的理论依据。

"倒时"是早期反应堆工程中采用的一个名词。一个倒时相当于反应堆功率增长的稳定周期为 1 h 所加入的反应性的量。

由多组缓发中子计算反应性的公式(2−36),代入周期 $T=1/\omega$ 及 $l=l_0/k$(l_0 为有限大小介质中子的平均寿命),可得

$$\rho = \frac{l}{T} + \sum_{i=1}^{6} \frac{\beta_{i\mathrm{eff}}}{1+\lambda_i T} \tag{2-40}$$

式中,l 为相邻两代中子的平均代时间。

有时也称

$$\rho = l\omega + \sum_{i=1}^{6} \frac{\omega\beta_{i\mathrm{eff}}}{\omega+\lambda_i} \tag{2-41}$$

为倒时公式。

2.3.4 瞬发临界

反应堆的增殖系数正比于每次裂变放出的中子数 ν。裂变中子数 ν 包括 $\beta\nu$ 个缓发中子和 $(1-\beta)\nu$ 个瞬发中子。如果

$$(1-\beta)k=1 \tag{2-42}$$

说明该反应堆依靠瞬发中子就能保持临界状态,此时缓发中子在决定周期方面不起作用,因此称这个反应堆为瞬发临界的。这通常是一种危险的情况,因为反应性的定义是 $\rho=(k-1)/k$,代入式(2−42)可得

$$\rho=\beta \tag{2-43}$$

式(2−43)表明,如果引入的反应性 ρ 的大小等于总的缓发中子份额 β,则该反应堆处于瞬发临界状态。

瞬发临界的条件也可从中子动力学方程得到。只考虑瞬发中子,忽略缓发中子源项,同时假设忽略外加中子源。由于反应堆是临界的,因此 $\mathrm{d}n/\mathrm{d}t=0$,则点堆中子动力学方程可写成

$$\frac{\mathrm{d}n(t)}{\mathrm{d}t} = \frac{k_{\mathrm{eff}}(1-\beta_{\mathrm{eff}})-1}{l_0} n(t) = 0 \tag{2-44}$$

因而得到瞬发临界的条件为 $\rho=\beta$。

例 2−4 一热中子反应堆的瞬发中子寿命为 5.7×10^{-4} s,若反应性 $\rho=0.000\ 65$,求反应堆周期(单位为 s)。

解 引入一小反应性 ρ 以后,假设采用单组缓发中子处理,$T \gg L_0$,再假设 6 个 λ_i 不变,反应堆周期由式(2−40)计算,得

$$T \approx \frac{\beta-\rho}{\rho\lambda}$$

由单组缓发中子的数据：$\lambda = 0.077\ 4\ s^{-1}$，$\beta = 0.006\ 5$，得反应堆周期为

$$T = \frac{0.006\ 5 - 0.000\ 65}{0.000\ 65 \times 0.077\ 4} \approx 116\ s$$

2.4 线性反应性的引入

除了阶跃变化反应性的引入外，还有一种线性反应性的引入，如硼(B)稀释或控制棒的提升，其反应性的引入可表示成

$$\rho(t) = \rho_0 + \gamma t \tag{2-45}$$

如反应堆从次临界状态向临界状态过渡，则式(2-45)中的ρ_0为停堆深度，γ为反应性变化速率。所求中子密度的响应比反应性阶跃变化复杂。可将式(2-45)代入点堆动力学方程(2-20)。如果$\gamma < 0$，则可用拉普拉斯(Laplace)变换法求解。如果$\gamma > 0$，则可用Laplace逆积分的推广——积分径待定的积分法来求解。

下面将避开复杂的数学推导，从另一侧面对线性反应性的引入进行介绍。

首先考虑提棒速度无限慢的假想情况，此时

$$\gamma \to 0$$

所谓的“提棒速度无限慢”，是指在每一棒位变化以前，都有足够长的时间供全部缓发中子发射，并使中子密度达到完全稳定，也就是说，中子密度的变化过程是准静态过程，如果由外加中子源维持次临界反应堆的临界状态，则中子密度的稳定值由式(2-25)给出：

$$n = \frac{ql_0}{1 - k_{eff}} = -\frac{ql}{\rho} \tag{2-46}$$

式中，q为源强，$l = l_0/k$为代时间。对于随时都能达到稳定平衡的准静态过程，可认为中子密度在任何时候都能满足式(2-46)，即

$$n(t) = \frac{ql_0}{1 - k_{eff}(t)} = -\frac{ql}{\rho(t)} \tag{2-47}$$

由式(2-45)可知，当$t=0$时，$\rho = \rho_0$，代入式(2-47)，即得$t=0$时的中子密度为

$$n_0 = \frac{ql_0}{1 - k_{eff0}} = -\frac{ql}{\rho_0} \tag{2-48}$$

所以，将式(2-48)代入式(2-47)，中子密度随时间的变化为

$$n(t) = \frac{1 - k_{eff0}}{1 - k_{eff}(t)} n_0 = \frac{\rho_0}{\rho(t)} n_0 \tag{2-49}$$

根据反应堆周期的定义[式(2-14)]可得

$$T = \frac{n(t)}{\frac{dn(t)}{dt}} = -\frac{1}{[k_{eff}(t) - 1]^3 \frac{dk_{eff}(t)}{dt}} = -\frac{\rho}{\frac{d\rho}{dt}} = -\frac{\rho}{\gamma} \tag{2-50}$$

图2-6为无限慢提棒时的$n/n_0-\rho$关系，给出了根据式(2-49)所作的$n/n_0-\rho$曲线。图2-2中的每个k_{eff}都对应一个平衡态的n值，图2-6中的曲线实际上就是这些n值的连线。反应堆越接近临界状态，平衡值越大。当$\rho \to 0$时，平衡值趋向∞，故图2-6的曲线中，在$\rho \to 0$时有$n/n_0 \to \infty$。

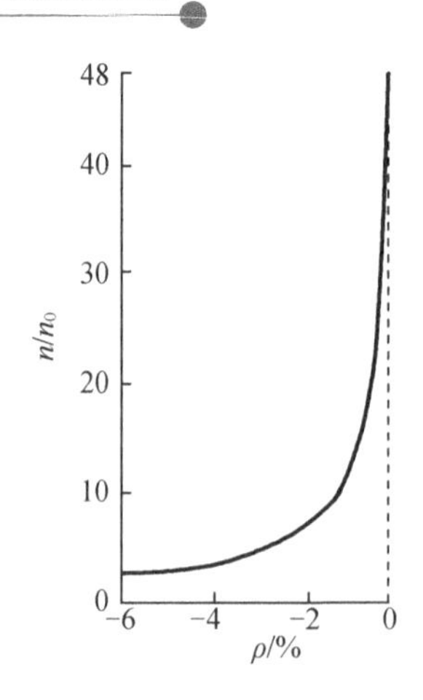

图 2-6　无限慢提棒时的 $n/n_0-\rho$ 关系

由于准静态过程允许每一时刻的中子密度都能达到最大值,因此用它来估计实际问题中的中子密度上涨速率是偏快的。特别是接近临界状态时,平衡值趋向无穷大,与实际偏离得更大。这就是说,用式(2-50)估计的实际过程的周期是偏小的,式(2-50)只是给出一个下限周期,即

$$T_{\min}=-\frac{\rho}{\gamma} \tag{2-51}$$

“提棒速率无限慢”只是一种假想情况,实际反应堆的提棒速率都有一定的数值范围。

反应堆的正常启动是通过不断提升控制棒,以向反应堆内不断引入正反应性,而使反应堆的有效增殖系数从某一停堆深度逐渐向临界状态逼近实现的。开始时,中子注量率水平很低,测量的相对误差较大,同时仪表也不能及时响应,即存在所谓的“盲区”。如果启动过程中的提棒速率太大,或因某种原因出现连续提棒,则反应堆有可能在仪表来不及反应的情况下进入瞬发临界状态,从而造成严重事故。所以一般对反应性的引入速率有限制,最大反应性引入速率为 $10^{-4}(\Delta k/k)/s$ 左右,具体数值与反应堆实际情况有关,表 2-5 给出了几个压水堆的最大反应性引入速率。

表 2-5　几个压水堆的最大反应性引入速率

堆名	缅茵·杨基	齐翁	鲁滨逊-2
最大反应性引入速率/(pcm/s)	7	75	21

2.5　反应性测量的动力学方法

反应性测量的动力学方法有很多,如有渐近周期测定法、落棒法、跳源法、棒振荡法等,这些方法基本上是以点堆动力学模型为基础的,多应用在研究堆上,目前,商业反应堆反应性测量的主要方法为逆动态法。

2.5.1 渐近周期测定法

可能进行的一种最简单动态测量就是在临界堆芯内引入一微小扰动,然后测定由此引起的反应堆瞬态过程的稳定周期或渐近周期,再利用倒时公式可由测得的渐近周期算出此微扰的反应性“当量”。应当指出,在实际工作中,这种方法只适用于正周期,因为负周期只取决于最长的一组缓发中子先驱核衰变常数,对负反应性输入并不敏感。

2.5.2 落棒法

考虑一反应堆在某一平衡功率水平 P_0 下运行,然后突然引入一负反应性 $-\delta\rho$(“落棒”)而停堆。由前文对点反应堆动态方程的研究可知,经过几倍的瞬发中子寿期后,堆功率水平降到 P_1,后者的大小取决于输入反应性的大小并停留在准静态水平,直至最后由于缓发中子先驱核衰变而衰减。

简单推导如下:

落棒前点堆中子动力学方程可描述为

$$\frac{\mathrm{d}n(0)}{\mathrm{d}t} = \frac{k_{\mathrm{eff}}(1-\beta_{\mathrm{eff}})-1}{l_0}n(0) + \sum_{i=1}^{6}\lambda_i C_i(0) + q = 0$$

落棒后点堆中子动力学方程可描述为

$$\frac{\mathrm{d}n(t)}{\mathrm{d}t} = \frac{k_{\mathrm{eff}}(1-\beta_{\mathrm{eff}})-1}{l_0}n(t) + \sum_{i=1}^{6}\lambda_i C_i(t) + q$$

假设在此极短时间内,缓发中子浓度基本不变,则

$$\frac{\mathrm{d}n_1}{\mathrm{d}t} = \frac{k_{\mathrm{eff1}}(1-\beta_{\mathrm{eff}})-1}{l_0}n_1 - \frac{k_{\mathrm{eff0}}(1-\beta_{\mathrm{eff}})-1}{l_0}n_0$$

当功率水平瞬时跳跃到其渐近值时,假设$\frac{\mathrm{d}n_1}{\mathrm{d}t}\approx 0$,此时由瞬发跳变近似(即假设瞬发中子寿期等于零,使功率水平瞬时跳跃到其渐近值),可得到一个很有用的公式:

$$k_1 = \frac{n_1-\beta n_0}{n_1-\beta n_1}$$

只需由落棒后测得的通量渐近特性倒推到 $t=0$,即可求出 P_1。

2.5.3 逆动态法

以点堆动力学模型为基础,根据离散的功率史数据,用数值方法来求解反应性随时间的变化的方法叫作逆动态法。

反应性的定义如下:

$$\rho = \frac{k_{\mathrm{eff}}-1}{k_{\mathrm{eff}}} \tag{2-52}$$

则由式(2-52)与点堆动力学方程,推导得

$$\rho = \frac{l}{n}\left[\frac{\mathrm{d}n}{\mathrm{d}t} + \sum_{i=1}^{6}\left(\frac{\beta_{i\mathrm{eff}}n}{l} - \lambda_i C_i\right) - q\right] \tag{2-53}$$

堆外核测仪表测量得到的电流 I(或电压 U)与反应堆功率 P 成正比,即

$$P \propto U$$

式(2-53)中,n 即代表反应堆功率 P,因此,反应性随功率的变化可以表示为

$$\rho(t) = \frac{l}{U(t)}\left\{\frac{\mathrm{d}U(t)}{\mathrm{d}t} + \sum_{i=1}^{6}\left[\frac{\beta_{i\mathrm{eff}}U(t)}{l} - \lambda_i C_i(t)\right] - q\right\} \tag{2-54}$$

以此原理制造的试验仪器叫反应性仪,根据反应性仪输出的反应性,经过处理可以进行控制棒微分价值(DRW)和积分价值(IRW)的测量、硼微分价值(DBW)的测量及慢化剂温度系数(α_T^m)的测量等。反应性仪是物理试验中最重要的试验仪器。如图2-7所示是控制棒价值刻度过程中反应性随时间变化的典型曲线。

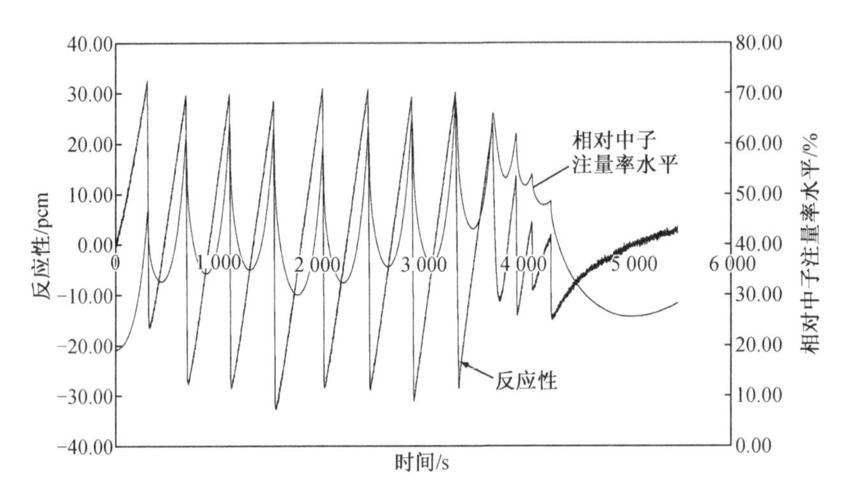

图2-7 控制棒价值刻度过程中反应性随时间变化的典型曲线

复　习　题

1.选择题

(1)反应堆功率随时间的变化如下:

t/s	0	2
P_r/%	50.0	50.1

则反应堆功率变化的周期为　　(　　)

A.1 001.0 s　　B.694.5 s

C.252.0 s　　D.174.7 s

(2)反应堆功率随时间的变化如下:

t/s	0	2
P_r/%	50.0	50.1

则反应堆功率变化倍增周期为　　(　　)

A.1 002.0 s　　B.693.7 s

C.252.0 s　　D.174.7 s

2. 判断题

(1)只考虑瞬发中子的中子动力学行为满足指数律,但考虑缓发中子后的中子动力学行为不再满足指数律。 ( )

(2)反应堆周期可以描述反应堆内中子的变化速率,周期越大表示反应堆内中子的变化速率越大。 ( )

(3)正是缓发中子的作用,使反应堆内中子密度变化的周期变大了,这才使反应堆的控制成为可能。 ( )

(4)反应性表征了系统偏离临界状态的程度。 ( )

(5)如果反应堆处于次临界状态,反应堆内没有外加中子源,则次临界反应堆内的中子密度 n 将衰减至零。 ( )

(6)当外加中子源的影响不能忽略时,要使反应堆有稳定的中子密度,就不能使它处在临界状态上。 ( )

(7)有外加中子源的反应堆的“临界状态”实质上是“微次临界状态”。 ( )

(8)无论引入多大的负反应性,都不能使反应堆停堆周期短于最长寿期缓发中子先驱核所决定的周期 $T=1/\lambda_1$。 ( )

第3章　反应性系数

核反应堆在启动、运行后，随着运行条件（如功率水平、慢化剂平均温度、燃料芯块温度、压力等）的改变，堆芯的反应性也相应发生改变。反应性系数是反映运行条件改变引起有效增殖系数变化的能力。对反应堆运行具有重要意义的反应性系数有燃料温度系数［也称多普勒（Doppler）温度系数］、慢化剂温度系数、空泡系数及压力系数等。

反应堆的各种反应性系数基本上确定了堆芯的动力学特性，而堆芯的动力学特性决定了核电厂因运行条件发生变化时的堆芯响应能力、正常运行条件下因操纵员做调整时的堆芯响应能力，以及非正常或事故过渡工况下的堆芯响应能力。因此，反应堆的反应性系数与反应堆的安全运行和事故分析是紧密相关的。

3.1　反应性温度系数

当反应堆功率发生变化时，堆芯的温度也要发生相应的变化。堆芯温度及其分布的变化将引起有效增殖系数的变化，进而引起反应性的变化，这种现象称作反应性的温度效应，简称“温度效应”。

表示温度效应大小的物理参数称为反应性温度系数，即温度变化1 ℃时所引起的反应性变化的量，通常用 α_T 表示。

$$\alpha_T = \frac{\mathrm{d}\rho}{\mathrm{d}T} \tag{3-1}$$

式中，T 为温度；ρ 为反应性。根据反应性的定义可得

$$\alpha_T = \frac{\mathrm{d}}{\mathrm{d}T}\left(\frac{k_{\mathrm{eff}}-1}{k_{\mathrm{eff}}}\right) = \frac{1}{k_{\mathrm{eff}}^2}\frac{\mathrm{d}k_{\mathrm{eff}}}{\mathrm{d}T} \tag{3-2}$$

由于大多数情况下，反应堆运行中的 k_{eff} 接近于1，因此式(3-2)可近似地写为

$$\alpha_T = \frac{1}{k_{\mathrm{eff}}}\frac{\mathrm{d}k_{\mathrm{eff}}}{\mathrm{d}T} \tag{3-3}$$

从式(3-3)中可以看出，若反应堆温度系数为正，则 $\mathrm{d}k_{\mathrm{eff}}/\mathrm{d}T>0$，那么当反应堆因微扰而使堆芯温度升高时，有效增殖系数也增大，反应堆功率随之增大，同时功率的增加又将引起堆芯温度继续升高，使有效增殖系数进一步增大。这样，反应堆的功率将持续增加，使堆芯温度持续升高，若不采取措施，可能引起堆芯燃料元件烧毁。反之，当反应堆温度下降时，有效增殖系数将减小，反应堆的功率也随之降低，而这又会引起堆芯温度下降和有效增殖系数进一步减小。这样，反应堆的功率将持续下降，直至反应堆自行关闭。显然，反应性温度效应的这种正反馈将使反应堆具有内在的不稳定性。因此，从安全角度考虑，我们不希望出现正的反应性温度系数。

若反应堆温度系数为负，则情况刚好与上述情况相反。此时温度的升高将引起有效增

殖系数的减小,反应堆的功率将随之减小,反应堆的温度也就逐渐回到初始值。同理,当反应堆的温度下降时,有效增殖系数将增大,反应堆的功率将随之增加,反应堆的温度也将逐渐回到初始值。这种由温度的变化引起的反应性变化的负反馈效应将使反应堆具有内在的自稳性,有利于反应堆的运行与控制。压水堆核电厂在反应堆的设计上要求具有负的温度系数,这对反应堆安全运行具有非常重要的意义。

应该指出,反应堆内的温度是随空间的变化而变化的。堆芯中的各种成分(如燃料芯块、慢化剂、燃料包壳等)的温度及其温度系数都是不同的。反应堆的总温度系数应等于各成分的温度系数之和,即

$$\alpha_T = \sum_j \frac{\mathrm{d}\rho}{\mathrm{d}T_j} = \sum_j \alpha_T^j \tag{3-4}$$

式中,T_j和 α_T^j 分别为堆芯各种成分的温度和温度系数。其中,起主要作用的是燃料温度系数和慢化剂温度系数。

3.2 燃料温度系数

燃料温度系数是由燃料温度变化1 ℃引起的反应性变化的量,故燃料温度系数 α_T^{F} 可以表示为

$$\alpha_T^{\mathrm{F}} = \frac{1}{k_{\mathrm{eff}}} \frac{\mathrm{d}k_{\mathrm{eff}}}{\mathrm{d}T_{\mathrm{F}}} = \frac{1}{p} \frac{\mathrm{d}p}{\mathrm{d}T_{\mathrm{F}}} \tag{3-5}$$

式中,T_{F}为燃料温度;p 为非均匀反应堆中逃脱共振俘获概率。

3.2.1 燃料多普勒效应

燃料温度效应主要是由燃料共振吸收的多普勒效应引起的,故通常也称为多普勒效应。由于多普勒效应(又称多普勒展宽),燃料温度升高将使共振峰降低并展宽(图3-1),即共振能量的中子截面减小而共振峰附近的反应截面增加。所有的共振峰都会发生展宽,展宽的结果是形成较为平滑的截面曲线。反应截面的这种变化对燃料中的^{235}U、^{238}U及^{240}Pu等核素都有影响,但在低富集度的燃料中,^{238}U吸收共振峰的展宽是主要的,而^{235}U裂变共振峰展宽的影响相对较小。

原子核对一个中子的吸收概率是用微观吸收截面表示的,吸收截面的大小取决于中子相对于靶核的动能的大小。在温度极低时,靶核近似为静止状态,动能就是中子的动能,是一个比较尖锐的峰,如图3-1中的“燃料温度低”曲线。

实际上,靶核不是静止的,束缚在一个晶格里的原子是在振动的,这种振动表示靶核有一定的速率。在振动的靶核上测量的相对动能一定,说明中子本身需要具有的动能改变了,中子能量在较大的范围内都有较大的吸收截面,如在图3-1中“燃料温度高”曲线所示。例如,考虑^{238}U最低的共振峰(相对能量为6.7 eV处),若靶核不动,只有6.7 eV动能的中子会以很高的概率被吸收。随着燃料温度的升高,^{238}U原子振动加剧,具有6.7 eV动能的中子进入燃料并击中靶核^{238}U的可能性减小,但是6.7 eV左右的中子与靶核进行反应

的可能性显著增加，即^{238}U的这个共振峰展宽了。所有的共振峰都会发生展宽，故多普勒效应对像^{238}U这样的具有多个共振峰的核素的影响更加明显。

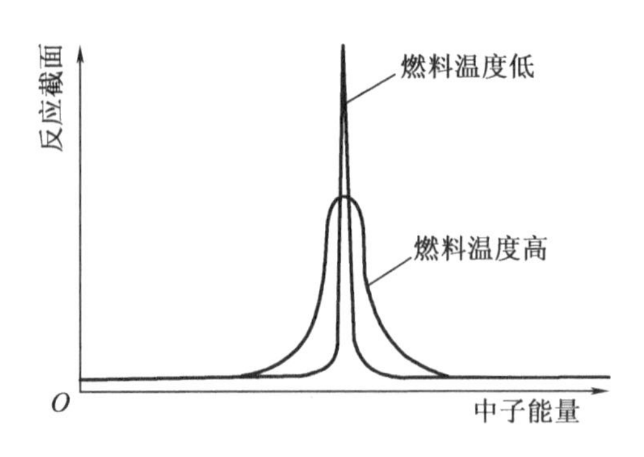

图3-1　多普勒展宽

需要注意的是：在某一中子能量范围内，超热区的总的吸收概率（即这些能量截面曲线下的面积）并没有因为多普勒展宽而发生变化，这个能区的平均截面是不变的。若各种能量的中子均匀分布在燃料里，那么其吸收概率和逃脱共振俘获概率不会改变，燃料温度升高也不会影响反应性。但是，存在中子慢化过程引入的能量自屏效应和非均匀反应堆的空间自屏效应，二者都会使共振吸收随燃料棒温度的升高而增加，从而使有效增殖系数和反应性变小，堆芯燃料具有负的温度效应。能量自屏效应使温度升高时共振吸收峰的有效共振积分增加，从而有负的反应性效应，其原理较为复杂，本书中不展开讨论。

反应堆的热量主要是在堆芯核燃料中产生的。当功率升高时，燃料的温度立即上升，燃料的温度效应也就立即表现出来，也就是说，燃料温度效应是瞬发的，燃料温度系数属于瞬发温度系数。瞬发温度系数对功率变化的响应很快，对反应堆的安全运行有十分重要的作用。

3.2.2　空间自屏效应

在燃料中裂变产生的中子都是快中子，它们在被慢化之前不能引起^{235}U裂变。中子的慢化主要在燃料芯块外的慢化剂中进行，而裂变反应则在芯块中进行。假定慢化剂中各种能量的中子是均匀分布的，这个假定对芯块表层的燃料而言也成立，但是对接近芯块中央的燃料来说就不成立了。这是因为到达芯块内层的中子必定先经过燃料的外层，当能量相当于^{238}U共振峰区能量的中子进入燃料时，就有很大的概率在燃料表层被吸收，不会到达内层。只有不具有共振峰区能量的中子，其反应截面较低，才有可能不发生核反应而穿过燃料芯块。这种因为燃料本身而对某种能量的中子产生的屏蔽作用，称为自屏。共振中子的吸收和自屏如图3-2所示。

当燃料温度升高时，多普勒效应会引起共振峰展宽，吸收截面发生变化。共振峰处中子的吸收截面降低，共振峰附近能量的中子的吸收截面显著增加，使得具有共振能量的中子在被吸收之前能更深地穿入燃料。但是，即便共振峰处中子的吸收截面降低，^{238}U还是足以吸收几乎所有具有共振能量的中子，中子虽能更深入燃料芯块但并不能穿出芯块而不被吸收,即多普勒展宽对具有共振能量的中子几乎没影响。燃料芯块的直径一般约为0.82 cm,而^{238}U 共振能量 6.7 eV 处的中子,其被吸收概率达 99.3% 时的扩散距离约为0.031 5 cm(即5倍吸收平均自由程)。可见,具有共振能量的中子几乎不可能到达芯块中心。

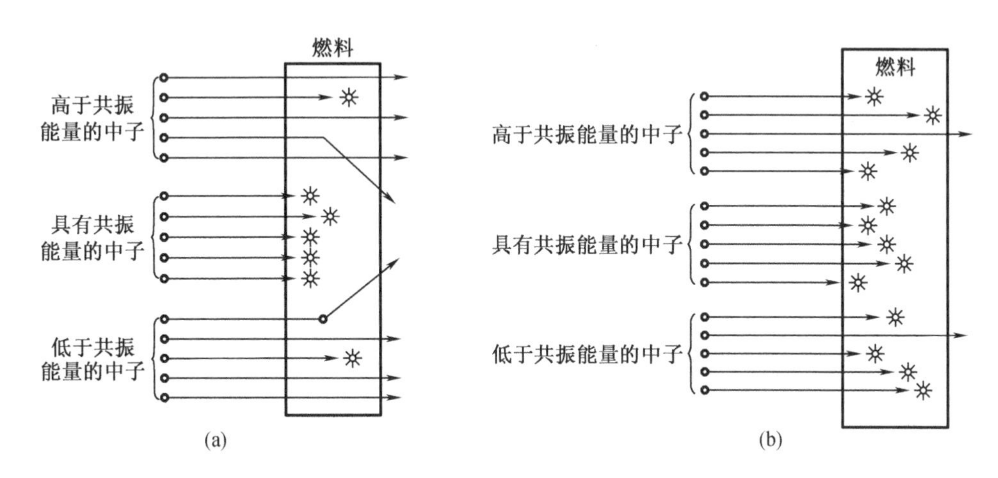

图 3-2 共振中子的吸收和自屏

同时,共振峰展宽使得在共振峰附近的中子有更大的概率被^{238}U 吸收,因为这些中子的能量在^{238}U 裂变阈 1.1 MeV 以下,所以不引起^{238}U 核裂变(反应堆中产生的^{240}Pu 也有类似的吸收)。因此,温度较高时,裂变链中损失的中子会增多,从而引入负的反应性。图 3-2(b)很好地说明了这种情况。

多普勒效应和自屏效应相结合使逃脱共振俘获概率减小,从而使 k_{eff}变小。在^{238}U 和^{240}Pu 含量大且燃料在堆芯分布不均匀的反应堆内,燃料温度的这种反应性效应最为明显,且总是负的。

3.2.3 燃料有效温度

对于反应堆来说,整个堆芯燃料和燃料芯块内部的温度变化都是很大的。在定义燃料温度系数时,温度的选取就成了一个难题。为了更准确地反映多普勒效应和自屏效应对反应性的影响,工程上引入了"燃料(多普勒)有效温度"的概念。燃料有效温度是根据燃料局部温度对共振逃脱因子进行加权平均后得到的结果。因为在高中子注量率区,温度对堆芯逃脱共振俘获概率有较大的影响,所以堆芯的燃料有效温度要比堆芯的燃料平均温度高。堆芯的燃料有效温度与反应堆运行的功率水平直接相关,并可作为多普勒效应引入反应性的首要度量。

燃料温度系数是燃料有效温度的函数,即为反应性随燃料有效温度的变化率,以 $\mathrm{d}\rho/\mathrm{d}T$ 或 α_f 表示,单位为 pcm/℃。燃料温度系数与燃料有效温度的函数关系示意图如图 3-3 所示。从 3-3 中可以看出,在燃料有效温度较高时(实际压水堆满功率有效温度很高),堆芯寿期初(BOL)的燃料温度系数较寿期末(EOL)的要更低些。

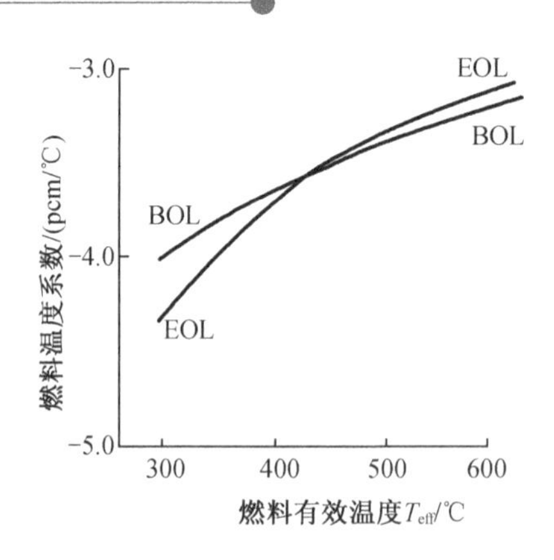

图 3-3　燃料温度系数与燃料有效温度的函数关系示意图

需要指出的是:在反应堆内,燃料有效温度及燃料温度的变化是不能测量的,因此实际上在考虑反应堆的瞬变时,使用的是多普勒功率系数(α_P),其定义为由反应堆功率的变化所引起的堆芯反应性的变化,通常采用功率每变化 1% 时反应性的变化量来度量($\Delta\rho/\Delta\%FP$,FP 为堆芯满功率)。图 3-4 给出了秦山第二核电厂施工设计报告中多普勒功率系数随堆芯功率的变化曲线。

显然,在低富集度燃料的堆芯里,多普勒功率系数也总是负值。

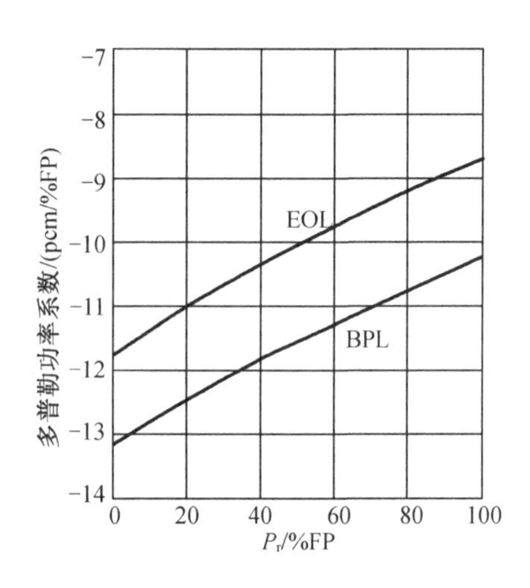

图 3-4　秦山第二核电厂施工设计报告中多普勒功率系数随堆芯功率的变化曲线

3.2.4　多普勒功率系数随燃耗的变化

从图 3-4 可以看到,相同的功率水平下,寿期初的多普勒功率系数要比寿期末的更低些。对此可以从整个堆芯寿期内,影响多普勒功率系数的 4 个主要因素进行分析。

1. ^{238}U 消耗和^{240}Pu 积累

随着燃耗增加,^{238}U 的快中子裂变和吸收中子向^{239}Pu 的转变消耗了燃料中的^{238}U。同时,^{240}Pu 随着燃耗的增加而在堆芯中不断集聚。

^{240}Pu 在 1 eV 有一个吸收截面约 100 000 b(1 b = 10^{-28} m^2)的共振吸收峰。这个吸收截面非常巨大,以至于几乎所有具有该能量的中子都被吸收了。这样在低温段(T_{eff} <450 ℃),燃料有效温度的增加不会明显地减少共振峰处的中子吸收(具有此能量的中子几乎全部被吸收),同时多普勒展宽使共振峰附近的中子吸收增加了。因此在寿期末,由于^{240}Pu 的积累,当燃料有效温度较低时,燃料多普勒功率系数比寿期初更低。

当燃料有效温度较高时,寿期初的燃料多普勒功率系数却较低。因为在高温时,^{240}Pu 共振峰的吸收截面明显变小,共振峰处的中子吸收相应减少。而且,由于^{240}Pu 在燃料中均匀分布,没有明显的自屏效应,多普勒展宽不会导致更多的中子被吸收。这样,^{238}U 的损耗就比^{240}Pu 的积累的影响更显著,燃料多普勒功率系数在寿期末比寿期初低得少些。

2. 燃料和包壳的间隙中气体的导热率

对于新燃料元件,其间隙内充有氦气(He),具有较大的导热率。随着燃耗的不断增加,芯块中的裂变气体如氙、氪不断在间隙内聚集,并与氦气混合,降低了间隙中气体的导热率。这一效应会引起同一功率水平下的燃料芯块温度即燃料有效温度的升高。

3. 燃料密实效应

燃料密实效应是指随着堆芯燃耗的增加,燃料芯块的体积减小。芯块体积减小使得芯块与包壳的间隙增大,间隙热阻也增大。这样,在寿期末,相同的堆芯功率水平下,燃料芯块的有效温度升高了。然而燃料密实效应是很小的,对多普勒功率系数的影响是次要的。

4. 包壳蠕变

包壳蠕变是多普勒功率系数的重要影响因素之一。由于中子辐照和包壳内外压差的改变,包壳发生蠕变,这使燃料芯块和包壳较包壳蠕变前贴合得更紧密,从而大大提高了燃料与包壳的间隙的导热率,进而使寿期末的燃料有效温度明显降低。

在裂变气体、燃料密实、包壳蠕变中,包壳蠕变起主导作用,它们的综合效果是使相同功率水平下的燃料有效温度显著降低,燃料有效温度随堆芯功率的变化率也显著变小。

多普勒功率系数可表示为

$$\frac{d\rho}{dP} = \left(\frac{d\rho}{dT}\right) \cdot \left(\frac{dT}{dP}\right) \tag{3-6}$$

式中,$d\rho/dT$ 为燃料温度系数,它随寿期没有明显变化;dT/dP 为燃料有效温度随堆芯功率的变化率,它随燃耗的增加而显著变小。因此,在堆芯从寿期初过渡到寿期末的过程中,多普勒功率系数随燃耗的增加将变得没那么低了。

3.3 慢化剂温度系数

3.3.1 慢化剂温度效应

慢化剂平均温度每变化 1 ℃时所引起的反应性的变化量称为慢化剂温度系数(α_T^m, pcm/℃),即

$$\alpha_T^m = \frac{\Delta\rho}{\Delta T_m} \tag{3-7}$$

慢化剂温度对反应性产生影响的原因主要是温度变化引起水密度变化，进而引起慢化剂中的硼密度发生变化。

当慢化剂的平均温度升高时，慢化剂密度会减小，使得宏观散射截面 Σ_s 和宏观吸收截面 Σ_a 同时减小，即使慢化剂的慢化能力减弱并使吸收减少。慢化和吸收对堆芯反应性而言是一对相反的效应：慢化能力降低是负效应，吸收减少是正效应。它们相对变化的大小决定了慢化剂温度系数 α_T^m 的正负。

在压水堆反应性控制中，可溶硼控制是重要手段之一。当慢化剂平均温度升高时，慢化剂密度随之减小，这使得堆芯内可溶硼的密度减小，可溶硼的吸收也减少了，从而在慢化剂温度系数中引入了一个正的分量，这使慢化剂温度系数向正方向偏移。当硼浓度①足够大时，硼和水的吸收效应比慢化能力的变化量更大，使慢化剂温度系数的净值为正。故在硼浓度较高时，慢化剂温度系数随慢化剂温度的增加而向正方向偏移，硼浓度较低时则相反。慢化剂温度系数随慢化剂温度的变化如图 3－5 所示。

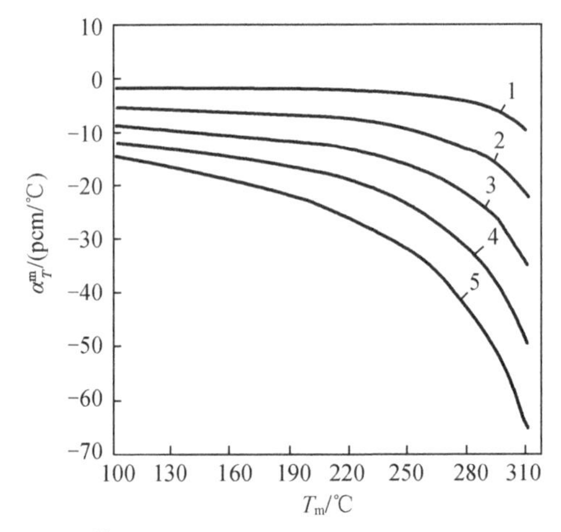

1—2 000ppm②；2—1 500ppm；3—1 000ppm；4—500ppm；5—10ppm。

图 3－5　慢化剂温度系数随慢化剂温度的变化

随着温度的升高，水密度下降得越来越快。在硼浓度较小时，慢化剂温度系数的绝对值迅速增大，如图 3－5 中的曲线 4 和曲线 5 所示。

由于负的慢化剂温度系数使反应堆具有自稳性，正的慢化剂温度系数会降低反应堆的安全性，故在压水堆核电厂的《运行技术规格书》中，对慢化剂温度系数的限值做了明确规定：在新燃料循环开始，反应堆冷却剂温度低于反应堆功率运行时的正常范围时，慢化剂温度系数可以稍稍为正。

慢化剂温度系数主要是在冷却剂温度低、冷却剂中硼浓度高以及首炉燃耗寿期循环开始时为正值。随着燃耗的增加，冷却剂中硼浓度下降时，慢化剂温度系数变为负值。在任何情况下，考虑到控制棒的插入，不论燃料燃耗如何，在反应堆功率运行的温度范围内，慢化剂温度系数总为负值。在物理试验过程中对慢化剂温度系数进行测量，以核查规定的

① 根据行业惯例，本书中的硼浓度、硼酸浓度均为质量分数。

② $1\text{ppm}=10^{-6}$。

数值。

可通过降低堆芯硼浓度使寿期初的慢化剂温度系数为负值，如在首循环（即第一循环）中使用可燃毒物棒，可以降低初始热态堆芯临界硼浓度，使运行温度下慢化剂温度系数为负；又如，控制棒的插入也可减少所需的硼浓度并增加堆芯中子泄漏，其结果是慢化剂温度系数向负方向偏移。故在启动物理试验中，测得慢化剂温度系数稍许偏正时，可通过限制控制棒组的提升上限来满足慢化剂温度系数为负。

影响慢化剂温度系数的因素主要有堆芯燃耗、一回路硼浓度、控制棒插入状态（如棒位）、堆芯功率水平等，后续将对此做进一步分析。图 3－6～图 3－9 给出了慢化剂温度系数与部分因素的关系，并给出了慢化剂温度随堆芯功率的变化（数据均取自秦山第二核电厂第一循环）。

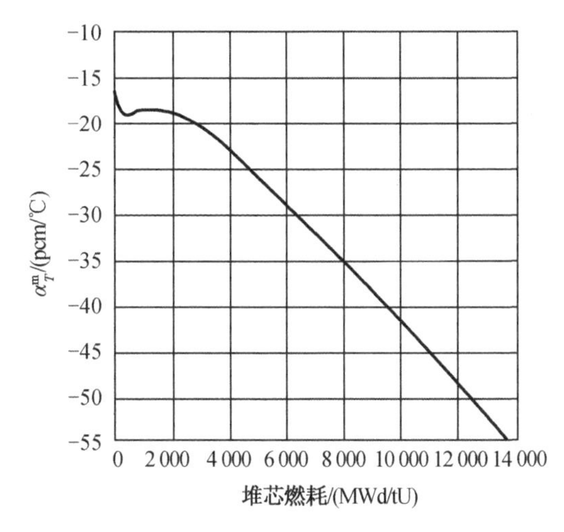

图 3－6 慢化剂温度系数与堆芯燃耗的关系

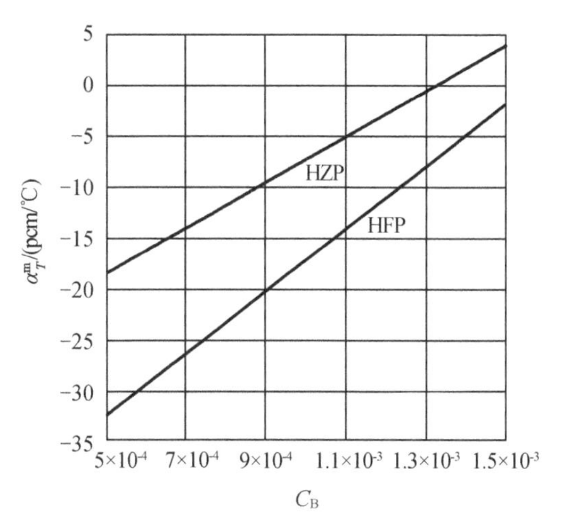

图 3－7 慢化剂温度系数与一回路硼浓度的关系

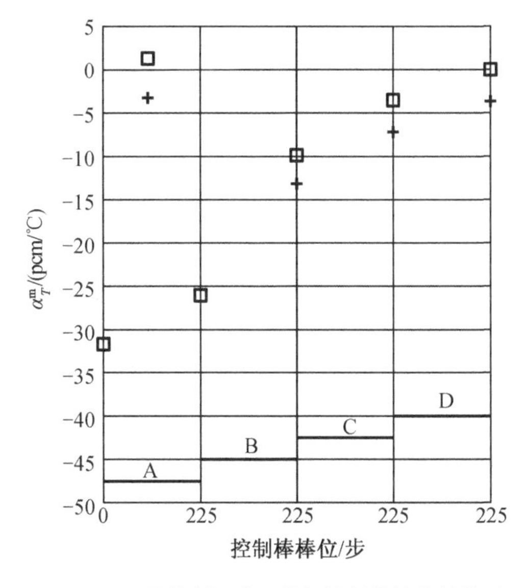

图 3－8 慢化剂温度系数与控制棒棒位的关系

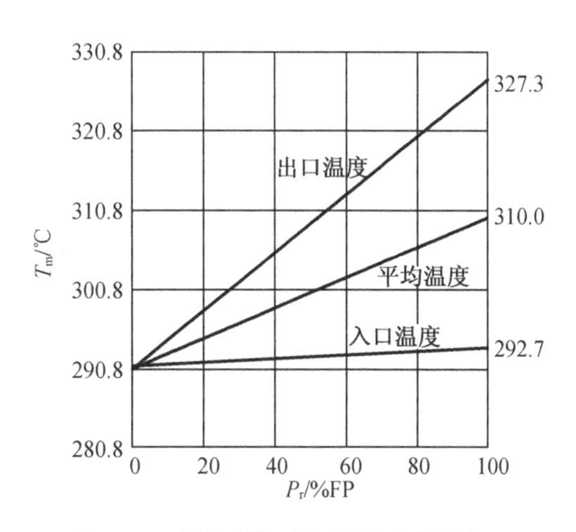

图 3－9 慢化剂温度与堆芯功率的关系

3.3.2 慢化剂温度对 k_{eff} 的影响

压水堆用水将快中子慢化到热中子，水同时也吸收热中子，造成中子损失。故在压水堆中，慢化剂温度对反应性的净效应主要是慢化剂原子与燃料原子数之比（N_{H_2O}/N_U）的函数。六因子公式中的各项随慢化剂温度的变化而发生的改变都是 N_{H_2O}/N_U 的函数。由于慢化剂温度升高，堆芯燃料装量没有变化，但慢化剂中水分子因慢化剂密度的减小而减少，N_{H_2O}/N_U 随慢化剂温度的升高而减小。

1. 慢化剂温度对快中子增殖系数 ε 的影响

快中子裂变使裂变中子总数增加，快中子增殖系数 ε 总是大于 1 的。慢化剂密度随温度的升高而减小，慢化能力减弱，使得中子在发生快裂变的高能区停留的时间较长，故 ε 随慢化剂温度的升高而增大。

但是，与逃脱共振俘获概率和热中子利用系数相比，慢化剂温度对 ε 的影响是很小的。

2. 慢化剂温度对中子不泄漏概率的影响

氢原子密度对慢化效果的影响最大。水温度增加，使氢原子密度减小，进而使水的慢化能力减弱，这会导致中子扩散长度增加，因而热中子不泄漏概率 P_{th} 和快中子不泄漏概率 P_f 降低。显然，这对慢化剂温度系数有负的影响。

由于大的堆芯中泄漏到反应堆外的中子占比较小，因此对于压水堆，慢化剂温度对中子不泄漏概率和 k_{eff} 的影响是很小的。

3. 慢化剂温度对热中子利用系数 f 的影响

热中子利用系数是指被燃料分子吸收的热中子数占堆芯中所有被吸收热中子的比例。慢化剂在慢化快中子的同时，也吸收一部分热中子，故热中子利用系数 f 总是小于 1 的。不考虑堆芯结构材料的影响，可对热中子利用系数 f 进行简单描述：

$$f=\frac{\Sigma_a^U}{\Sigma_a^U+\Sigma_a^{H_2O}}=\frac{N_U\sigma_a^U}{N_U\sigma_a^U+N_{H_2O}\sigma_a^{H_2O}} \tag{3-8}$$

即

$$f=\frac{\sigma_a^U}{\sigma_a^U+(N_{H_2O}/N_U)\sigma_a^{H_2O}} \tag{3-9}$$

由式(3-9)可见，N_{H_2O}/N_U 减小，f 值增大。也就是说，随着慢化剂温度的升高，N_{H_2O}/N_U 减小而 f 值增大，因而慢化剂温度对热中子利用系数 f（或 k_{eff}）有正的影响。

4. 慢化剂温度对逃脱共振俘获概率 p 的影响

逃脱共振俘获概率 p 的定义为在慢化过程中逃脱共振吸收的中子份额。水的慢化效果直接影响 p 值。随着水慢化能力的降低，中子在两次碰撞间平均穿过的距离变大，因此它们能在超热区穿过更多的燃料核，从而使其被 ^{238}U 或 ^{240}Pu 吸收的概率增大。随着慢化剂密度的减小，N_{H_2O}/N_U 减小，逃脱共振俘获概率 p 也减小。

5. k_{eff} 与 N_{H_2O}/N_U 的关系

在大型压水堆中，影响慢化剂密度变化的主要因素是逃脱共振俘获概率 p 和热中子利用系数 f。对于多数压水堆而言，k_{eff} 在 N_{H_2O}/N_U 为 4.0 左右时最大。

数学上，慢化剂温度系数 α_T^m 可以表示为

$$\alpha_T^m=\frac{1}{f}\frac{df}{dT}+\frac{1}{p}\frac{dp}{dT}-B^2\left(\frac{dL_f^2}{dT}+\frac{dL_{th}^2}{dT}\right) \tag{3-10}$$

式中，最后一项代表中子从堆芯泄漏的影响。虽然中子泄漏随温度的增加而增加，但对大型压水堆堆芯而言，中子从堆芯泄漏的影响是很小的，因此 α_T^{m} 可以简化为

$$\alpha_T^{\mathrm{m}} = \frac{1}{f}\frac{\mathrm{d}f}{\mathrm{d}T} + \frac{1}{p}\frac{\mathrm{d}p}{\mathrm{d}T} \tag{3-11}$$

从前面分析可以看到，随着慢化剂温度的增加，N_{H_2O}/N_U 减小，f 值增加而 p 值减小，即热中子利用系数随慢化剂温度的变化是正效应而逃脱共振俘获概率是负效应。若逃脱共振俘获概率的变化快于热中子利用系数的变化，则 α_T^{m} 为负；反之，若热中子利用系数的变化为主要变化时，α_T^{m} 为正。

α_T^{m} 的正负取决于堆芯中硼水混合物的吸收与慢化能力对比。根据这一点，k_{eff} 与 N_{H_2O}/N_U 的关系曲线可以分为两个区：过慢化区和欠慢化区，如图 3-10 所示。

最佳值的右边是过慢化区，以吸收特性为主。在过慢化区，随慢化剂温度的升高，因慢化剂热吸收减少而引入的正反应性多于因共振吸收增加而引入的负反应性。因而 k_{eff} 随慢化剂温度的升高而增加，α_T^{m} 为正，如图 3-10(a) 所示。

最佳值的左边是欠慢化区，慢化剂的慢化能力比吸收特性更重要。在欠慢化区，随慢化剂温度的升高，逃脱共振俘获概率的减小大于热中子利用系数的增加，因此 α_T^{m} 是负值，如图 3-10(b) 所示。

根据压水堆核电厂安全运行的要求，反应堆应运行在欠慢化区内。N_{H_2O}/N_U 是依据设计方案确定的，秦山第二核电厂的 N_{H_2O}/N_U 的平均值为 3.43，正好在 k_{eff} 与 N_{H_2O}/N_U 的关系曲线的欠慢化区。由于随慢化剂温度的升高，慢化剂温度系数变得更低，因此温度升高不仅增加了负的反应性，而且也提高了负反应性的增加速率。

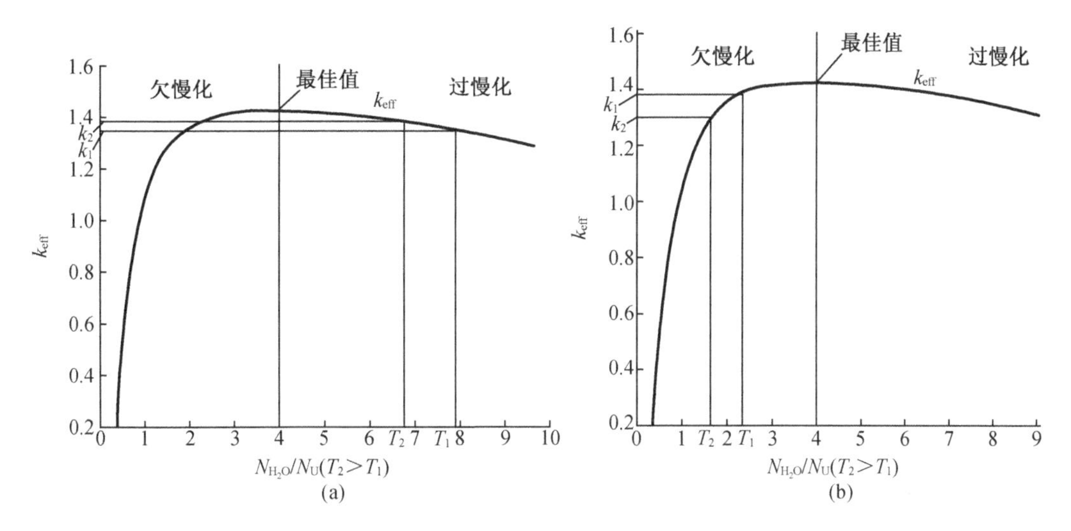

图 3-10 k_{eff} 与 N_{H_2O}/N_U 的关系曲线

3.3.3 硼浓度对 α_T^{m} 的影响

在压水堆核电厂的运行中，反应性主要通过控制溶解在冷却剂水中的硼酸(H_3BO_3)浓度实现(控制棒只起辅助作用)。硼是一种极好的热中子吸收材料，对热中子利用系数的影响很大。

$$f=\frac{\Sigma_{a}^{U}}{\Sigma_{a}^{U}+\Sigma_{a}^{Material}+\Sigma_{a}^{H_2O}+\Sigma_{a}^{B}} \tag{3-12}$$

式中，Σ_{a}^{U}、$\Sigma_{a}^{Material}$、$\Sigma_{a}^{H_2O}$、Σ_{a}^{B} 分别为燃料、结构材料、慢化剂、硼的宏观吸收截面。

由于慢化剂中的硼酸浓度增加，f 减小，但对水的慢化能力没有重大影响，因此 p 受硼浓度变化的影响不明显。

另外，慢化剂密度的减小还使一部分水和硼被挤出堆芯，这减少了慢化剂的吸收，使 f 增大，这对 α_{T}^{m} 是正效应。

硼浓度还影响 f 的变化率（$\mathrm{d}f/\mathrm{d}T$）。给定的冷却剂的密度减小，硼浓度越高，被挤出的硼越多。因而 $\mathrm{d}f/\mathrm{d}T$ 越大，α_{T}^{m} 负得越少。当硼浓度足够高时，$\mathrm{d}f/\mathrm{d}T$ 对 α_{T}^{m} 的影响比对慢化能力的减小的影响更大。因此，α_{T}^{m} 能够变成正值。图 3－11 显示了几种温度下慢化剂温度系数随硼浓度的变化，从图中可以看出，硼浓度的增加使慢化剂温度系数向正方向移动。

3.3.4 慢化剂温度对 α_{T}^{m} 的影响

从图 3－11 给出的 α_{T}^{m} 与硼浓度的关系曲线中可以看出，硼浓度在慢化剂温度较低时对 α_{T}^{m} 的影响比温度高时小，图中 14.4 ℃的曲线几乎是平直的。这是因为在低温时，水的密度及堆芯内的硼原子密度随温度的升高而变化较慢，如图 3－12 所示。在较高温度下，慢化剂密度的变化加快，也使得 α_{T}^{m} 的变化幅值增大。

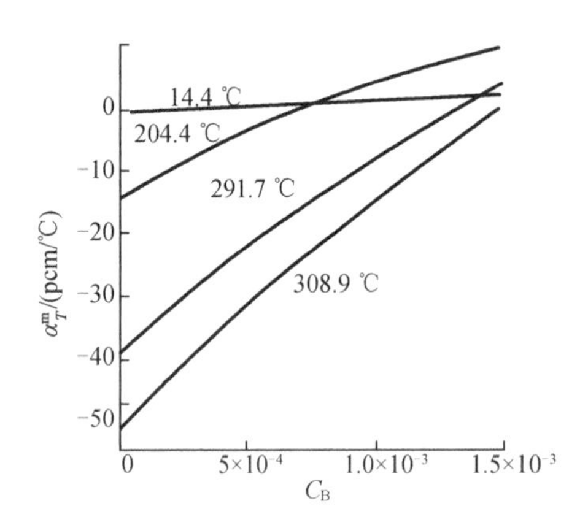

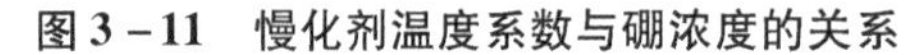

图 3－11 慢化剂温度系数与硼浓度的关系

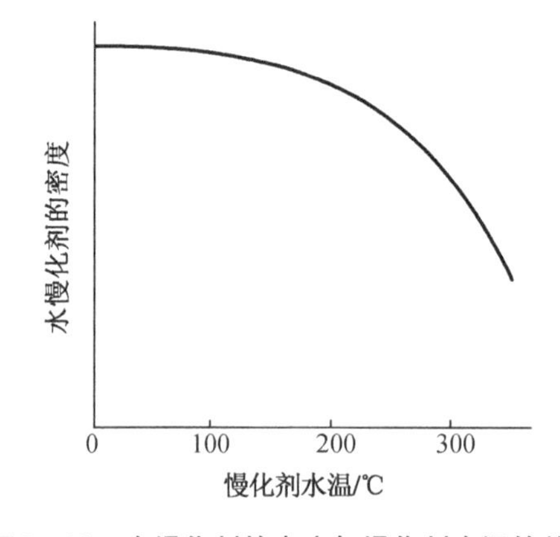

图 3－12 水慢化剂的密度与慢化剂水温的关系

图 3－5 给出了秦山第二核电厂的各种硼浓度下慢化剂温度系数与慢化剂温度的关系，这对计算和分析问题有较大作用。从图 3－5 中可以看出，在给定温度下，向慢化剂中加入硼会使 α_{T}^{m} 负得少一点。为满足寿期初的 α_{T}^{m} 为负值这一要求，必须限制堆芯硼浓度。

3.3.5 控制棒对 α_{T}^{m} 的影响

当将控制棒插入反应堆内时，α_{T}^{m} 更低。为便于解释，可将控制棒看成中子的泄漏边界。当温度增加时，水的慢化能力降低，所以中子徙动长度增加，中子徙动长度的增加扩大了控制棒的影响范围，使中子泄漏到控制棒的概率增大。在反应堆内无控制棒的情况下，大型压水堆内中子从堆芯泄漏出去的情况是相当少的，所以中子徙动长度的增加也会增加堆芯周围的泄漏。因此，当控制棒在反应堆内时，给定慢化剂温度的变化意味着向堆芯引入了更多的负反应性，α_T^m变得更低。

3.3.6 可燃毒物棒对 α_T^m的影响

通常使用可燃毒物棒来控制部分剩余反应性，使 BOL、热态零功率（HZP）、控制棒全提（ARO）状态下的 α_T^m为负。可燃毒物棒不受慢化剂温度的影响，但可以降低堆芯硼浓度 C_B，以使运行在该温度下的 α_T^m为负。可燃毒物棒的另一个作用是展平径向通量分布，它也影响着 α_T^m。通常只在第一循环使用可燃毒物棒以降低硼浓度。

可燃毒物棒也是一种热中子泄漏边界，其作用与控制棒类似，它的影响相当小，仅使 α_T^m稍微更低一点。

在秦山第二核电厂 1 号、2 号机组的首循环中，反应堆内都加有一定数量的可燃毒物（硼玻璃）。如果将来燃料管理策略发生变化，采用长循环周期（即每 18 个月换一次料）时，就要提高换料组件的富集度，使 BOL、HZP、ARO 状态下的 α_T^m满足《秦山核电厂最终安全分析报告》（FSAR）的限值，此时就要在燃料组件内加入一定数量的可燃毒物。目前国际上已采用在燃料芯块中加一定数量的钆（Gd）来控制剩余反应性和展平堆芯通量分布。

3.3.7 堆芯寿期与 α_T^m的关系

在堆芯寿期内，随着燃料燃耗的加深和裂变产物的不断积累，剩余反应性逐渐减小。因而，作为控制剩余反应性所需的硼浓度也随堆芯寿期而逐渐减小。这种变化使 α_T^m变得更低。图 3－13 给出了秦山第二核电厂第一循环堆芯临界硼浓度随燃耗的变化，该变化曲线综合了燃耗、可燃毒物棒的燃耗和裂变产物（氙和钐）的影响。

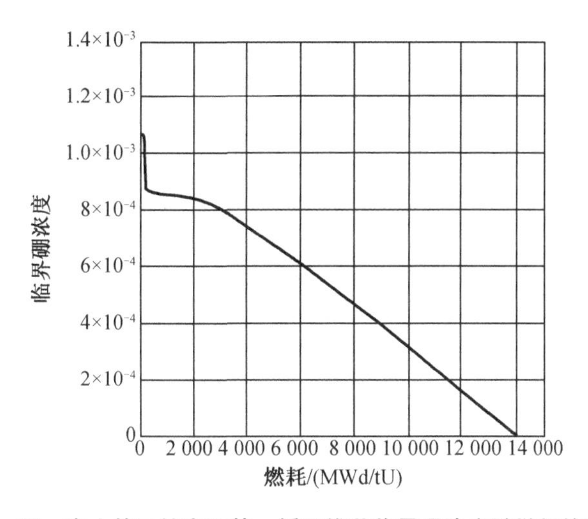

图 3－13 秦山第二核电厂第一循环堆芯临界硼浓度随燃耗的变化

温度系数及其时间常数对反应堆的安全性和稳定性都有十分重要的作用。具有较强瞬发负温度系数的反应堆能够承受外界快速的大反应性变化。

3.4 等温温度系数

等温温度系数(α_{iso})是核电厂物理试验中引入的一个特有概念。由于核电站反应堆固有的自稳性的强弱在相当程度上取决于慢化剂温度系数的大小,因此在压水堆核电站的堆芯启动物理试验中,都要求对慢化剂温度系数这一重要参数进行测量和验证,以保证其满足《运行技术规格书》中"寿期初热态零功率,所有控制棒提出状态下慢化剂温度系数为负值"的规定。考虑到测量上的困难,通常通过测量等温温度系数来间接得到慢化剂温度系数。

等温温度系数是指慢化剂、燃料包壳和铀芯块的温度同时变化1 ℃时引起反应性变化的量。等温是指慢化剂与燃料芯块的温度相同,因此两者的变化是同步的。这种变化只有在反应堆启动期间,堆芯处于热态零功率范围内时才近似存在。此时,堆芯的加热主要由一回路冷却剂主泵提供,堆芯核燃料的发热可忽略,这样可认为堆芯的加热是均匀的,因而燃料温度、慢化剂温度是同步变化的,等温温度系数即为慢化剂温度系数和燃料温度系数之和。

在热态零功率物理试验状态下,一回路的热量主要由主泵提供,热量通过蒸汽发生器传热管传递到二回路,并释放到大气中。通过调节向大气排放蒸汽的量,使蒸汽带走的热量等于一回路产生的热量,从而使一、二回路达到热力平衡状态,并使反应堆冷却剂温度保持恒定。如果改变二回路的蒸汽排放量,则会打破一、二回路的热平衡状态,进而改变反应堆冷却剂温度(即慢化剂温度)。慢化剂温度的变化必然会导致反应性的变化。由于此时慢化剂温度和燃料温度是同步变化的,因此测得的反应性变化量和温度变化量的比值即为等温温度系数。

考虑到此时等温温度系数等于慢化剂温度系数与燃料温度系数之和,可得慢化剂温度系数为

$$\alpha_T^{m} = \alpha_{iso} - \alpha_T^{F} \tag{3-13}$$

式中,燃料温度系数 α_T^{F} 也不能通过试验测量,而要采用理论计算值。这样通过对等温温度系数的测量就得到了慢化剂温度系数的值。

3.5 空泡系数

空泡系数描述了由反应堆内的局部沸腾产生的气泡引起的反应性的变化,其定义为慢化剂空泡体积分数每变化1%所带来的反应性变化,即堆芯反应性对堆芯空泡份额(x)的变化率,以 $\Delta\rho/\Delta x$ 表示,用"pcm/%空泡"来度量。

燃料包壳表面的温度可能比冷却剂的饱和温度高,这容易使水局部沸腾并产生气泡。小的气泡在包壳表面形成,被冷却剂冲走并破灭,这种泡核沸腾叫作过冷泡核沸腾。由于气泡的密度远小于冷却剂的密度,堆芯气泡的产生减小了冷却剂的密度,因此慢化剂的慢

化能力降低，共振吸收和中子泄漏的概率增大。堆芯的这种空泡效应与水温升高产生的效应相同，空泡的形成对反应性的影响可正可负，这既取决于硼浓度，也取决于堆芯水铀比偏离最佳值的程度。

在大型压水堆堆芯中，空泡份额小于0.5%，因而空泡效应对反应性的影响非常小。空泡系数从堆芯寿期初低温时的 -50 pcm/%空泡变化到 -250 pcm/%空泡。随着燃耗的增加和硼浓度的下降，反应堆运行温度下的空泡系数会变得更低。计算中，通常假定份额为1%的空泡相当于慢化剂密度变化1%。

3.6 压力系数

压力系数是由一回路中压力变化引起的反应性变化，即 $\Delta\rho/\Delta P$，压力单位为 MPa(或Pa)。影响压力系数的机理与改变慢化剂温度系数和空泡系数的机理相同。压力改变会引起慢化剂和慢化剂中可溶硼的密度变化。如果一回路中可溶硼的浓度非常低或无硼，当一回路的压力增加时，压力系数对反应性略有正的影响；如果可溶硼的浓度较高，当一回路的压力增加时，压力系数对反应性略有负的影响。

实践证明，压水堆一回路的压力变化约为 6.9×10^5 Pa，所引起的反应性效应与慢化剂温度变化0.55 ℃所引起的反应性效应相同。可见，工作压力的正常变化并不会十分影响慢化剂的密度，反应性压力系数可忽略。

3.7 功率系数与功率亏损

3.7.1 功率系数

功率系数是燃料温度系数、慢化剂温度系数、空泡系数的综合体现，其定义为功率变化1% FP 所引起的堆芯反应性的变化量，以 $\Delta\rho/\%$ FP 表示。在核电厂运行中，用反应堆功率系数来表示反应性系数比用温度系数、空泡系数等来表示更为直接，也更实用。因为当反应堆功率变化时，堆内核燃料温度、慢化剂温度和空泡份额都会发生相应的变化，这些变化又引起反应性变化。根据功率系数的定义有

$$\alpha_P=\frac{d\rho}{dP}\approx\alpha_T^{f}\frac{dT_f}{dP}+\alpha_T^{m}\frac{dT_m}{dP}+\alpha_V^{m}\frac{dx}{dP} \tag{3-14}$$

功率系数在堆芯的整个寿期内都是负值，但在寿期末要比寿期初更低一些，这主要是由慢化剂温度系数的增加引起的。燃料多普勒效应、慢化剂温度效应和空泡效应对功率系数的相对贡献如图3-14所示。从图3-14中可以看到，慢化剂温度系数在寿期初只占总功率系数的很小一部分，但在寿期末，由于堆芯硼浓度的减小，它变得越来越重要了。

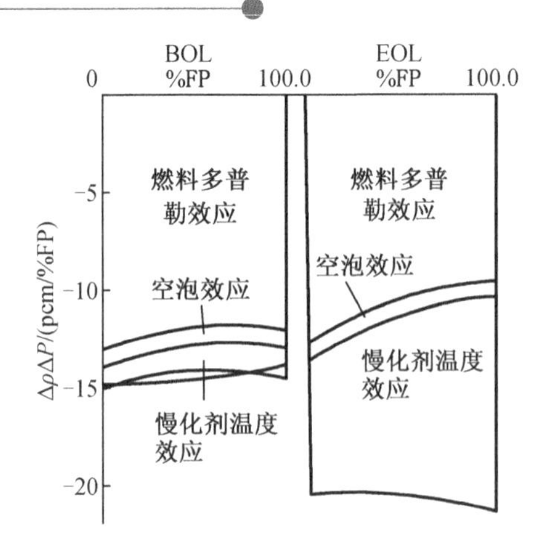

图 3-14 燃料多普勒效应、慢化剂温度效应和空泡效应对功率系数的相对贡献

由于燃料有效温度的降低，与寿期初相比，多普勒功率系数在寿期末稍微减小一点。

空泡系数在堆芯的整个寿期内几乎都为常数。但在寿期末，由于慢化剂功率系数份额增加，总的功率系数增大，空泡系数的影响相对减小。

图 3-15 表示在硼浓度不同的前提下，秦山第二核电厂反应堆的功率系数与堆芯功率的关系。在寿期初，功率系数随堆芯功率的升高而减小，堆芯功率越高，功率系数负得越少。但在寿期末，功率系数基本上不随堆芯功率的变化而变化，这是因为慢化剂温度系数有较大的贡献。必须指出的是，不管是在寿期初还是在寿期末，多普勒效应都是非常重要的，因为燃料温度的多普勒效应响应是非常快的，它对功率系数贡献的负反应性能够抑制堆芯功率的快速增长。

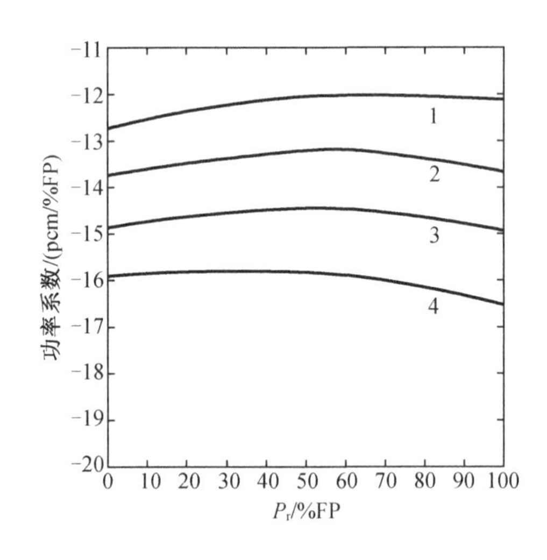

1—1 250ppm；2—1 000ppm；3—750ppm；4—500ppm。

图 3-15 在硼浓度不同的前提下，秦山第二核电厂反应堆的功率系数与堆芯功率的关系

3.7.2 功率亏损

功率亏损是指功率变化过程中所添加的总反应性，它是单一多普勒功率亏损、单一慢化剂功率亏损和空泡功率亏损的总和。功率亏损的大小取决于反应堆的功率水平。

图3-16为总功率亏损，给出了功率亏损的相对大小。其中，多普勒功率亏损在总功率亏损中的贡献最大。从寿期初到寿期末，总功率亏损是增加的，这是因为慢化剂功率亏损在增加。

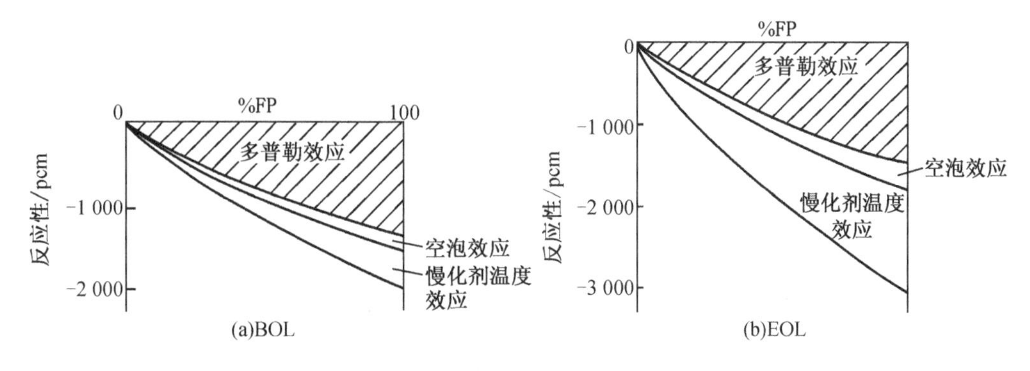

图3-16 总功率亏损

从核电厂运行的角度看，总的功率亏损是一个重要的物理量。当反应堆功率增加时，由于功率亏损是负的，所以这时加到堆芯的反应性也是负的。为了保持反应堆的临界，必须向堆芯添加等量的正反应性。这种正反应性可以通过提升控制棒或稀释硼的方式进行补偿。当电站从高功率下降至零功率或事故停堆时，功率亏损都将向堆芯添加正的反应性。计算最小停堆裕度时必须考虑此项的变化量。当反应堆功率发生变化时，也必须考虑功率亏损的影响。通常通过调整控制棒的棒位和硼浓度来调节反应性的变化。图3-17为秦山第二核电厂施工设计中第一循环功率上升引进的负反应性。

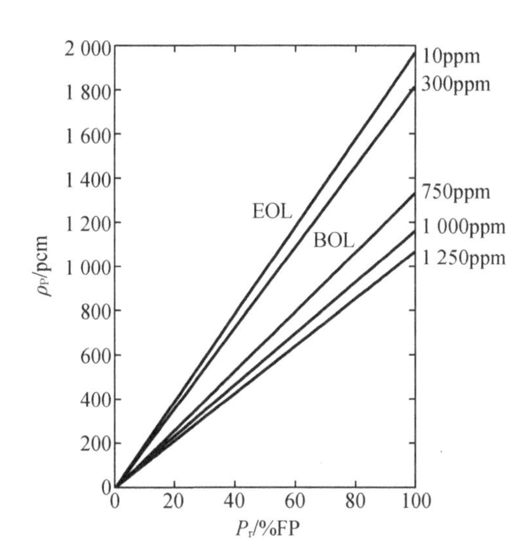

图3-17 秦山第二核电厂施工设计中第一循环功率上升引进的负反应性

3.8 再分布效应

在3.7节已经讨论过,总功率亏损是由单一多普勒功率亏损、单一慢化剂功率亏损和空泡功率亏损组成的,其可由两维程序模式计算得到。

为了简化计算,在两维程序计算模式中假设了堆芯轴向中子注量率分布是均匀的。慢化剂功率亏损是慢化剂平均温度随功率均匀上升所引起的反应性变化。但实际上,轴向中子注量率分布和相应的功率分布在堆芯中是不均匀的。这种与轴向中子注量率分布、燃料燃耗及慢化剂温度系数的不均匀联系在一起的反应性效应就称为再分布效应。

3.8.1 寿期初的慢化剂功率亏损与再分布效应

当反应堆功率发生变化时,有多个因素影响堆芯轴向中子注量率的分布。

在寿期初,主要影响因素是慢化剂水密度,其随堆芯高度的增加而减小,如图3-18所示。

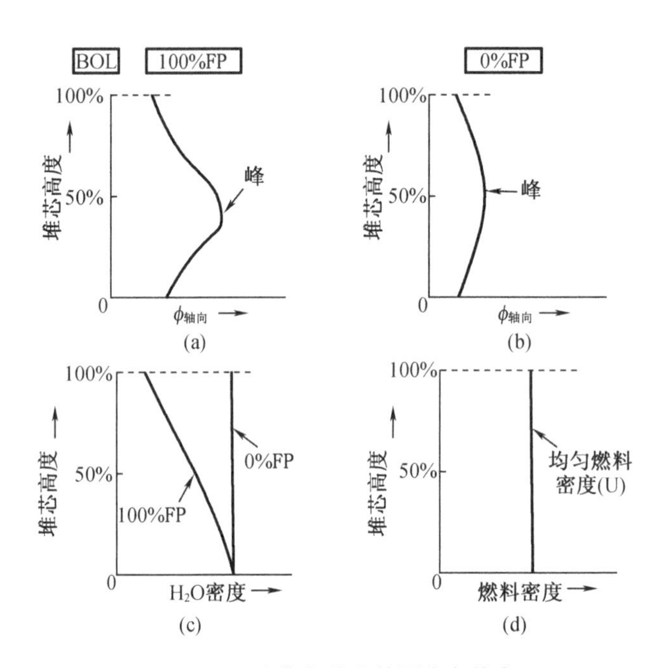

图3-18 寿期初堆芯的再分布效应

沿堆芯轴向,水温从堆芯底部(冷却剂入口)T_C 增加到顶部(冷却剂出口)T_H,水密度逐渐减小,N_{H_2O}/N_U 下降。因为压水堆堆芯是在欠慢化区,所以 N_{H_2O}/N_U 沿轴向下降引起 k_{eff} 值沿轴向下降。堆芯顶部增加的负反应性降低了这个区域的中子注量率,使中子注量率峰向堆底偏移。

低功率时,慢化剂密度沿轴向接近均匀分布,此时中子注量率峰在堆芯中央。满功率时,反应堆堆芯的冷却剂出口温度 T_H 比入口温度 T_C 要高得多,较高的 T_H 使堆芯顶部的中子注量率受到抑制，从而会使中子注量率峰下移至堆芯高度约为堆芯总高度的40%处。

堆芯下半部的中子注量率峰产生较高浓度的^{135}Xe，从满功率运行状态停堆后，较高的氙浓度迫使停堆轴向中子注量率峰朝堆芯顶部移动。另外，功率运行一般要求控制棒部分插入，这进一步使中子注量率峰移向堆芯底部。而停堆后，控制棒的全部插入对堆芯轴向中子注量率分布的影响是均匀的。这两个因素都使反应堆在功率运行时的中子注量率峰出现在堆芯下半部，停堆时则出现在堆芯的中央或堆芯的上半部。

在慢化剂亏损计算中，采用的慢化剂平均温度只是冷却剂入口温度 T_C 与出口温度 T_H 的简单平均值(图3－9)。在秦山第二核电厂的核电机组中，为了提高二回路系统的效率，可使慢化剂平均温度随堆芯功率水平线性变化。慢化剂功率亏损值由慢化剂平均温度的增量与该温度下的慢化剂温度系数 α_T^m乘积得到。但是慢化剂温度系数 α_T^m与温度有关，且不是线性变化的。考虑到堆芯轴向温度分布的影响，慢化剂平均温度对应的慢化剂温度系数 α_T^m与冷却剂进、出口的慢化剂温度系数 α_T^m的平均值是不一致的。

此外，因为功率峰在堆芯的下半部，堆芯中平面处的慢化剂温度小于慢化剂平均温度 T_{avg}，这种偏离使计算出的单一慢化剂亏损比实际值小。

在寿期初计算慢化剂功率亏损时，较好的方法是把堆芯划分成几个轴向段，分别计算每个区段的慢化剂功率亏损，然后再将它们加起来，得到总的慢化剂功率亏损，这样得到的亏损值比常规计算得到的结果要大一些。

再分布效应增加了慢化剂功率亏损，在寿期初，这种亏损的增加主要是由上述慢化剂效应引起的。此时，最坏情况下的再分布效应约为500 pcm。图3－19给出了寿期初再分布效应与慢化剂功率亏损的关系。

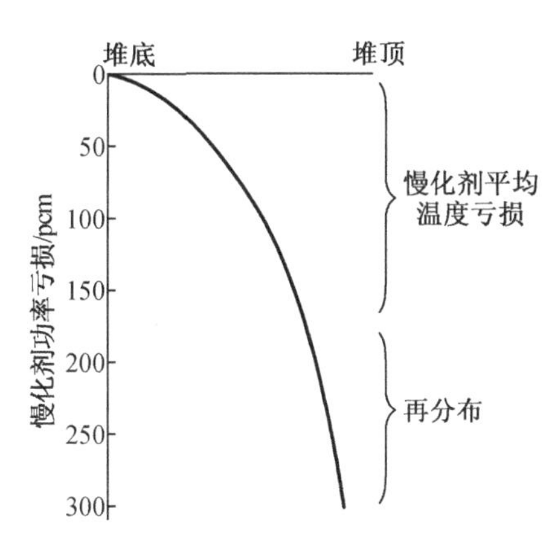

图3－19 寿期初再分布效应与慢化剂功率亏损的关系

3.8.2 寿期末的慢化剂功率亏损与再分布效应

寿期末，堆芯的再分布效应并不十分明显。由于此时堆芯慢化剂中的硼浓度已经很低，慢化剂温度系数随温度显著变化，且其绝对值也比寿期初时大若干倍(有时甚至大1个数量级)，因此，再分布效应对 α_T 的影响相对较小。图3－20给出了寿期末时再分布效应与慢化剂功率亏损的关系。

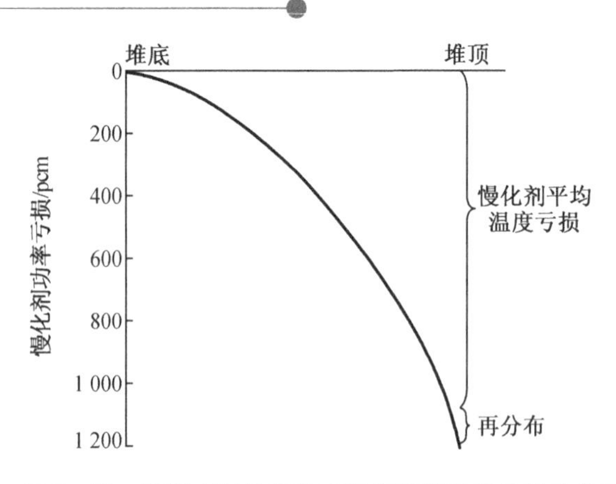

图 3-20　寿期末再分布效应与慢化剂功率亏损的关系

此外，随着堆芯燃耗的增加，在慢化剂温度轴向分布和控制棒部分插入的影响下，堆芯上半部的^{235}U的富集度比下半部高，轴向功率峰逐渐上移。在堆芯寿期末，轴向中子注量率分布曲线较为平坦，因此，慢化剂平均温度发生在堆芯的中心平面上。寿期末堆芯的再分布效应如图 3-21 所示。

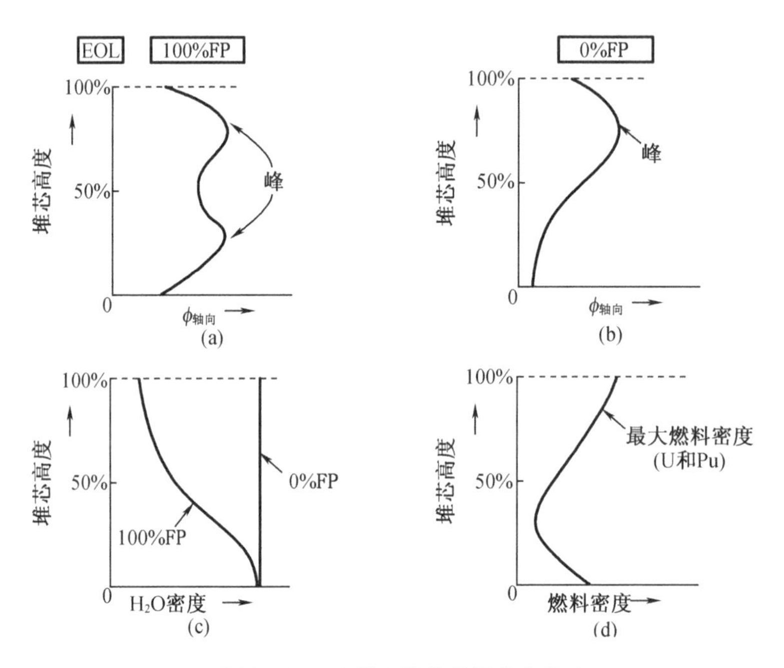

图 3-21　寿期末堆芯的再分布效应

同样，在寿期末计算慢化剂功率亏损时，也宜将堆芯划分成若干个轴向段，计算每一个区段的慢化剂功率亏损，然后再将它们加起来，得到总的慢化剂功率亏损。

3.8.3　轴向燃料燃耗对再分布效应的影响

寿期初，多普勒效应对再分布的贡献是非常小的，因为此时燃料的密度分布是均匀的，且中子注量率偏移相当小。到了寿期末，功率亏损中的再分布份额主要是由燃料燃耗效应引起的。图 3－18 和图 3－21 分别给出了寿期初和寿期末从热态满功率(HFP)到热态零功率的轴向中子注量率分布。

寿期末,当反应堆功率从热态满功率过渡到热态零功率时,中子注量率峰朝堆芯顶部偏移较大,这种偏移是堆芯燃耗不均匀的结果,而堆芯燃耗不均匀是功率运行时控制棒的插入和堆芯底部水较冷造成的。

在堆芯底部燃耗增加的同时,这个区域的裂变产物的浓度也在不断增加,这样就造成停堆后中子注量率峰进一步朝堆芯顶部移动。

当反应堆从热态满功率过渡到热停堆时,因为中子注量率峰从堆芯底部的低密度燃料向堆芯顶部的高密度燃料偏移,所以也向堆芯引入了正反应性。又因为燃料的反应性价值正比于相对中子注量率的平方,所以密度高的燃料内的相对中子注量率升高,将引入额外的正反应性。寿期末,再分布效应的主要贡献是由轴向中子注量率峰的偏移引起的这两个正反应性效应。

总之,影响再分布效应的主要因素:寿期初是慢化剂功率亏损,寿期末是不均匀的燃耗。典型的再分布效应已经包含在总功率亏损曲线中,因而在寿期初很少被关注。但是在反应堆停堆时,反应堆运行人员必须考虑到再分布效应引入的正反应性,保守地计算停堆深度。在计算停堆深度时,必须将最大再分布效应加到功率亏损上。

对于停堆时由再分布效应引入的正反应性的计算,采用了在最不利的控制棒的棒位、氙分布和燃耗情况下所得到的最大中子注量率峰的偏移。停堆时最保守的再分布效应值:寿期初为－300 pcm,寿期末为－850 pcm(数据源自秦山第二核电厂施工设计)。

复　习　题

1. 填空题

(1)试举 3 种反应性系数:(　　)、(　　)、(　　)。

(2)反应性温度系数是(　　　　　　　　　　　　　　　　　　),在功率运行时,它包括燃料温度系数,它的效果是(　　)的;还包括(　　)系数,它的效果是(　　) 的。

(3)蒸汽气泡含量的增加导致慢化剂密度(　　),这样热中子数目(　　);在欠慢化反应堆中,反应性(　　)。

(4)压水堆核电厂的水铀比选在最大值的(　　),即反应堆处于“欠慢化状态”,这样可以保证出(　　)的温度系数。

2. 选择题

(1)压水反应堆的自稳定性能是由(　　)实现的。　(　　)

A. 调节控制棒　　B. 负温度系数反馈

C.“堆跟机”的控制模式　　D. 调节硼浓度

(2)影响慢化剂温度系数的主要因素是　(　　)

A. 冷却剂平均温度　　B. 一回路硼浓度

C. 堆芯燃耗　　D. 水铀比

(3)反应堆功率系数包括 (　　)

A. 燃料温度系数　　B. 等温温度系数

C. 慢化剂温度系数　　D. 空泡系数

3. 判断题

(1)控制棒插入时,慢化剂温度系数要比控制棒抽出时更高一些。 (　　)

(2)随着堆芯硼浓度降低,慢化剂温度系数变得越来越低。 (　　)

(3)当一回路温度升高时,一回路水中的硼浓度升高。 (　　)

第4章　反应性控制

4.1　后备反应性分配

温度、压力、功率及燃耗等参数的变化，会使反应堆堆芯的反应性发生相应变化。为保证反应堆有一定的工作寿期，满足启动、停堆和功率变化的要求，反应堆的初装量必须大于临界装量，以有一个适当的后备反应性。同时，必须提供控制和调节此后备反应性的具体手段，以使反应堆的反应性保持在所需的各项数值上，这是反应性控制设计的基础。后备反应性是指冷态干净堆芯的剩余反应性。

堆芯在没有控制毒物时的反应性称为剩余反应性，以 ρ_{ex} 来表示。控制毒物是指反应堆中用于控制反应性的所有物质，如控制棒、可燃毒物和化学补偿毒物等。剩余反应性的大小与反应堆的运行时间和运行工况有关。一般来说，一个新堆芯在冷态、无中毒情况下，初始剩余反应性最大。

另外，在反应性控制的具体设计中，设计人员必须充分注意安全原则。例如，在反应性控制量中一般还必须包括停堆深度，以保证反应堆停堆时的 k 值足够小，使反应堆处于足够安全的次临界度上。这样，在发生某些事故（如硼稀释事故等）时，操纵员有足够的时间来控制反应堆。

停堆时的有效增殖系数为 k_s，对应的反应性为 ρ_s，ρ_s 可以度量反应堆在次临界状态的程度（有时也称为停堆深度）。其实际数值与反应堆的运行时间和运行工况有关。在反应堆核设计中，要求在任何工况下，反应堆都应具有足够大的停堆深度。

因此，总的后备反应性必须等于水和铀的温度效应、毒渣效应及燃耗效应引入的反应性之和，才能保证反应堆有一定的工作寿期及其他要求。而总的反应性控制能力应大于总的后备反应性加上停堆深度。

反应性控制的主要任务是：采用各种切实有效的控制方式，在确保堆芯安全的前提下，控制反应堆的剩余反应性，以满足反应堆长期运行的需要；通过使毒物具有合理的空间布置和最佳的控制程序，让反应堆在整个堆芯寿期内保持较平坦的功率分布，使功率峰因子尽可能得小；在外界负荷发生变化时，能够迅速调节反应堆的功率以适应该变化；在反应堆出现事故时，能够快速、安全地将反应堆停闭，并保持一定的停堆深度。

4.2　反应性控制的基本原理与方法

因为热堆中 $k_{eff}=\varepsilon p P_s P_d f \eta$，所以原则上可以通过控制 ε、P_s、p、P_d、f 及 η 这几个因子中的一个或几个因子，来实现对反应性或 k 的控制。确定热堆的燃料富集度及燃料与慢化剂的相对组分后，可认为快中子增殖系数 ε、每次吸收的中子产额 η 基本不变。一般来说，对反应性的控制主要通过控制热中子利用系数f、快中子不泄漏概率P_s和热中子在扩散过程中的不泄漏概率P_d来实现。

1. 慢化剂控制法

对于有些反应堆,可通过控制反应堆内的水位来改变中子不泄漏概率及热中子利用系数,达到控制反应堆启动、停闭及运行的目的。在发生临界事故时,可通过排除慢化剂,使反应堆或易裂变材料迅速置于次临界状态。

2. 中子反射层控制法

通过控制反应堆外中子反射层的组分来改变中子不泄漏概率及热中子利用系数,达到控制反应堆启动、停闭及运行的目的。

3. 燃料元件控制法

通过控制反应堆内燃料元件的数目来改变k值,达到控制反应堆启动、停闭及运行的目的。

4. 毒物控制法

绝大多数反应堆,包括快堆及其他类型的热堆,都采用这类控制法。最常见的是用σ_a很高的材料制成控制棒,并将其插入堆芯或反射层内,这样移动控制棒即可达到控制反应堆的目的。

对于小型反应堆,通常只用控制棒控制。其优点是控制速度快、灵活机动、可靠有效且经济,但是存在控制棒在反应堆内移动对堆内的中子注量率分布扰动较大的缺点。大型反应堆的后备反应性控制量较大,控制棒数目较多,这个缺点更加突出。

为此,大型反应堆中,在采用控制棒的同时,还采用化学控制剂如硼的"载硼运行"方案,即在水中加硼酸,通过对硼浓度的控制来实现对部分反应性的控制。在重水堆中,除采用"载硼运行"方案外,为了提高经济性和有效性,有时还采用"载钆运行"方案。由于化学控制剂在慢化剂中分布均匀,因此其浓度改变时,反应堆内中子注量率分布的变化也比较均匀。采用这种办法可以弥补控制棒的不足,而且也比较经济。

但慢化剂含硼量太高,会使慢化剂温度系数变正,这在一定的技术条件下是不利于安全运行的。所以,目前多数压水堆还同时采用第三种控制方法——利用可燃毒物进行控制,即在堆芯内以一定的方式分布放置硼玻璃可燃毒物棒(一般在反应堆首次装料时使用)或含钆可燃毒物(一般在长周期换料循环中使用)。随着反应堆运行中燃耗的加深,可燃毒物的原子核数目逐渐减少,这相当于反应性逐渐释放,从而起到控制反应性的作用。由于毒物含量随燃耗的加深而减少,故其被称为可燃毒物。

在实践中,还有多种反应性控制方法,如向反应堆内注入空气来控制反应性,通过启停风机来控制高温气冷堆反应性等。在压水堆核电厂的运行过程中,对反应性的控制主要采用3种方式来实现:控制棒控制、化学补偿控制、可燃毒物控制。下面分别讨论反应性控制这3种主要方式。

4.3 控制棒控制

根据反应堆的反应性分析,可以确定控制棒控制和其他控制方式之间的反应性分配。在大型压水堆中,控制棒所必须控制的反应性一般在7%~10%。

控制棒是强吸收体,其移动速度快、操作可靠、使用灵活、控制反应性的准确度高。当需要紧急停堆时,控制棒的控制系统能够快速地引入一个大的负反应性,实现紧急停堆,并达到一定的停堆深度。当外界负荷或堆芯温度发生变化时,控制棒的控制系统必须引入一个适当的反应性,以满足调节反应堆功率与堆芯温度的需要。所以,控制棒控制是反应堆运行中实现紧急控制和调节功率所不可缺少的手段。其具体功能有:功率亏损补偿;负荷跟踪时的反应性控制;调节由温度、硼浓度或空泡效应等引起的小反应性变化;轴向功率分布控制;调节慢化剂平均温度,使之与二回路功率相匹配;紧急停堆时,能够保证提供使最大效率的一束控制棒完全卡在堆顶时的停堆深度;任何一束控制棒的反应性足够小,以防止该棒组从堆芯弹出并引发瞬发临界事故。

4.3.1 控制棒的特性

控制棒控制对控制棒材料有下列要求:一是控制棒材料应具有很大的中子吸收截面(不但要求控制棒材料应具有很大的热中子吸收截面,而且还要具有较大的超热中子吸收截面,特别是中子能谱较硬的反应堆更应如此)。例如,在压水堆中,一般采用银-铟-镉(Ag-In-Cd)合金作为控制棒材料,这是因为镉的热中子吸收截面很大,银和铟对于能量在超热能区的中子具有较大的共振吸收能力。二是控制棒材料应具有较长的寿命,这就要求它在单位体积中含吸收体核数较多,并且要求它在吸收中子后形成的子核也应具有较大的吸收截面,这样它吸收中子的能力才不会受自身“燃耗”的影响。三是控制棒材料应抗辐照、抗腐蚀、耐高温、具有良好的机械性能和价格低廉等。

在压水堆中,控制棒组呈束棒形,分为停堆棒(又称安全棒)组和调节棒组,每束控制棒组包含若干根控制棒。停堆棒组只用于在正常停堆或事故停堆时向堆芯提供足够大的停堆深度。调节棒组不仅能在正常停堆或事故停堆时向堆芯提供停堆反应性,而且能在堆芯运行过程中控制或调节反应性的变化。控制棒组件是靠控制棒驱动机构的带动使棒组在堆芯内移动(抽出或插入)来控制反应性的变化的。

秦山第二核电厂反应堆控制棒组分停堆棒组 S 和调节棒组 A、B、C、D,共 33 束,每一束含 24 根控制棒,其中,D 棒组为主调节棒组。控制棒组件布置图如图 4-1 所示。

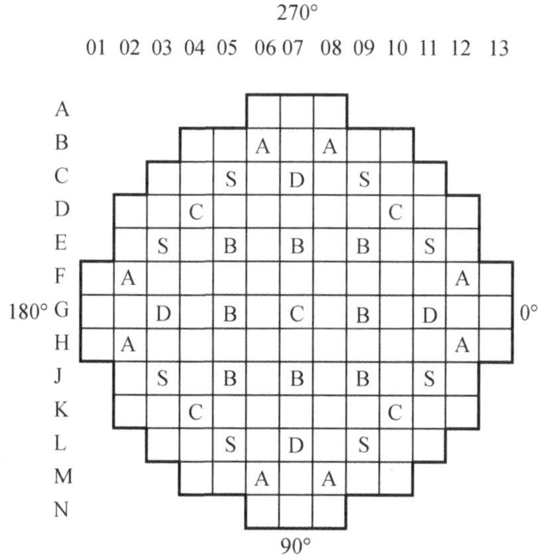

270°

	01	02	03	04	05	06	07	08	09	10	11	12	13
A													
B						A		A					
C					S		D		S				
D				C						C			
E			S		B		B		B		S		
F		A										A	
180° G			D		B		C		B		D		0°
H		A										A	
J			S		B		B		B		S		
K				C						C			
L					S		D		S				
M						A		A					
N													

90°

图 4-1 控制棒组件布置图

1. 控制棒束的分组

控制棒束的分组主要基于下述两项准则：

(1)所提供的负反应性必须足以满足前述的控制要求。

(2)焓升因子 $F_{\Delta H}$必须足够低，反应堆在低功率运行时允许调节棒部分插入。因而这些调节棒组的价值及其重叠步数必须满足补偿轴向功率分布效应及功率亏损的要求。

2. 束棒形控制棒组件的优点

(1)吸收材料均匀地分布于堆芯，使反应堆内热功率分布较为均匀。

(2)提高了单位质量和单位体积吸收材料吸收中子的效率，大大减小了控制棒的质量。由于控制棒的直径很细、材料分布较均匀，因此它引起的功率畸变也较小。

4.3.2 控制棒对 k_{eff}的影响

控制棒对 k_{eff}的直接影响，表现在其对热中子利用系数 f 和逃脱共振俘获概率 p 及中子不泄漏概率上。当将控制棒插入堆芯时，热中子利用系数 f 表示为

$$f = \frac{\Sigma_a^U}{\Sigma_a^U + \Sigma_a^M + \Sigma_a^R + \Sigma_a^P}$$

式中，U 表示燃料；M 表示慢化剂；R 表示控制棒；P 表示毒物。很明显，在有控制棒的堆芯中，热中子利用系数 f 将减小，从而使 k_{eff}降低。

控制棒具有很强的吸收超热中子的能力，可使因经慢化而到达热能的中子数减少。也就是说，控制棒的插入对逃脱共振俘获概率 p 有显著影响，可使 p 值减小，从而使 k_{eff}降低。

将控制棒插入堆芯会引起反应堆内中子注量率分布发生畸变，导致反应堆的几何曲率 B_g^2 增加，从而减小了中子不泄漏概率。但是，控制棒改变热中子利用系数 f 和逃脱共振俘获概率 p 两参数的大小是影响 k_{eff}的主要因素。

4.3.3 控制棒的价值

控制棒的价值是指在反应堆内有控制棒存在和没有控制棒存在时的反应性之差。

1. 控制棒的微分价值

控制棒微分价值是指控制棒移动单位距离所引起的反应性变化，其单位常采用 pcm/步，其表示形式如下：

$$\mathrm{DRW} = \frac{\Delta\rho}{\Delta H}$$

式中，DRW 为控制棒的微分价值；$\Delta\rho$ 为反应性的变化量；ΔH 为控制棒位置的变化量。

控制棒的微分价值取决于控制棒顶端附近的相对中子注量率、该处中子注量率的相对权重和棒本身特性。

$$\mathrm{DRW} = C \times \left(\frac{\phi_{tip}}{\phi_{avg}}\right) \times \psi$$

式中，C 为与棒的大小、形状和材料有关的常数；ϕ_{tip}为棒顶端附近的中子注量率；φ_{avg}为堆芯平均中子注量率；ψ 为中子注量率的权重因子。对于大多数反应堆来说，中子注量率的权重因子与局部中子注量率成正比，即

$$\psi = \frac{\phi_{\text{tip}}}{\phi_{\text{avg}}}$$

所以,控制棒的微分价值与该处相对中子注量率的平方成正比,即

$$\text{DRW} = C \times \left(\frac{\phi_{\text{tip}}}{\phi_{\text{avg}}}\right) \times \psi = C \times \left(\frac{\phi_{\text{tip}}}{\phi_{\text{avg}}}\right)^2$$

当控制棒在反应堆内移动时,其微分价值是变化的。当向堆芯插入控制棒时,反应堆内轴向中子注量率分布将受到影响(图4-2)。随着控制棒的继续下插,中子注量率峰向堆芯底部偏移。当控制棒全部插入堆芯时,中子注量率峰又返回至中央平面。

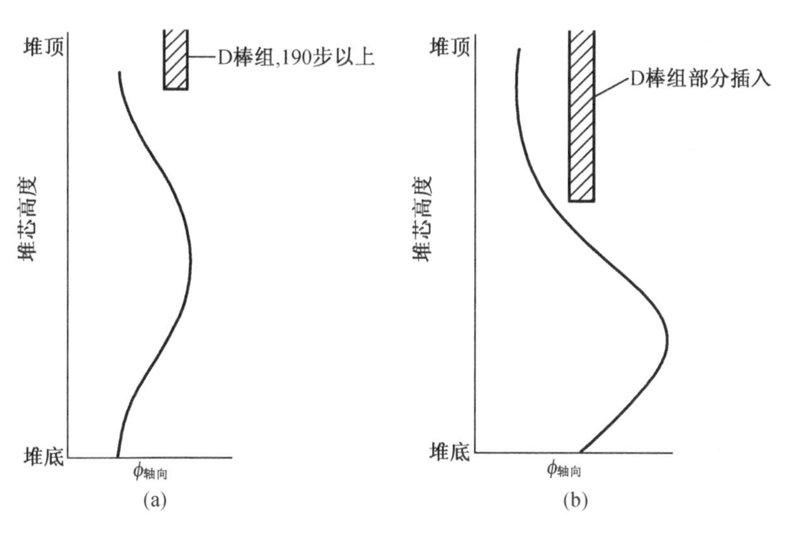

图4-2 控制棒提出和部分插入时轴向中子注量率的分布

测定控制棒的微分价值的方法有很多,目前核电厂主要采用调硼法。在调硼过程中,通过移动控制棒进行补偿调硼,引起反应性变化,以使反应堆始终维持在临界状态。控制棒移动产生的反应性变化与控制棒移动的步数的比值就是当前棒位状态下控制棒的微分价值。图4-3中展示了秦山第二核电厂U1C4循环控制棒组D的微分价值与其高度(提出步数)的关系。

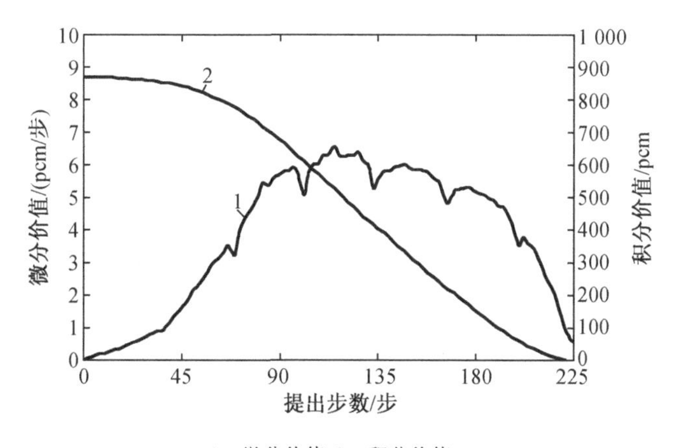

1—微分价值;2—积分价值。

图4-3 秦山第二核电厂U1C4循环控制棒组D的微分价值与积分价值曲线(U1C4、BOL、HZP、0Xe)

2. 控制棒的积分价值

将控制棒从堆芯某一参考位置移动到另一位置时所引入的反应性称为控制棒在该位置的积分价值。通常将参考位置选为控制棒的全插或全提的位置,如果将参考位置选为全插位置,提棒时可向堆芯引入正反应性,随着控制棒不断被提出,所引入的正反应性也越来越大,积分价值在棒位为 0 步时等于 0 pcm;如果将参考位置选为全提位置,插棒时可向堆芯引入负反应性,随着控制棒不断地下插,所引入的负反应性也越来越大。图 4-3 中也给出了秦山第二核电厂 U1C4 循环控制棒组 D 的积分价值曲线。控制棒的微分价值是控制棒的积分价值曲线上相应点的切线斜率。不管如何选取控制棒的参考位置,控制棒的移动向堆芯添加的反应性为

$$\Delta\rho = \mathrm{IRW}_{终值} - \mathrm{IRW}_{初值}$$

式中,IRW 为控制棒的积分价值。图 4-4 给出了秦山第二核电厂 U1C4 循环组合棒的微分价值和积分价值曲线。

目前核电厂采用动态刻棒方法测量控制棒组的积分价值,具体内容将在第 7 章详细讲解。

4.3.4 影响控制棒价值的因素

影响控制棒价值的因素有很多,如慢化剂温度、堆芯燃耗、裂变产物的毒性、硼浓度、反应堆功率水平,以及控制棒组在堆芯的布置情况和状态等。其中,慢化剂温度和堆芯燃耗是影响控制棒价值的重要因素。当慢化剂温度升高时,其密度减小,中子在慢化剂中穿行的距离增加,这样,中子被控制棒吸收的概率也会增大,即控制棒的作用范围变大了。这就意味着慢化剂温度升高,控制棒的价值增大。

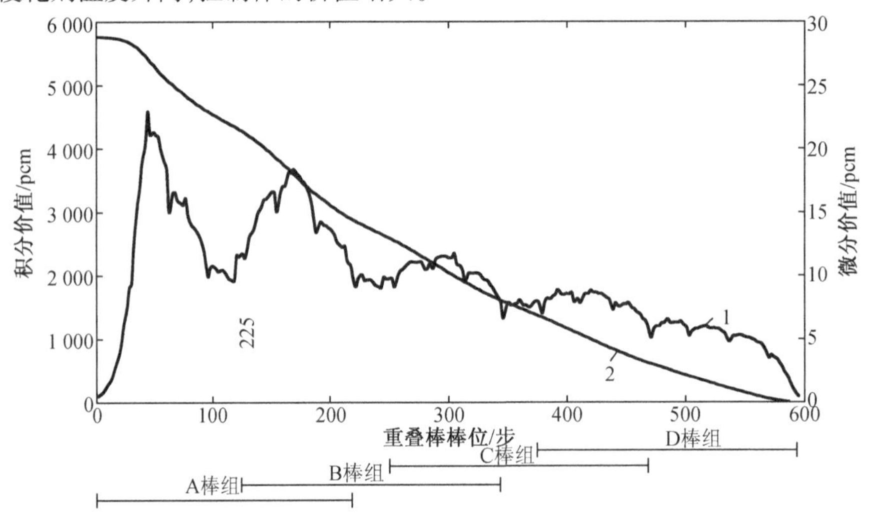

1—微分价值;2—积分价值。

图 4-4 秦山第二核电厂 U1C4 循环组合棒的微分价值和积分价值曲线(U1C4、HZP、BOL、控制棒组重叠棒棒位为 100 步)

对于给定的慢化剂温度,随着堆芯燃耗的加深,由于化学补偿浓度下降,热中子利用系数 f 增大,因此控制棒的价值增大。另外,堆芯燃耗的加深也会使堆芯的中子注量率分布发生变化,进而使控制棒价值发生变化。

当反应堆功率水平上升时，慢化剂温度升高，多普勒效应和裂变产物的积累导致堆芯宏观中子注量率分布改变和中子能谱硬化，从而使控制棒组的价值随反应堆功率水平的上升而略有增加。

另外，控制棒在反应堆内的布置情况和状态也影响控制棒组的价值。一般情况下，反应堆内布置着较多的控制棒组，这些控制棒组同时插入堆芯时，控制棒的总价值并不等于各单个控制棒插入堆芯时的价值之和。这是因为一根控制棒插入堆芯后将引起反应堆内中子注量率的畸变，这势必会影响其他控制棒的价值。这种现象称为控制棒的阴影效应（或称“干涉效应”，如图4－5所示）。

当堆芯中没有控制棒插入时，径向中子注量率分布是均匀的。当第一根控制棒完全插入堆芯时，径向中子注量率分布如图4－5中实线所示。控制棒的价值与其所在处中子注量率的平方成正比。假设把第二根控制棒插在第一根控制棒附近的d_1处，由于该处的中子注量率与原来无控制棒时的中子注量率相比有所下降，因此第二根控制棒的价值比它单独插入堆芯时的价值低。如果把第二根控制棒插在离第一根控制棒较远的d_2处，这时该处的中子注量率比原来（没有第一根控制棒时）高。因此，第二根控制棒的价值就比它单独插入堆芯时的价值高。同理，当将第二根控制棒插入堆芯时，它也要使中子注量率分布发生畸变，因而会影响周围控制棒的价值。事实上，这种影响是相互的，每一根控制棒的插入都将引起其他控制棒价值的变化。从图4－5可知，在两根控制棒相距较近时，二者同时插入堆芯时所得的总价值比它们单独插入时所得的价值之和小；在两根控制棒相距较远时，二者同时插入堆芯时所得的总价值比它们单独插入时所得的价值之和大。考虑到控制棒间的干涉效应，通常在设计堆芯时应使控制棒的间距大于热中子扩散长度。

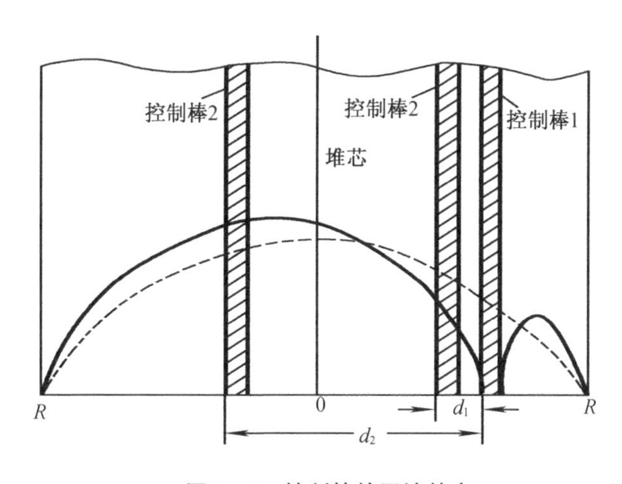

图4－5　控制棒的干涉效应

4.3.5　控制棒的运行要求

秦山地区不同压水堆机组的运行方式存在一定的差异，4.3.1～4.3.4中为关于秦山第二核电厂的控制棒的描述。

1. 秦山第一核电厂 30 万千瓦机组控制棒的运行方式

秦山第一核电厂 30 万千瓦机组反应堆内共有 37 束控制棒，按用途不同分为两类：一类为调节棒，另一类为停堆棒。其中，调节棒共有 21 束，分为 4 组：T_1(8 束)、T_2(4 束)、T_3(4 束)、T_4(5 束)。T_4棒组为主调节棒组，T_3棒组为次调节棒组，调节棒组主要用于补偿反应堆运行时的快速反应性变化。停堆棒共 16 束，分成 2 组：A_1棒组(8 束)、A_2棒组(8 束)。停堆棒组主要用于确保反应堆有足够的热停堆深度。对控制棒的轴向位置既可手动调节也可自动调节。在停堆信号发出后，控制棒全部落入堆芯。图 4－6 为秦山第一核电厂 30 万千瓦机组堆芯控制棒布置图。

秦山第一核电厂 30 万千瓦机组控制棒仅有手动和自动两种运行方式。自动运行方式下，调节棒在咬量和插入下限之间随温度的变化而动作。

2. 方家山核电站 100 万千瓦机组控制棒运行方式

方家山核电站 100 万千瓦机组按棒束控制组件的功能不同可分为调节棒组和停堆棒组。调节棒组又分为功率补偿棒和温度调节棒，其中，功率补偿棒组 G_1(4 束灰棒)、G_2(8 束灰棒)、N_1(8 束黑棒)、N_2(8 束黑棒)用于补偿负荷变化时反应堆的反应性变化，温度调节棒组(由 8 束黑棒构成的 R 棒组)用于调节堆芯平均温度，补偿反应堆的反应性的细微变化和控制轴向功率分布。停堆棒组由 25 束黑棒组成：5 束 SA 棒组、8 束 SB 棒组、4 束 SC 棒组和 8 束 SD 棒组。在反应堆需要紧急停堆的情况下，停堆棒组和控制棒组全部落入堆芯，以确保反应堆停堆所必需的负反应性。图 4－7 为方家山核电站 100 万千瓦机组堆芯控制棒布置图。

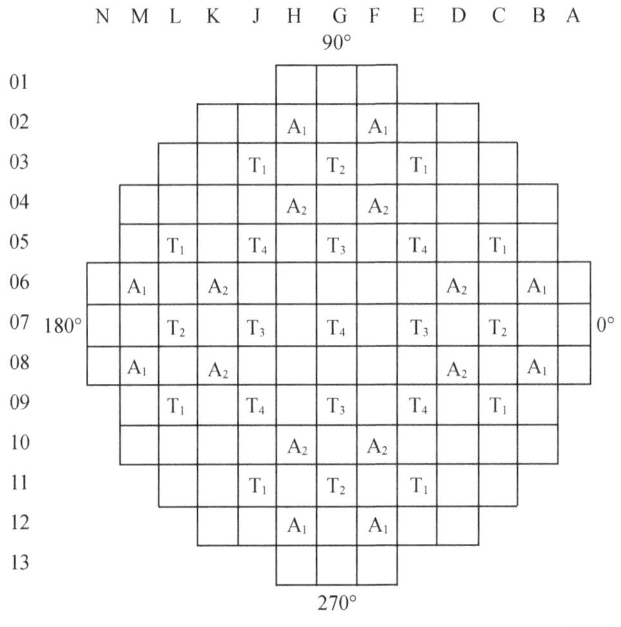

控制棒棒组	A_1	A_2	T_1	T_2	T_3	T_4
棒束数目	8	8	8	4	4	5

图 4－6　秦山第一核电厂 30 万千瓦机组堆芯控制棒布置图

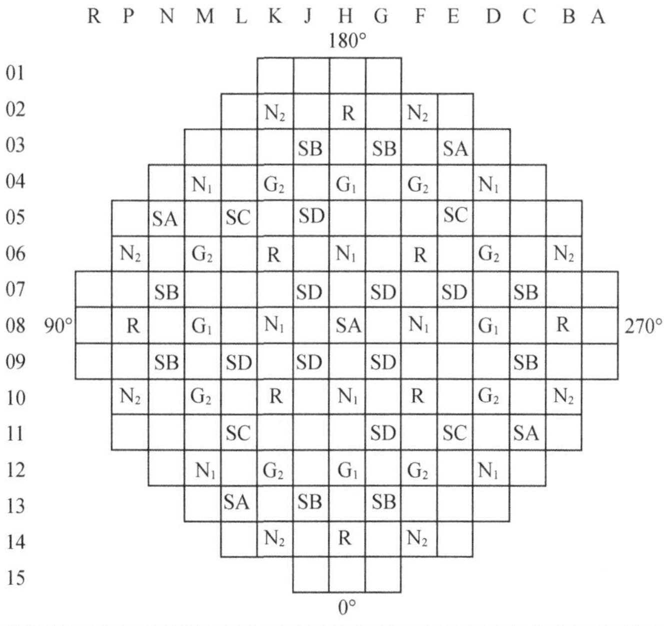

控制棒棒组	G_1	G_2	N_1	N_2	R	SA	SB	SC	SD
棒束数目	4	8	8	8	8	5	8	4	8

图 4－7　方家山核电站 100 万千瓦机组堆芯控制棒布置图

3. 方家山核电站的运行方式

方家山核电站的运行方式包括失步校正、手动运行、自动运行。

(1)失步校正

正常运行时，给定棒组中的所有控制棒束一起动作。失步校正的运行方式仅与一个组有关，其余组的棒束保持在原位。可以通过主控室操作画面禁止其他棒束的运行来提升一束或几束控制棒束，这就是失步校正的过程。失步校正有两种方式：一是子组内仅一束棒束需要重新定位，此时子组的位置计数器不工作；二是整个一组棒束相对于一束棒束进行失步校正，此时子组的位置计数器工作。

(2)手动运行

手动运行时，停堆棒组和温度控制棒组以单独的方式运行，功率补偿棒组按重叠程序运行。

(3)自动运行

停堆棒组不设自动运行方式。功率补偿棒自动运行时，接受来自反应堆功率控制系统信号的控制。这些棒组在达到设定的高度或达到高度的上限或下限时能自动停止动作。棒位和功率刻度曲线随燃耗的加深而改变。

温度控制棒在设定的咬量值和低－低－低插入限制值间自动运行，根据一回路平均温度和参考温度的变化而动作。

4. 控制棒组在动作时要遵循的运行要求

(1)控制棒组的重叠

在反应堆启动或停堆的过程中，为保持相对恒定的反应性添加速率，要求控制棒组有一定量的重叠。控制棒组的重叠是指当一组控制棒组被提到一定的高度且尚未被完全提出堆芯时,后一组控制棒组开始从堆芯底部被提起,然后两组控制棒组在保持一定的重叠量的情况下继续上升,直至前一组控制棒组完全被提出堆芯,后一组控制棒组继续上升。同样,后续的控制棒组也在相同的重叠量下,与其前一组控制棒组一起上升直至到达规定的棒位。控制棒组的重叠步数是根据设计而定的,秦山第二核电厂反应堆控制棒组的重叠步数为100步。秦山第一核电厂T_1 ~ T_4的重叠步数分别为70步、90步、90步,方家山核电站机组N_2、N_1、G_2、G_1的重叠步数分别为90步、90步、100步。

采用控制棒重叠可以得到比较均匀的控制棒微分价值,使控制棒移动时的轴向中子注量率分布更均匀。非均匀的轴向中子注量率分布会引起堆芯非正常功率峰,可能使燃料组件烧毁。均匀的控制棒微分价值能够保证提棒时得到较均匀的反应性变化。如果微分价值很小或为零(控制棒在堆顶或堆底),控制棒移动时不添加反应性,这是我们不希望发生的,因为在发生事故或在瞬态过程中,我们希望控制棒组能够立即引入反应性。在反应堆运行过程(包括启动或停堆)中,控制棒以重叠棒组方式运行。

应当指出,在正常运行情况下,停堆棒都是被提出堆芯的,所以运行过程对它没有重叠的要求。

(2)控制棒的插入限

虽然可以将控制棒组插到堆芯的任一高度上,但在反应堆运行期间,对于一给定的功率水平,必须将控制棒的插入深度保持或限制在某一特定或规定的高度以上,这个高度称为控制棒的插入限。

确定控制棒组的插入限时主要考虑以下因素:

①控制棒的插入限削弱了弹棒事故的后果。由于限制控制棒的插入深度就限制了弹棒时正反应性的添加量,因此,由弹棒事故引起的功率上升变化也减小了。

②控制棒的插入限保证了给定功率水平下的停堆深度。反应堆停堆后,功率亏损和慢化剂温度下降向堆芯添加了正反应性。对于不同的功率水平,控制棒的插入限可保证控制棒有足够的负反应性来让反应堆停堆且使其具有足够的停堆深度(HZP状态下在满足卡棒准则的同时,在BOL和EOL的停堆深度分别不得小于1 000 pcm和2 000 pcm,如图4-8所示),使反应堆处于安全停堆状态。

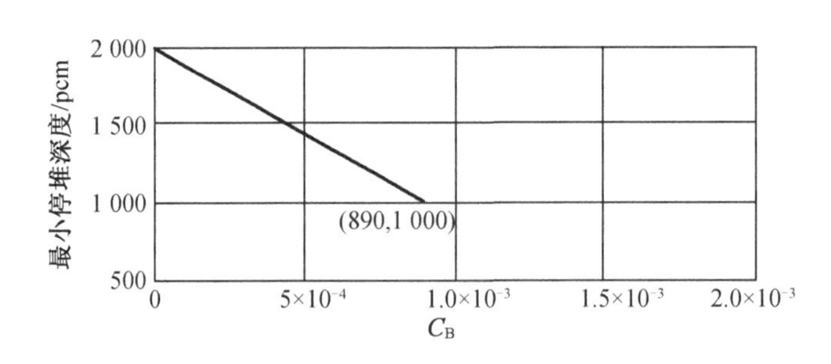

图4-8 混合堆芯中不同硼浓度对应的最小停堆深度

③控制棒的插入限保证了由棒组插入造成的堆芯功率不均匀系数在安全允许的范围内,其$F_{\Delta H}$、F_q等因子及偏离泡核沸腾比(即烧毁比,DNBR)能够满足《运行技术规格书》中的允许值要求。如果控制棒插得过深,即控制棒的棒位在插入限之下,堆芯上部的功率被

压得太低,堆芯下部功率被抬得太高,就有可能导致堆芯下部燃料元件因温度过高而熔化。

图 4 –9 是秦山第二核电厂论证后的混合堆芯控制棒组插入限。控制棒组的插入限也称为控制棒组的低 – 低位(限)。

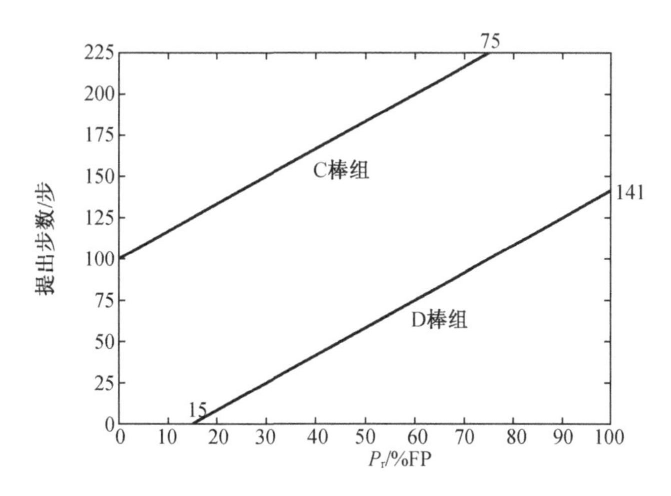

图 4 –9　秦山第二核电厂论证后的混合堆芯控制棒组插入限

D 棒组低 – 低限向上 10 步的位置即是 D 棒组的棒位低限,设计上为控制棒组在调节带与插入限之间提供两种报警,目的是向运行人员发出事故报警和控制棒插入过量的警告。

秦山第二核电厂《运行技术规格书》中规定,在插入限不能得到满足时,应采取下列措施:在 2 h 内使调节棒组恢复到插入限内,或在 2 h 内使反应堆功率降低到低于或等于按插入限曲线确定的该棒组位置所能允许的功率水平,或在 7 h 内将反应堆后撤到中间停堆状态(RRA 投入使用)。

(3)咬量

在正常运行情况下,为确保控制棒(主调节棒组 D)具有足够的反应性引入能力,以满足每分钟 5%FP 线性负荷变化和 10%FP 阶跃负荷变化的堆芯控制及机动性要求,需要限制主调节棒组的最小插入深度。这个插入位置称为咬量。按照核电站功率调节系统的设计要求,计算得到的 D 棒组在设计咬量位置处具有 2.5 pcm/步的微分价值,可满足上述机动性的要求(图 4 –10)。通俗地讲,保持该最小插入量是为了使棒组在插入堆芯时能够立即引入一定的负反应性,以便应对可能发生的瞬态工况。

基本负荷运行模式要求控制棒在咬量棒位下运行。但是在负荷跟踪或负荷变化等运行模式下,控制棒的提出极限不受此限制。图 4 –10 是秦山第二核电厂 U1C4 循环 D 棒组的咬量位置随燃耗的变化。

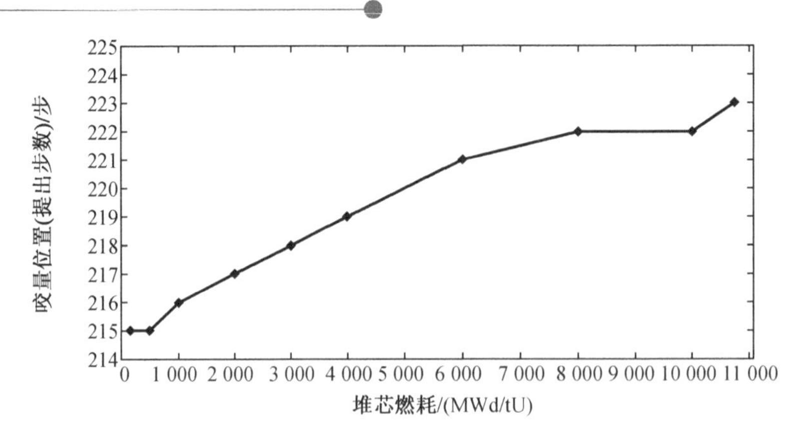

图4-10 秦山第二核电厂U1C4循环D棒组的咬量位置随燃耗的变化［U1C4、氙平衡(EQ. Xe)］

(4)轴向功率偏差

轴向功率偏差是反应堆上、下部分堆芯功率(%FP)的差,用于保持合适的运行带,确保有较均匀的轴向功率分布,防止在堆芯的上部或下部产生功率峰。在多数运行状态下,对轴向功率偏差的控制要求比对控制棒插入限的要求更严格。控制棒位置应保持在轴向功率偏差允许的运行范围内。

(5)象限功率倾斜比(QPTR)

象限功率倾斜比用于监督堆芯的径向中子注量率分布。如果反应堆处于功率运行状态下,象限功率倾斜比满足一定的限值要求(额定功率下,一般要求不大于1.02),则表明堆芯的径向中子注量率分布是均匀的。如果堆芯的径向中子注量率分布不均匀,那么功率或中子注量率发生了倾斜。倾斜的中子注量率分布会导致燃耗不均匀和出现较高的功率峰因子,进而可能使燃料烧毁。为防止发生中子注量率倾斜,对称位置的控制棒束之间发生失步、滑步的步数应不超过±12步。

在反应堆运行期间,反应堆操纵员对反应堆的安全负责,在控制控制棒的运行时应注意按照下列原则:

①确保控制棒按重叠方式运行;

②确保控制棒在插入限上运行;

③应使控制棒在适当的位置上,确保轴向功率偏差在允许的范围内;

④控制棒束之间发生失步、滑步的步数应不超过允许值。

4.4 化学补偿控制

4.4.1 化学补偿控制的重要性

如前文所述,反应堆的初始剩余反应性较大,因而在堆芯寿期初,在堆芯中必须引入较多的控制毒物。但是随着反应堆的运行,剩余反应性不断减少,为保持反应堆的临界状态,必须逐渐从堆芯中移出多余的控制毒物。由于反应性的变化较为缓慢,因此,相应的控制毒物的变化也是很缓慢的。这部分反应性通常是通过加入化学补偿毒物（硼酸）和增加可燃毒物棒来控制的。在堆芯寿期初，反应堆约有26% ΔK 的剩余反应性，其中约有20% ΔK 的剩余反应性是靠化学补偿控制的，这是由控制方式的安全性和经济性决定的。

化学补偿的作用：一是保证反应堆在停堆和换料期间有合适的停堆深度；二是在反应堆运行时，补偿堆内一些慢变化的反应性，如补偿由燃耗引起的反应性变化，补偿由^{135}Xe和^{149}Sm引起的反应性变化；三是在堆芯功率缓慢变化时，补偿功率亏损，并使控制棒保持在插入限之上。

由于化学补偿毒物溶解在一回路冷却剂内，因此其在反应性控制方式中与其他两种控制方式相比，有许多优点：

（1）化学补偿毒物在堆芯中分布得较为均匀，对整个堆芯产生的反应性效应也比较均匀。

（2）化学补偿控制不会引起堆芯功率分布的畸变，而且还能在堆芯燃料分区装载的情况下降低功率峰值因子，提高堆芯的平均功率密度。

（3）化学补偿控制中的化学补偿毒物（硼酸）的浓度可以根据运行的需要来调节。

（4）化学补偿毒物不占堆芯栅格位置，也不需要设置驱动机构等，简化了堆芯的结构，减少了控制棒的数目，降低了投资，提高了反应堆的经济性。

但是，化学补偿控制也有一些缺点，如它只能控制慢变化的反应性；需要增加调硼系统设备等。其最主要的缺点是水中硼浓度的大小对慢化剂温度系数有显著影响。这是因为在水的温度升高时，水的密度减小会使中子能谱硬化，引起中子泄漏率升高，使反应性减小；同时，单位体积中的含硼量也相应减少，使反应性增加。因此，随着水中硼浓度的增加，慢化剂负温度系数的绝对值越来越小。当水中硼浓度超过某一值时，有可能导致慢化剂温度系数出现正值（图4－11），这是我们在反应堆安全运行中不希望看到的。从图4－11中还可知，慢化剂温度较低时也容易出现正的慢化剂温度系数。这也是不允许反应堆在低温状态下达到临界状态的原因之一。

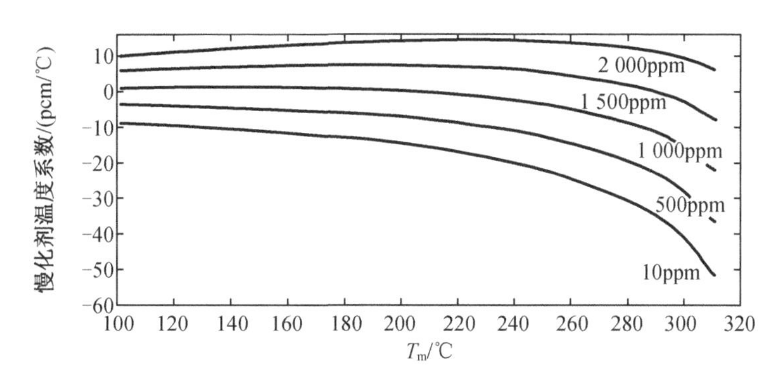

图4－11　慢化剂温度系数随慢化剂温度的变化（U2C2、BOL、HZP、ARO）

4.4.2　硼酸的特性

由于硼酸是一种弱酸，化学性质稳定，不易燃烧、爆炸，无毒，因此核电站使用它是安全的。硼酸易溶于水，且在水中不易离解，说明它对冷却剂的pH值的影响很小，因此不会增加反应堆冷却剂系统的腐蚀速率。

常温下，硼酸在水中的溶解度小于5%（质量分数），其溶解能力随水温的升高而增大。

利用硼酸控制反应性主要是根据天然硼中含19.8%（丰度）的^{10}B的核特性。^{10}B的热中子吸收截面很大，微观吸收截面σ_a约为3 800 b。此外，^{10}B是$1/v$吸收体，对热能以上的中子，吸收概率较小，其核反应为$^{10}B(n,\alpha)^7Li$。在某些情况下，^{10}B吸收中子后，放出两个α粒子，形成氚。一回路冷却剂中的氚有80%来自这种核反应。^{10}B吸收热中子对反应堆内热中子利用系数f有较大影响，从而影响到反应堆的有效增殖系数k_{eff}。

随着反应堆的运行，燃耗不断加深，堆芯的反应性不断减小，硼浓度也必须不断降低以维持反应堆的临界状态。图4-12给出了堆芯临界硼浓度随堆芯燃耗变化的曲线。从图4-12中可以看出，最初，临界硼浓度的下降曲线较陡，这是由裂变产物的产生和积累引起的；陡降后出现了一段较为平坦的走势，这是由于受到第一循环中反应堆内可燃毒物的影响；当临界硼浓度减少到零时，反应堆的运行寿期到期。

4.4.3 硼酸的浓度

一回路冷却剂中的硼酸是以质量分数计算的，硼酸的质量分数的定义为

$$H_3BO_3\text{ 的质量分数}=\frac{H_3BO_3\text{ 的质量}}{H_3BO_3\text{ 的质量}+H_2O\text{ 的质量}}\times 100\%$$

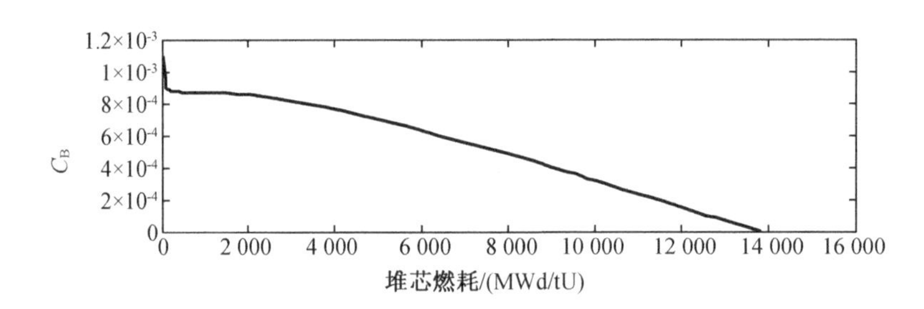

图4-12 堆芯临界硼浓度随堆芯燃耗的变化曲线（U1C1、ARO、EQ. Xe、HFP）

典型的H_3BO_3的质量分数有4%和12%。

一回路中的硼浓度的计算式为

$$\text{硼浓度}=\frac{\text{硼的质量}}{\text{溶剂质量}}\times 10^6$$

而硼酸中17.7%是硼，所以

$$\text{硼浓度}=17.7\%\times\text{硼酸浓度}\times 10^6$$

4.4.4 硼微分价值

硼微分价值的定义为堆芯单位硼浓度变化引起的反应性变化，即

$$DBW=\frac{\Delta\rho}{\Delta C_B}$$

硼微分价值总是负的，其变化幅值随硼浓度的增加、燃耗的加深或慢化剂温度的升高而减小。图4-13与图4-14给出了秦山第二核电厂硼微分价值与慢化剂温度、慢化剂密度和硼浓度的变化关系曲线。

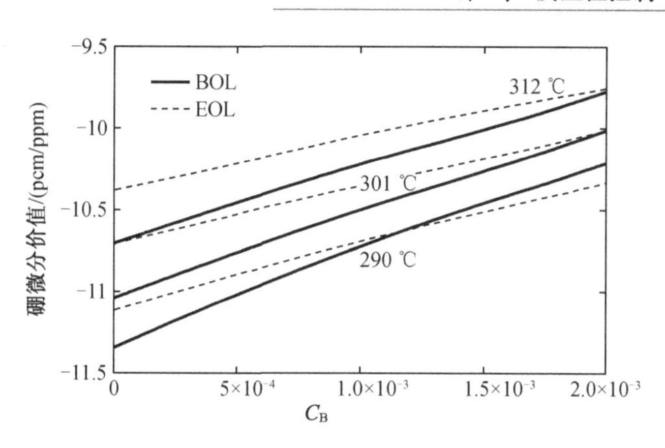

图 4-13 BOL 和 EOL,3 种慢化剂温度下硼微分价值随硼浓度的变化曲线(U1C1)

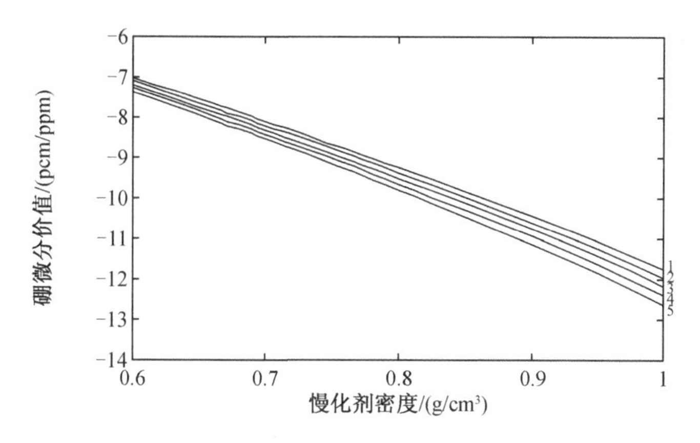

1—2 000ppm;2—1 500ppm;3—1 000ppm;4—500ppm;5—0ppm。

图 4-14 硼微分价值随慢化剂密度的变化(U1C4、BOL)

反应堆内无毒物时,中子注量率随能量分布的规律即为中子能谱,其中,热能区服从麦克斯韦(Maxwell)分布。在向堆芯中增加了硼和裂变产物等 $1/v$ 吸收体后,热中子分布发生了变化。由于 $1/v$ 吸收体截面随中子能量(速度)的减小而增加,因此能量较低的中子被 $1/v$ 吸收体吸收得更多,结果出现了热中子分布峰向能量较高的超热区偏移的现象,这就是反应堆内中子能谱的硬化。图 4-15 为加硼后中子能谱的硬化现象。

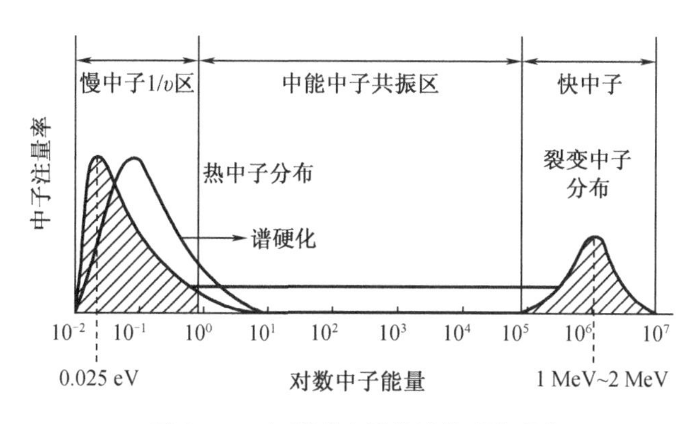

图 4-15 加硼后中子能谱的硬化现象

随着硼浓度的增加,中子能谱硬化的现象更加显著,中子能谱右移更大。由于硼的吸收截面随中子能量的升高而减小(它主要吸收热中子),因此硼微分价值(绝对值)随硼浓度的增加而减小。

反应堆内的裂变产物随燃耗的加深而不断积累,其中有许多是 $1/v$ 吸收体,也会使反应堆内中子能谱硬化。这也解释了图 4-13 所示在同一硼浓度下,硼微分价值(绝对值)在 EOL 时比在 BOL 时小。但是在反应堆运行过程中,硼酸浓度随堆芯寿期的推进而不断变小,这可抵消裂变产物中毒的影响。

随慢化剂水温的升高,水密度减小,反应堆内中子能谱逐渐硬化,从而硼微分价值(绝对值)不断减小。

4.4.5 运行过程中的调硼

功率变化时,由于功率亏损会引起反应性的变化,因此必须对反应性进行补偿。由于控制棒的移动会引起不可接受的功率分布偏移,但为了保证满足反应堆安全运行的要求,控制棒必须在堆内保持一定的插入量,因此必须结合调硼方式来满足功率调节的要求。此外,在功率变化时必须考虑毒物浓度的变化带来的慢效应。高功率下,这种氙毒变化引入的负反应性必须通过额外的硼稀释来补偿。这种反应性变化一般要比功率变化带来的反应性慢。

1. 稀释和硼化量的计算

稀释和硼化量的计算式为

$$Q = M_0 \ln \frac{C_{\text{B入}} - C_{\text{B初}}}{C_{\text{B入}} - C_{\text{B末}}}$$

$$M_0 = V_0 \rho = (V_1 + V_2)\rho$$

式中,Q 为稀释水或硼化水的总质量,t;M_0 为一回路中水的总质量,t;$C_{\text{B入}}$ 为硼酸箱中硼酸的浓度;$C_{\text{B初}}$ 为稀释或硼化前,一回路硼酸的浓度;$C_{\text{B末}}$ 为稀释或硼化后,一回路硼酸的浓度;V_1 为一回路中水的容积,m^3;V_2 为化学和容积控制系统(简称"化容系统")中水的容积,m^3;ρ 为一回路中水的密度(按当时回路的平均温度 T_{avg} 和压力 P)。

注意:稀释时,$C_{\text{B入}} = 0$,所以稀释水的总质量为

$$Q = M_0 \ln \frac{C_{\text{B初}}}{C_{\text{B末}}}$$

2. 稀释和硼化速率的计算

稀释和硼化速率的计算式为

$$F = \frac{1}{C_{\text{B入}} - C_{\text{B初}}} M_0 \frac{\mathrm{d}C_{\text{B}}}{\mathrm{d}t}$$

式中,F 为稀释或硼化速率,t/h;$\mathrm{d}C_{\text{B}}/\mathrm{d}t$ 为稀释或硼化微分速率。

注意:稀释时,稀释速率为

$$F = \frac{1}{C_{\text{B}}} M_0 \frac{\mathrm{d}C_{\text{B}}}{\mathrm{d}t}$$

式中,$C_{\text{B}} = (C_{\text{B初}} + C_{\text{B末}})/2$。

硼是通过化容系统加到反应堆冷却剂系统中的。若需要紧急硼化,可以通过应急系统管线加硼。

应当指出,在堆芯寿期末,硼浓度每降低1ppm所需稀释水的质量都比寿期初大。

4.4.6 停堆时要求的最小硼浓度

冷、热停堆时所需的最小停堆次临界度是由控制棒组插入堆芯和最小硼浓度一起提供的。为保证在停堆后发生硼稀释事故时堆芯的安全性,要求必须有额外的反应性控制量。在秦山第二核电厂,这些额外的反应性控制量在冷停堆时由位于堆顶的S棒组、B棒组和C棒组提供,而热停堆时由位于堆顶的S棒组和B棒组提供。停堆时的次临界度由很多因素决定,但主要因素有未能测出的氙毒、被操纵员控制的控制棒的棒位及硼浓度。

因为停堆时的反应性难于测量,所以必须建立控制棒的棒位及硼浓度设定点。又因为控制棒的棒位是预先设定好的,所以必须计算出最小硼浓度。

4.5 可燃毒物控制

4.5.1 可燃毒物及其重要性

在动力堆中,初始堆芯与长循环堆芯的初始剩余反应性都比较大,如果全部靠控制棒和化学补偿来控制,会出现如下结果:一是需要很多控制棒组件及一套复杂的驱动机构。这样不但不经济,在实际工程上很难实现,而且对于这样复杂的结构,设备机械结构强度也不许可,同时还会给反应堆安全运行带来不利影响;二是大量增加化学补偿毒物可导致出现正的慢化剂温度系数。因此,通常在新堆芯中采用控制棒、化学补偿和可燃毒物联合控制。在这3种反应性控制方式中,约8% ΔK 的剩余反应性是由可燃毒物控制的,它在堆芯中呈棒状,即为可燃毒物棒。

对可燃毒物的材料要求如下:第一,具有比较大的吸收截面;第二,因可燃毒物的消耗而释放出来的反应性,基本上要与堆芯中因燃料燃耗而减少的剩余反应性相等;第三,可燃毒物在吸收中子后,其产物的吸收截面应尽可能小;第四,在堆芯寿期末,可燃毒物的残余量应尽可能少;第五,可燃毒物及其结构材料应具有良好的机械性能。

根据以上要求,秦山第二核电厂首炉堆芯使用的可燃毒物为硼硅酸盐玻璃,其中氧化硼(B_2O_3)的质量分数为12.5%。在压水堆中,可燃毒物一般只用于第一循环,从第二循环开始,堆芯中大部分燃料都是燃耗过的,此时的堆芯剩余反应性已显著减少,没有必要再使用可燃毒物。

对于长循环堆芯,由于采用低泄漏装料方案,新燃料组件放在堆芯内区,后备反应性增大,因此必须在反应堆内采用相当数量的可燃毒物棒来控制后备反应性,降低硼浓度,以满足设计的要求。为保证压水堆核电站的安全运行,《运行技术规格书》中规定:功率运行时,慢化剂温度系数必须为负值。

方家山核电站机组长循环采用的可燃毒物材料为氧化钆(Gd_2O_3)与二氧化铀(UO_2)均匀弥散的载钆燃料棒,其包壳内装有均匀弥散了钆可燃毒物的 $Gd_2O_3-UO_2$ 燃料芯块,燃料芯块中的 Gd_2O_3 的质量分数为8.0%,^{235}U 的富集度为2.5%。根据堆芯装载的需要,燃料组件中分别含有8根、16根和20根载钆燃料棒。载钆燃料棒在燃料组件中的布置如图4-16所示。

4.5.2 可燃毒物对 k_{eff} 的影响

在使用可燃毒物棒时，由于其燃耗不彻底，因此会出现堆芯寿期缩短、燃料利用率下降的情况。这主要与可燃毒物的吸收截面（$\sigma_{a,p}$）有关——吸收截面越大，燃耗越彻底（图 4－17）。因此，为提高燃料利用率，对于长循环堆芯来说，一般用吸收截面大的钆来做可燃毒物棒。

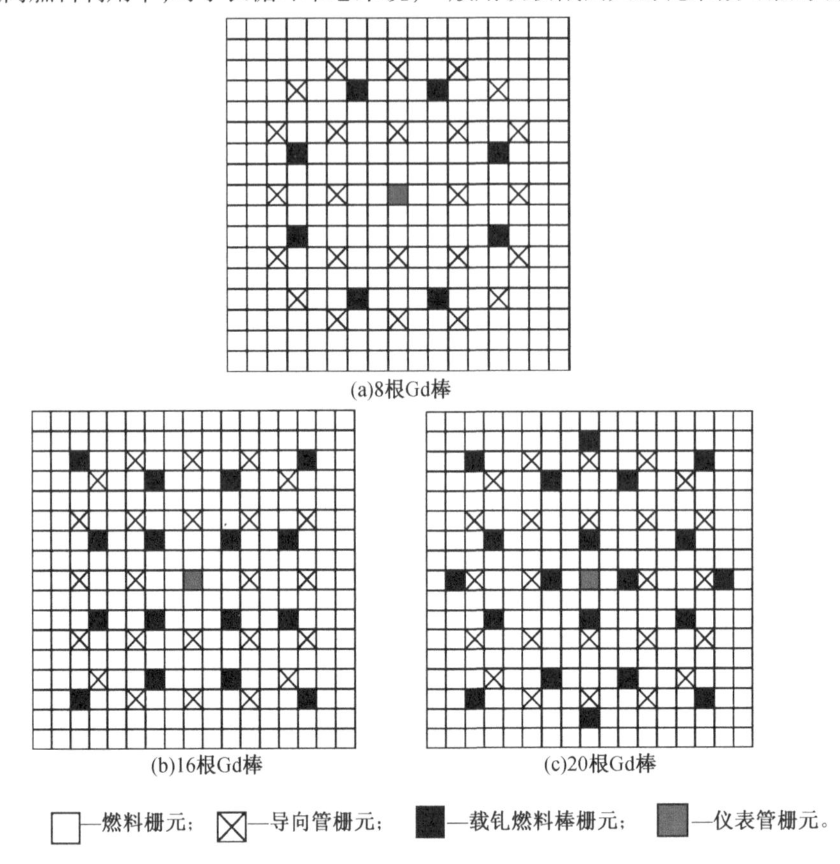

图 4－16　载钆燃料棒在燃料组件中的布置

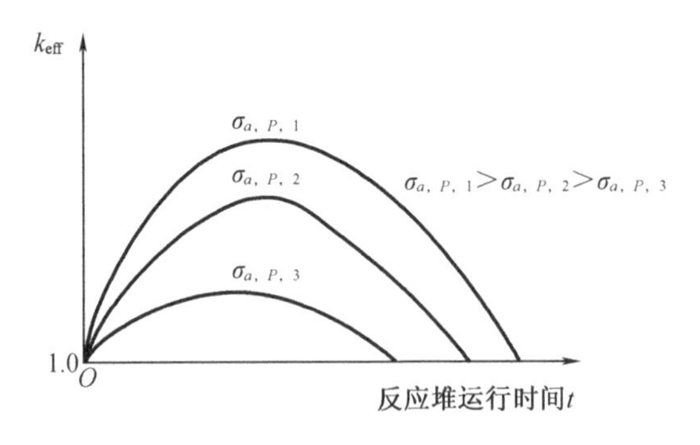

图 4－17　不同的可燃毒物吸收截面下，k_{eff} 随反应堆运行时间变化的规律

为了解可燃毒物在堆芯中的分布对反应性的影响，先来看一下可燃毒物与慢化剂－燃料均匀混合的情况。假设没有中子从堆芯泄漏出来，而且慢化剂、冷却剂和结构材料等对中子的吸收都可忽略，图 4－17 给出了不同的可燃毒物吸收截面下，k_{eff} 随反应堆运行时间变化的规律，从图中可以看出：

(1)开始时，k_{eff}增长较快。这是因为在反应堆开始运行的一段时间里，可燃毒物的消耗随时间的增加所引起的反应性的释放率比燃料燃耗引起的反应性的下降率大。

(2)k_{eff}增长到某一最大值后开始下降。这是因为在大量消耗可燃毒物后，单位体积内含毒物的核数较少，此时可燃毒物的消耗所引起的反应性的释放率小于燃料燃耗引起的反应性的下降率。

(3)$\sigma_{a,p}$越大，k_{eff}偏离初始值也越大。这说明可燃毒物的消耗与堆芯中剩余反应性的减小不匹配。我们希望随着可燃毒物的消耗，在整个堆芯寿期内，k_{eff}的变化尽可能小，这样对反应堆的控制有利。

(4)$\sigma_{a,p}$越大，反应堆运行时间也越长。这说明$\sigma_{a,p}$越大，燃料燃耗越彻底，燃料利用率也越高。这样对核电厂的经济性有利。因此，为了提高燃料的利用率，对于长循环堆芯一般用吸收截面大的钆来做可燃毒物棒。

最理想的情况是：在堆芯寿期初，$\sigma_{a,p}$不要太大，以减小k_{eff}偏离初值的程度。但随着可燃毒物的消耗，反应堆安全运行要求$\sigma_{a,p}$逐渐增大，以减小在堆芯寿期末反应堆内可燃毒物的残余量。实际上，在压水堆核电厂中采用非均匀结构的可燃毒物就基本上可满足这种要求。

反应堆内可燃毒物棒的非均匀布置的主要特点是：在可燃毒物中形成较强的自屏效应，使可燃毒物棒的有效吸收截面减小。考虑可燃毒物在非均匀结构下，其燃耗方程为

$$\frac{dN_p(t)}{dt} = -f_s(t)\sigma_{a,p}\phi(t)N_p(t)$$

式中，$\phi(t)$为t时刻反应堆中子注量率；$N_p(t)$为t时刻可燃毒物核密度；$f_s(t)$为可燃毒物的自屏因子，其定义为

$$f_s = \frac{\text{可燃毒物中的平均中子注量率}}{\text{慢化剂-燃料中的平均中子注量率}}$$

由此可见，可燃毒物的有效微观吸收截面$\sigma^p_{a,eff}$为

$$\sigma^p_{a,eff} = f_s(t)\sigma_{a,p}$$

图4-18为可燃毒物的自屏效应随反应堆运行时间的变化。图4-18(a)表示在不同的运行时刻，慢化剂-燃料和可燃毒物中的中子注量率分布；图4-18(b)表示可燃毒物的有效微观吸收截面、宏观吸收截面($\Sigma^p_{a,eff}$)和可燃毒物的核密度随反应堆运行时间的变化。从图4-18中可见，在寿期初，可燃毒物中的中子注量率远比慢化剂-燃料中的中子注量率低，说明可燃毒物的自屏效应很强，由于此时$f_s(t)$很小，$\sigma^p_{a,eff}$也很小，因此k_{eff}偏离初始值也较小。但是随着运行时间的不断增加，N_p不断减小，自屏效应相应减弱，$f_s(t)$逐渐增大，$\sigma^p_{a,eff}$也逐渐增大，N_p下降得更快。到寿期末时，反应堆内可燃毒物核的留存量较小，可以减小对堆芯寿期的影响。图4-19给出了秦山第二核电厂第一循环堆芯可燃毒物剩余份额随燃耗的变化。

可燃毒物自屏效应的存在，使可燃毒物不能充分燃烧，仍然对堆芯寿期有影响。目前采用薄层结构整体燃料的可燃吸收体(IFBA)的自屏效应很弱，其寿期末的反应性惩罚可以忽略不计，是制作可燃毒物棒的理想选择。

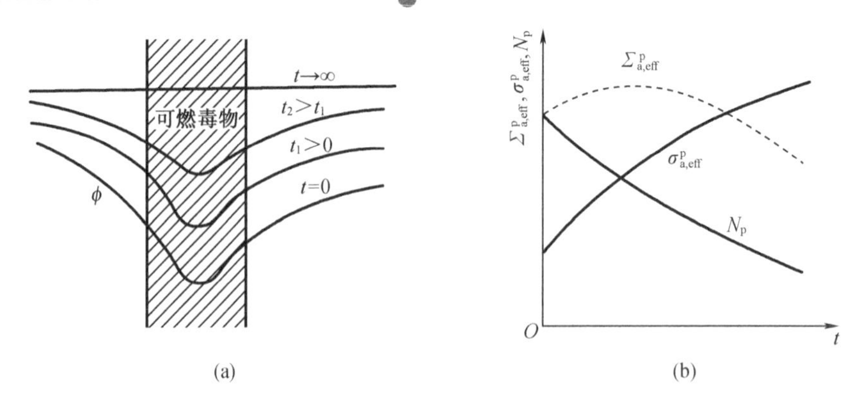

图 4-18 可燃毒物的自屏效应随反应堆运行时间的变化

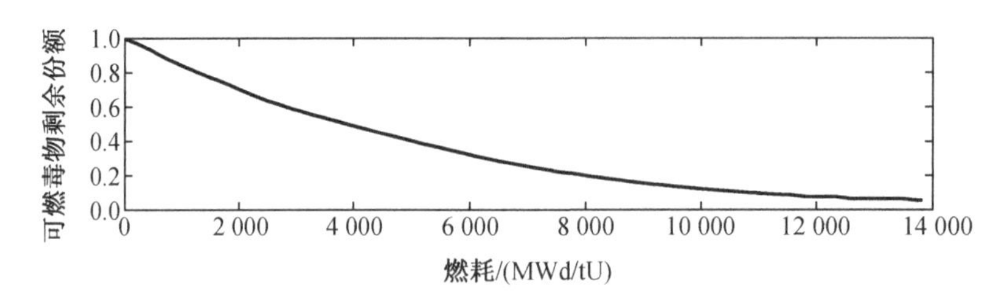

图 4-19 秦山第二核电厂第一循环堆芯可燃毒物剩余份额随燃耗的变化

4.5.3 可燃毒物棒的布置

图 4-20 给出了不同的可燃毒物布置对有效增殖系数 k_{eff} 的影响。从图 4-20 中可以看出,在相同的堆芯寿期条件下,有可燃毒物时的初始 k_{eff} 比没有可燃毒物时的初始 k_{eff} 小,所以控制棒所需控制的反应性也相应较小。其中,当可燃毒物非均匀布置时,在整个堆芯寿期内,k_{eff} 的最大值不会超过其初始值;而当可燃毒物均匀布置时,在整个堆芯寿期内,k_{eff} 的最大值却大大地超过其初始值。因此,在图 4-20 所示的 3 种情况中,可燃毒物非均匀布置时,反应堆内控制棒所需的控制棒数目最少。

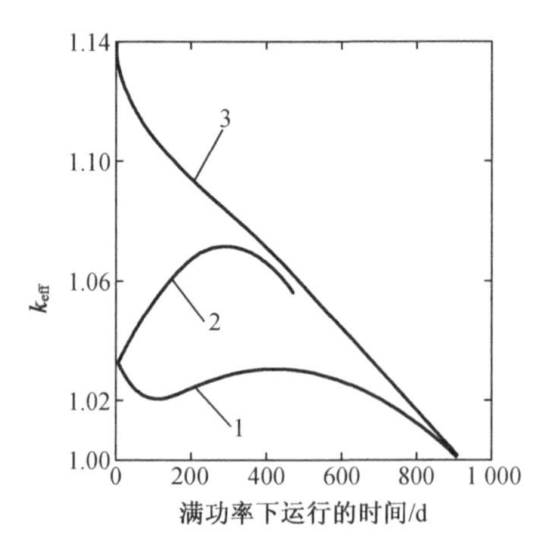

1—可燃毒物非均匀布置;2—可燃毒物均匀布置;3—无可燃毒物。

图 4-20 不同的可燃毒物布置对有效增殖系数 k_{eff} 的影响

另外,在反应堆内不仅可以使用可燃毒物棒来补偿剩余反应性,通过可燃毒物的控制来降低堆芯临界硼浓度,防止在正常运行工况中出现正的慢化剂温度系数,还可以通过对可燃毒物棒的合理布置来展平堆芯径向中子注量率分布。

秦山第二核电厂首循环堆芯内共装入704根可燃毒物棒,图4-21为第一循环堆芯装载图,从图中可看出含可燃毒物棒的燃料组件在堆芯的布置。

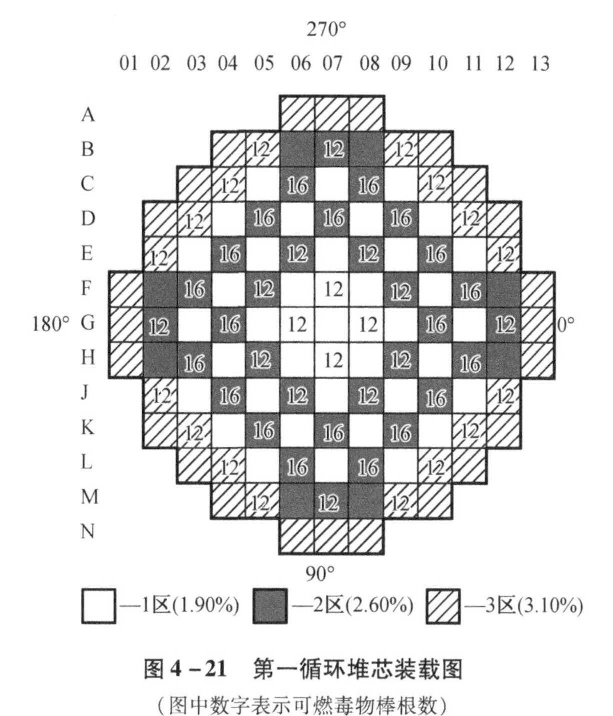

图4-21 第一循环堆芯装载图

(图中数字表示可燃毒物棒根数)

复 习 题

1. 选择题:总的反应性控制量应( )总的后备反应性加上停堆深度。 ( )

A. 等于　　B. 小于

C. 大于　　D. 小于或等于

2. 填空题:压水堆核电厂反应性控制的3种主要方式为( )、( )以及( )控制。

3. 判断题

(1)在压水堆中,一般采用铪作为控制棒材料。 ( )

(2)正常停堆或事故停堆时,由停堆棒组向堆芯提供停堆反应性,调节棒组只在堆芯运行过程中控制或调节反应性的变化。 ( )

(3)控制棒的微分价值与该处相对中子注量率的平方成正比。 ( )

(4)慢化剂温度升高,控制棒的价值变大。 ( )

(5)控制棒的总价值等于单个控制棒插入堆芯时的价值之和。 ( )

(6)硼微分价值总是负的,其幅值随硼浓度的增加、燃耗的加深或慢化剂温度的降低而减小。 (　　)

(7)寿期末(EOL)硼浓度每降 1ppm 所需的稀释水量都比寿期初大。 (　　)

(8)可燃毒物的吸收截面越大,燃耗越彻底,燃料利用率也越高,这样对核电厂的经济性有利。 (　　)

第5章 反应堆功率及其分布

在压水堆堆芯里,任何一点处所产生的热量都是该点中子注量率的函数。反应堆的平均功率受堆芯内热量产生最大点(热点)是否能够得到适当冷却的限制,如果热点得不到适当的冷却就有可能导致燃料发生破损。因此,对反应堆运行来说,不仅需要监测堆芯功率的大小,而且必须要掌握反应堆内功率分布的状况。要定期监测堆芯功率的分布,对热点因子(F_Q)、焓升因子($F_{\Delta H}$)、象限功率倾斜比(QPTR)和轴向通量偏差(ΔI)是否在运行限值范围内进行确认。

5.1 理论核功率分布

将压水堆堆芯视为理想的均匀的圆柱形堆芯,也就是将燃料元件、慢化剂及结构材料看成均匀的混合物。用扩散方程来描述堆芯的热中子注量率。某一体积内的中子数随时间的变化率等于该体积内的中子产生率减去中子被吸收和被泄漏的损失率,即

$$\mathrm{d}n/\mathrm{d}t = 产生率 - 吸收率 - 泄漏率 \tag{5-1}$$

中子的产生、吸收及泄漏都取决于中子与反应堆中各种物质核的相互作用:中子的产生率取决于中子与核燃料相互作用发生裂变的结果;中子的吸收率取决于中子被俘获的结果;中子的泄漏率取决于中子与其他微粒之间的散射结果,即使中子移出反应堆边界的数量。

在稳定状态下,中子密度恒定,$\mathrm{d}n/\mathrm{d}t=0$。这样解中子扩散方程便可以得到中子的产生率、吸收率和泄漏率。对于理想化的圆柱形反应堆,单群中子注量率分布可写成

$$\phi(\gamma,z) = \phi_0 \mathrm{J}_0\left(\frac{2.405r}{R_e}\right)\cos\left(\frac{\pi z}{H_e}\right) \tag{5-2}$$

式中,$\phi(r,z)$为堆内任意位置(r,z)上的中子注量率;ϕ_0为堆芯内中子注量率的最大值;R_e为堆芯的有效半径;H_e为堆芯的高度;γ为圆柱坐标系中的径向坐标;z为圆柱坐标系中的轴向坐标;J_0为零阶第一类贝塞尔函数。式(5-2)是堆芯半径和高度的函数。

为使扩散方程有精确解,必须假设堆芯在某一点处中子注量率为零,在这一点的产生项为零。因为中子泄漏到反应堆外,所以中子注量率在堆芯边界不为零。因此,为得到扩散方程的解,假设在距离堆芯边界某一小距离处中子注量率减小为零,这段距离称为外推距离。使用外推距离可解得堆芯各点处的中子注量率。通常所说的中子注量率分布有两种表示方法:一种为中子注量率的径向分布$\phi(\gamma)$,另一种为中子注量率的轴向分布$\phi(H)$。图5-1和图5-2中给出了在有效半径和堆芯高度处,中子注量率为零的裸堆的轴向和径向的中子注量率分布。中子注量率的轴向分布是平滑的余弦函数,峰值在堆芯中心;径向分布是平滑的贝塞尔函数,峰值也在堆芯中心。

实际上,由于压水堆的堆芯采用了反射层,泄漏中子又会返回堆芯,能量大于热能的泄漏中子在反射层里继续慢化,有些热中子返回堆芯会使堆芯边缘的热中子注量率升高。图5-1和图5-2中还比较了裸堆与有反射层反应堆的热中子注量率分布。如果反应堆是在

同一功率水平下运行的，反应堆堆芯部分的曲线下面积相等，那么水反射层可以降低中子注量率峰，即展平径向注量率分布。

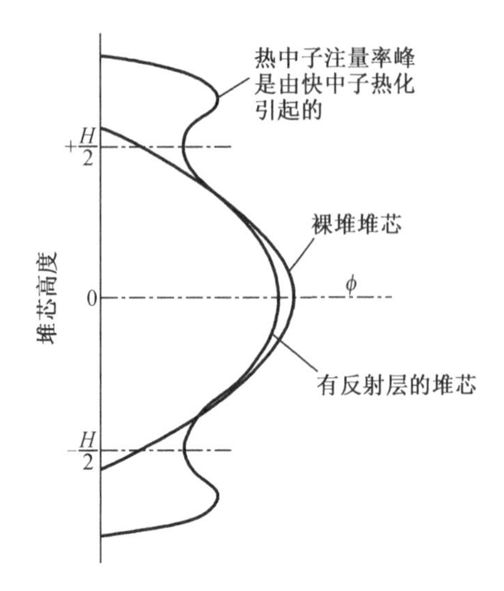

图 5－1　裸堆和有反射层堆的中子注量率的轴向分布

［理论上，对给定功率水平，图中两条曲线分别与纵轴（堆芯区）构成的区域的面积相等］

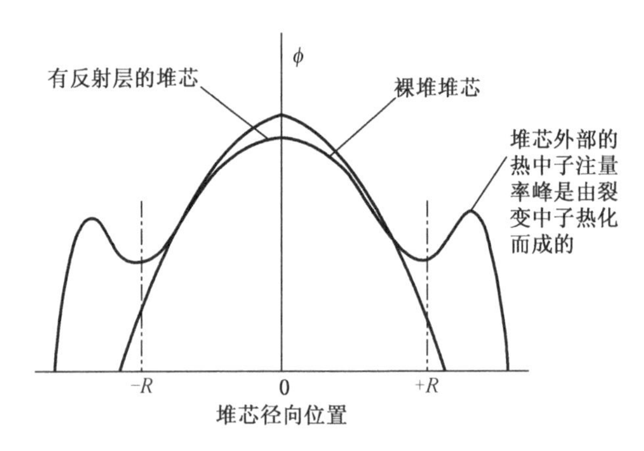

图 5－2　裸堆和有反射层堆的中子注量率的径向分布

［理论上，对给定功率水平，图中两条曲线分别与横纵轴（堆芯区）构成的区域的面积相等］

5.2　实际反应堆核功率分布

实际中的反应堆堆芯不同于理论分析上的均匀圆柱堆堆芯，有一些因素改变了平滑的中子注量率分布：第一，堆芯实际上是由正方形的燃料组件组成的，虽然接近于圆柱形，但堆芯的边界并不是圆形的；第二，燃料、慢化剂和包壳是各自分开的，而不是理论上所假设的均匀混合物质；第三，堆芯使用了各种富集度不同的燃料组件及一定数量的可燃毒物棒，它们在堆芯中以棋盘方式布置，具有不同的燃耗速率；第四，燃耗、功率水平、裂变产生的毒物的浓度及控制棒的布置都会影响堆芯的功率分布。

5.2.1 径向功率分布

1. 影响径向功率分布的因素

(1)功率水平对径向功率分布的影响

对于不同的功率水平,堆芯冷却剂的平均温度是不同的。随着功率水平的提高,冷却剂平均温度和燃料组件内芯块温度上升,局部功率密度最高处的燃料温度最高。但是,由于燃料温度系数是负值,因此引入了负反应性并自动降低高功率密度,这样就使径向功率分布得到展平。如图 5-3 所示,图中给出的值是归一后的相对功率。

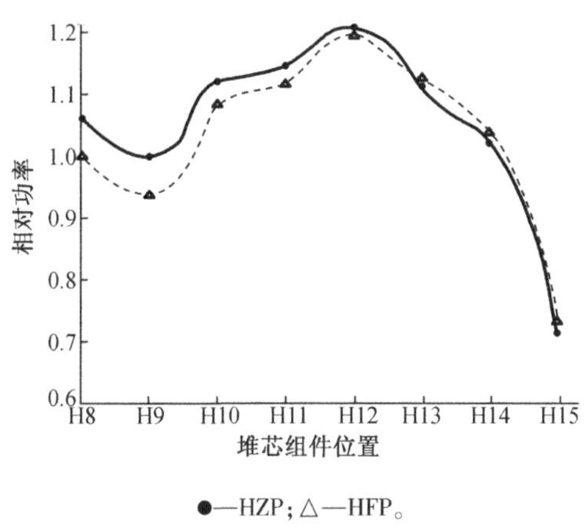

●—HZP;△—HFP。

图 5-3　功率水平对径向功率分布的影响

(图中曲线为 BOL、ARO、无氙情况下的径向功率分布)

(2)氙毒效应对径向功率分布的影响

局部氙平衡浓度正比于局部功率密度。在反应堆内,局部高功率密度区一定存在着高浓度的氙。氙是裂变毒物,具有很强的热中子吸收截面。这样就像燃料温度效应一样会自动降低局部高功率密度,从而达到展平径向功率分布的效果,如图 5-4 所示。

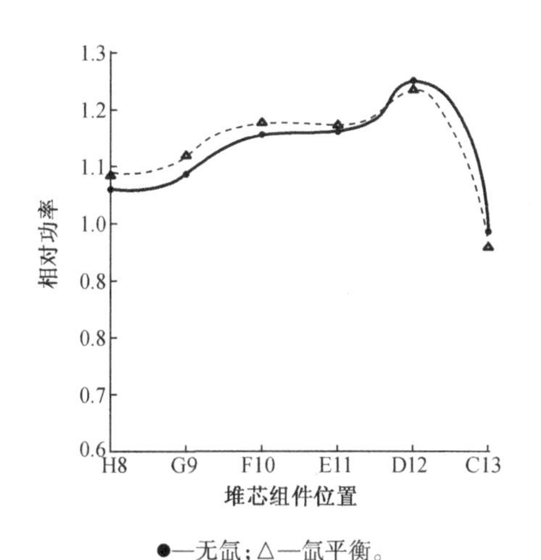

●—无氙;△—氙平衡。

图 5-4　氙对径向功率分布的影响

(图中曲线为 BOL、HFP、ARO 下的径向功率分布)

(3)控制棒组效应对径向功率分布的影响

在反应堆运行过程中,适当地将控制棒插入堆芯中心位置,可以降低该处较高的中子注量率峰值,起到展平径向功率分布的作用。如图5-5所示,随着控制棒的继续插入,局部中子注量率下降,这却提高了其他部位的中子注量率。应该注意的是,如果控制棒组(如D棒组)继续下插,将导致没有控制棒的燃料组件中的功率增大,在那里将会产生较大的功率(中子注量率)峰值。

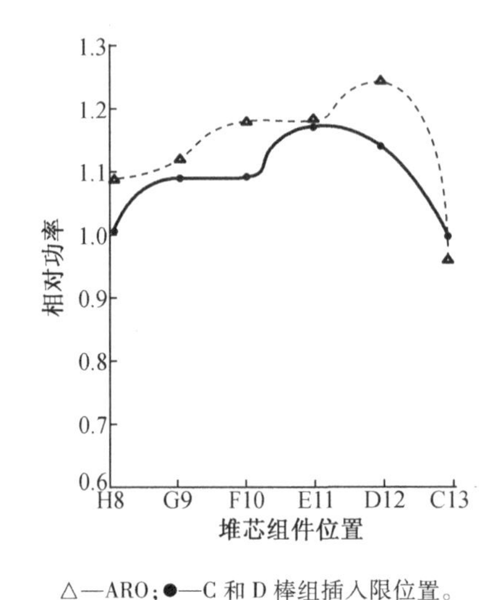

△—ARO;●—C和D棒组插入限位置。

图5-5 控制棒组效应对径向功率分布的影响

(图中曲线为BOL、HFP、EQ. Xe下的径向功率分布)

2. 象限功率倾斜比(QPTR)

象限功率倾斜比的定义:某一最大象限功率与四个象限平均功率即堆芯平均功率之比,即

$$\mathrm{QPTR}=\frac{P_{\max}}{P_{\mathrm{avg}}} \tag{5-3}$$

式中,$P_{\max}$为四个象限中的最大功率;P_{avg}为四个象限的平均功率。

$$P_{\mathrm{avg}}=\frac{\sum_{i=1}^{4}(P_i)}{4} \tag{5-4}$$

式中,P_i一般取堆外探测器的测量值。对于典型的压水堆,《运行技术规格书》中规定:象限功率倾斜比(QPTR)不得超过1.02。

5.2.2 轴向功率分布

实际上,压水堆的堆芯是非均匀的,这就使理论上的中子注量率的径向分布与实际分布差别较大,但是对于中子注量率的轴向分布却没有较大影响。这是因为堆芯在轴向上的燃料装载与理论情况比较接近,所以实际堆芯的中子注量率的轴向分布仍可采用理论上使用的余弦函数来近似表示。堆芯活性区上、下部的反射层和结构材料把堆芯泄漏中子反射回堆芯,但这对堆芯总的中子注量率分布形状没有太大影响。在燃料组件的因科镍合金格架附近,中子注量率图上存在凹陷现象,这是因为这种合金有着较高的中子吸收截面,如图5-6所示。

1.影响中子注量率轴向分布的因素

(1)功率水平对中子注量率轴向分布的影响

在堆芯寿期初的热态零功率状态下,堆芯中子注量率的轴向分布以堆芯中心为对称轴(图5-6)。在有功率状态下,冷却剂的温度随堆芯高度不同存在一定的温差,沿轴向的温度不断升高。又因为考虑慢化剂温度系数这一因素,堆芯上部功率密度较小、下部功率密度较大,所以轴向功率分布的最大值位于堆芯中心偏下的位置,如图5-7所示。随着堆芯寿期燃料燃耗的增加,在寿期末氙平衡的情况下,堆芯的轴向功率分布较为平坦,原因如下:

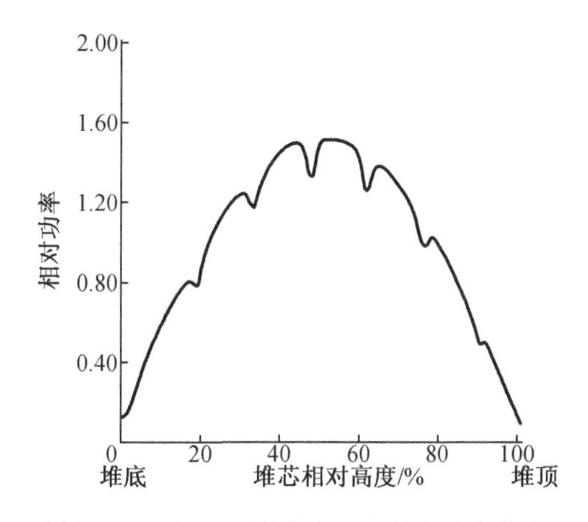

图5-6 BOL、HZP情况下的轴向功率分布

①慢化剂温度系数在寿期末比寿期初更负(即绝对值更大),所以单考虑这个因素,堆芯轴向功率分布的最大值在堆芯中心偏下的位置。

②考虑到燃料燃耗的影响,在寿期末,由于堆芯下部的燃耗较大,因此中子注量率峰移向堆芯上部,但是由于燃料的温度效应在堆顶产生负的效应,因此总的效应在寿期末时使堆芯轴向功率分布相当平坦。

(2)控制棒对中子注量率轴向分布的影响

在反应堆运行过程中,控制棒的插入或提升能够引起堆芯局部的径向和轴向功率分布的畸变。随着控制棒的插入,轴向中子注量率峰下沉,但当控制棒插入到一定深度时,中子注量率峰开始上移。在控制棒全部插入至堆底时,由于控制棒具有均匀的轴向效应,因此轴向中子注量率峰基本上位于堆芯中央平面上。

(3)燃耗对中子注量率轴向分布的影响

轴向功率(中子注量率)分布是与堆芯燃耗有关的,即与堆芯寿期有关(图5-7)。燃耗对轴向功率(中子注量率)分布的影响,与功率水平对中子注量率轴向分布的影响相同。

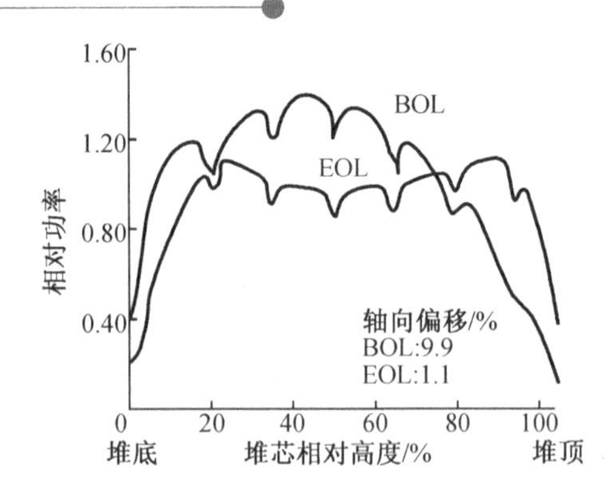

图 5-7　ARO、HFP、EQ. Xe 情况下 BOL 和 EOL 的轴向功率分布

(4)氙对中子注量率轴向分布的影响

由于在中子注量率高处,氙浓度也高,这抑制了该处的中子注量率水平,因此氙分布可展平中子注量率轴向分布。当堆芯功率水平发生变化时,由于氙效应的变化,堆芯中子注量率轴向分布也相应发生变化。

2. 反应堆外轴向功率偏移(AO)及轴向功率偏差(ΔI)

反应堆外轴向功率偏移及轴向功率偏差都是描述轴向功率分布的运行物理量。

(1)轴向功率偏移

轴向功率偏移是轴向中子注量率或轴向功率分布的形状因子,其定义为

$$\mathrm{AO} = \frac{P_\mathrm{T} - P_\mathrm{B}}{P_\mathrm{T} + P_\mathrm{B}} \times 100\% \qquad (5-5)$$

式中,P_T、P_B 分别为堆芯上半部、下半部的功率份额。轴向功率偏移虽然常用于描述功率分布,但更多的是用于理论计算。在反应堆运行中,轴向功率偏移主要用于反应堆内外核测仪表的互校。

对于不同的功率水平,尽管轴向功率偏移相同,但堆芯上、下部功率的差异却不同。所以,还必须引进另一个量,用以反映实际的轴向功率偏差大小,即轴向功率偏差 ΔI(%FP)。

(2)轴向功率偏差

堆芯轴向功率偏差用于反映堆芯轴向功率的不对称性,其定义是堆芯上半部与下半部功率的偏差,即

$$\Delta I = \frac{P_\mathrm{T} - P_\mathrm{B}}{(P_\mathrm{T} + P_\mathrm{B})_{额定}} \times 100\% = \frac{P_\mathrm{T} - P_\mathrm{B}}{P_\mathrm{T} + P_\mathrm{B}} \times \frac{P_\mathrm{T} + P_\mathrm{B}}{(P_\mathrm{T} + P_\mathrm{B})_{额定}} \times 100\% = \mathrm{AO} \times P_i\% \qquad (5-6)$$

式中,P_i为相对功率。在满功率 $P_i = 100\%$ FP 时,AO = ΔI。

轴向功率偏差随堆芯功率水平和燃料燃耗的变化而变化。在堆芯寿期初,堆芯的轴向功率分布在堆芯的下部,所以 ΔI 为负值;在堆芯寿期末,堆芯的轴向功率分布较为平坦,所以 ΔI 接近于零。随着堆芯功率的增加,堆芯下部将产生更多的功率,ΔI 将随堆芯功率的增加而向负方向偏移。

5.2.3　堆芯功率峰因子

最经济的反应堆运行方式是使反应堆内各点的热流密度和功率水平都正好处于设计允许的最大值附近,这样可以使单位燃料输出最大功率。但事实上这是不可能的,因为反应堆内中子注量率分布或功率分布是不均匀的。虽然在核设计和堆芯燃料管理上采用了

展平措施,但靠近堆芯边缘处的中子注量率明显下降是事实,这都影响着反应堆平均功率的输出。又由于在沿着任何一个通道的轴向上,所有各点的热流密度不可能都等于最大允许值,因此在反应堆运行和分析中,必须考虑某些局部地区可能存在的“热点”。整个堆芯的功率峰值系数是径向和轴向的功率峰值系数的乘积。没有反射层的典型堆芯的径向功率峰值系数为2.316 3、轴向功率峰值系数为1.55。

1. 径向功率峰因子[$F_{xy}(Z)$]

径向功率峰因子的定义:在堆芯高度为 Z 的平面上,功率密度峰值与平均功率密度之比,即

$$F_{xy}(Z)=\frac{Z\text{ 处的最大线性功率密度}}{Z\text{ 处的平均线性功率密度}}=\frac{P_{\max}(Z)}{P_{\text{avg}}(Z)} \tag{5-7}$$

2. 核焓升因子($F_{\Delta H}^{\text{N}}$)

核焓升因子的定义为

$$F_{\Delta H}^{\text{N}}=\frac{\text{最热燃料棒的功率}}{\text{堆芯平均燃料棒的功率}}=\frac{\int_0^{H_C}P_1(X_0Y_0Z)\,\mathrm{d}Z}{\frac{1}{I}\sum_{i=1}^{I}\int_0^{H_C}P_1(X_iY_iZ)\,\mathrm{d}Z}=\frac{Q_{\max}}{Q} \tag{5-8}$$

式中,X_0、Y_0均为最热燃料棒的位置;I 为堆芯总的燃料棒根数;$Q_{\max}$为热管的积分输出功率,也是反应堆内具有最大焓升的燃料冷却剂通道。

降低核焓升因子 $F_{\Delta H}^{\text{N}}$的主要方法是改善径向功率分布。

3. 核热点因子(F_Q^{N})

核热点因子的定义为

$$F_Q^{\text{N}}=\frac{\text{堆芯最大的中子注量率}}{\text{堆芯平均的中子注量率}}=\frac{\phi_V^{\max}}{\phi_V^{\text{avg}}}$$

或

$$F_Q^{\text{N}}=\frac{\text{堆芯最大的局部功率密度}}{\text{堆芯平均的功率密度}}=\frac{P_V^{\max}}{P_V^{\text{avg}}} \tag{5-9}$$

核热点因子 $F_Q^{\text{N}}=1.0$ 表示中子注量率分布均匀;$F_Q^{\text{N}}>1.0$ 表示反应堆内存在中子注量率峰值,因为反应堆内的功率分布正比于热中子注量率的分布。核热点因子大,表明堆芯局部地方存在较高的功率密度。为防止燃料组件的熔化或因棒包壳的破裂而导致大量放射性物质的泄漏,必须限制最大的功率密度。因此,必须使热点因子为最小,减小热点因子的目的是展平轴向和径向的功率分布。

工程上所使用的热点因子都是计算值而不是测量值,由于存在许多不确定性因子,测量值在合理的范围内过于保守,因此需要对计算值进行修正。这里需要考虑的不确定性因子有:

(1)核不确定性因子(F_{U}^{N})

该因子是功率分布计算不确定性因子,这种“计算不确定性因子”约为5%,F_{U}^{N} 取值约为1.05。

(2)工程修正因子[F_q^{E}($F_{\Delta H}^{\text{E}}$)]

该因子用于考虑燃料元件的制造公差,芯块富集度、密度、直径、表面积的变化及偏心度等对核焓升因子的影响。F_q^{E} 取值约为1.033,$F_{\Delta H}^{\text{E}}$取值约为1.021。

由此可得，在反应堆运行过程中考虑了不确定性因子的总热点因子 F_Q 为

$$F_Q = F_Q^N \times F_U^N \times F_q^E \tag{5-10}$$

5.3 堆芯功率分布测量系统

压水堆核电厂中设计有专门用于监测堆芯功率分布的测量系统——堆内核测仪表系统(RIC)和堆外核测仪表系统(RPN)。

5.3.1 堆内核测仪表系统

堆内核测仪表系统由许多测量燃料组件出口温度的热电偶和几个堆内可移动式中子探测器组成。以秦山第二核电厂为例，堆内核测仪表系统由30个测量燃料组件出口温度的热电偶和4个堆内可移动式中子探测器组成，如图5-8所示。其提供下列反应堆堆芯状态的数据：在燃料组件出口处的反应堆冷却剂温度分布；堆芯轴向和径向的中子注量率分布，用于产生沿燃料组件全高度上的高精确度的中子注量率；反应堆压力容器的水位测量。

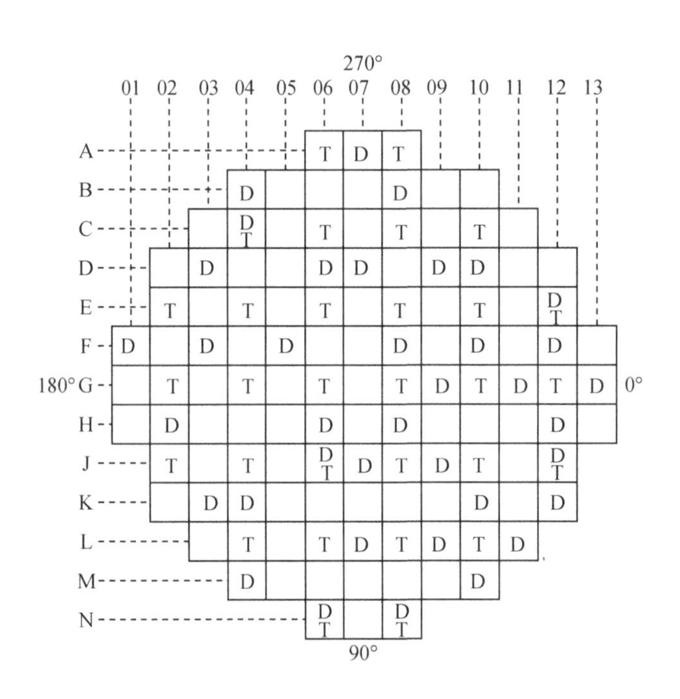

D—燃料组件的测量导向管(38个)；T—热电偶(30个)。

图5-8 秦山第二核电厂堆内核测仪表系统布置图

这些数据用于验证堆芯功率分布是否与核设计要求相符；验证用于事故分析中的热点因子是否满足安全分析限值；校核堆外核测仪表系统(使用KHKBA计算程序)；判断堆芯是否发生错装料；验证堆芯燃料燃耗是否满足核设计要求；探测堆芯运行参数是否偏离正常值；监测堆芯出口处的冷却剂饱和裕度，并提供反应堆压力容器的水位计算。

堆内核测仪表系统能够定期测量堆内中子注量率分布，这种测量工作在反应堆启动期间进行得比较频繁。在反应堆正常稳定运行期间，通常每30 EFPD(等效满功率天)进行一

次测量。由于堆芯仪表系统被间断地运行,并且需要一些延缓时间来传递有用的数据,因此该系统的特点是:只能提供测量数据,而不与保护系统相关联,即不发挥控制核电厂运行的功能。

热电偶安装在所选择的燃料组件出口末端,用于测量从燃料组件流出的冷却剂温度,径向温度分布图可通过处理热电偶的读数得到。利用燃料组件出口温度可表示出堆芯区域的积分功率,并由此推算出堆芯功率的倾斜度,所以热电偶的读数将提供径向功率分布的信息。

可移动式中子探测器(如微型裂变电离室)负责在38个燃料组件的测量导向管内测量轴向中子注量率分布。测量点的布置原则是:必须保证测量点具有代表性和有足够的数量,并且适当考虑对称性监测的要求。结合测量中子注量率分布时采集的堆芯状态数据和理论计算数据,使用专用的处理程序(CEDRIC、CARIN)对测量数据进行处理,可得到三维堆芯中子注量率分布图。

将用于测量的38个测量通道分成4组(10个、10个、10个、8个),每组测量通道配备一个微型可移动的裂变室探测器,整个测量系统的具体情况如图5-9和图5-10所示。

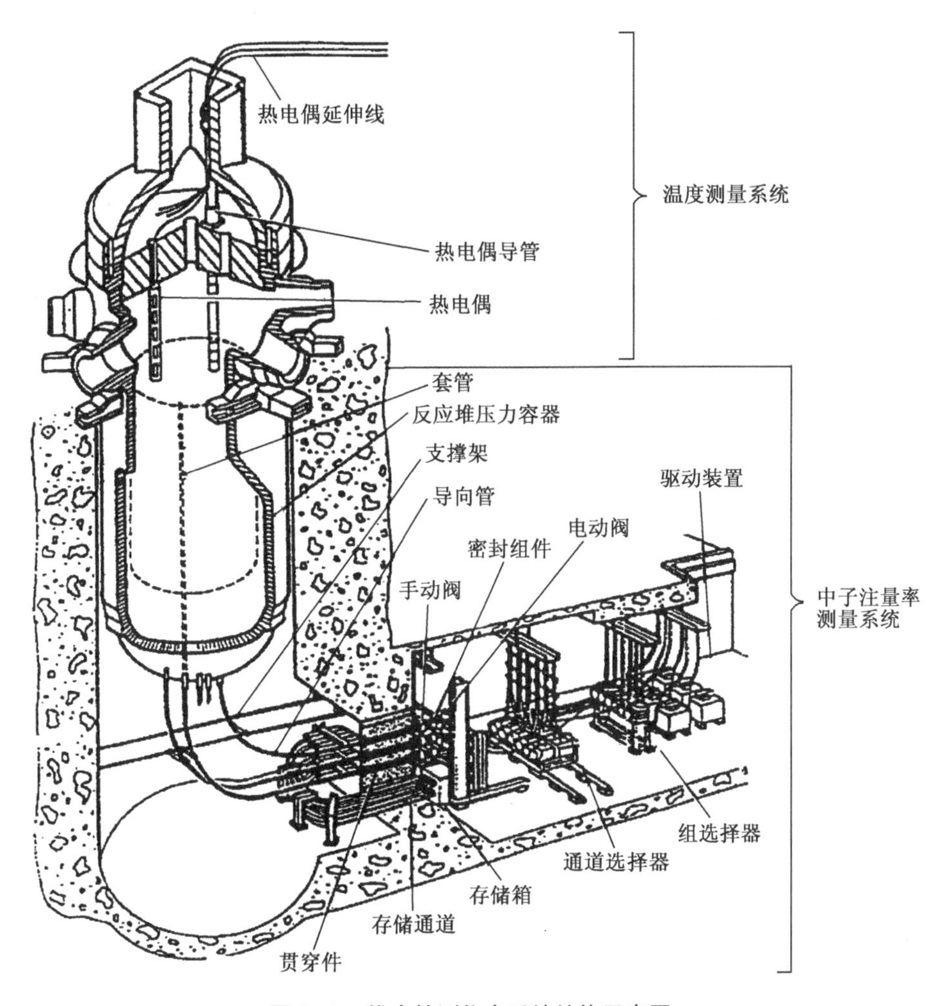

图5-9 堆内核测仪表系统结构示意图

微型裂变室的特性参数如下：

(1)电极上所涂铀－235 的富集度：大于 90%。

(2)微型裂变室的外径：4.70 mm。

(3)微型裂变室的长度：66 mm。

(4)探测器的测量范围：$1.09\times10^{2}\sim9.3\times10^{13}$ n/(cm^{2}·s)。

(5)热中子灵敏度：10^{-17} A/(n·cm^{-2}·s^{-1})。

(6)γ 射线灵敏度：小于 2×10^{-12} A/(Gy·h)。

(7)探测器的线性度：在测量范围 $1.011\times10^{3}\sim9.3\times10^{13}$ n/(cm^{2}·s)内好于 ±3%。

(8)探测器的坪特性：电离室在运行电压(150 V)的 ±25 V 范围内，低于 0.2%/V。

(9)探测器的寿命：在 320 ℃下连续运行过程中，对于 1.5×10^{20} n/(cm^{2}·s)的累积中子注量率，其灵敏度降低量低于 10%。

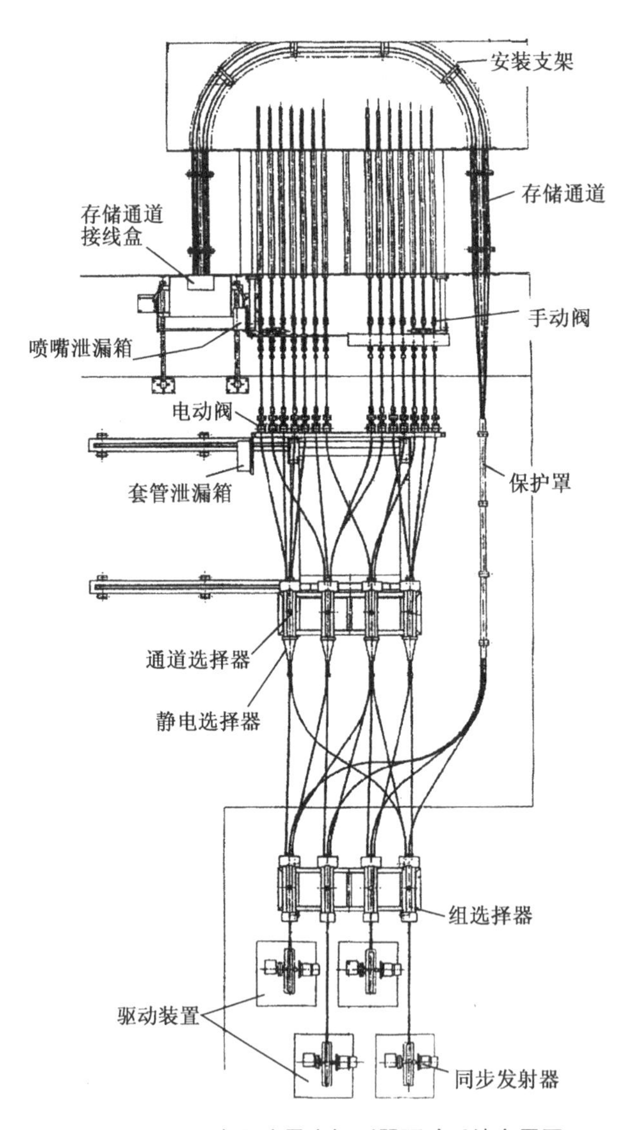

图 5－10　中子注量率探测器驱动系统布置图

这些微型裂变室各由一台机械-电气驱动机构来驱动。通过将4个中子注量率测量微型裂变室同时插入38个套管的4个子套管中,从反应堆压力容器底部插入堆芯。试验测量采集的数据和由电站中央数据处理系统(KIT)采集的温度、压力和棒位等数据被送至本系统计算机。将这些数据拷贝出来并由物理工程师使用堆芯燃料管理软件包(CEDRIC、CARIN和KHKBA)的计算机程序进行处理和分析,通过软件拟合后,将38个测量通道的测量数据拓展到全堆芯121个组件的功率(中子注量率)分布图,并将其与理论数据库进行比较。

5.3.2 堆外核测仪表系统

下面以秦山第二核电厂为例,对堆外核测仪表系统进行介绍。堆外核测仪表系统被设计用于在反应堆堆芯的整个运行寿期内对中子注量率变化进行瞬态监测,适用于对反应堆从启动到满功率运行以及对部分事故的监测。它是核电厂日常监测堆芯中子注量率瞬态变化的主要手段,并负责在接近或达到反应堆设计或设备安全的事故限值时进行报警。

堆外核测仪表系统由2个源量程通道(SRC)、2个中间量程通道(IRC)、4个功率量程通道(PRC)组成,每个通道各自独立(图5-11)。

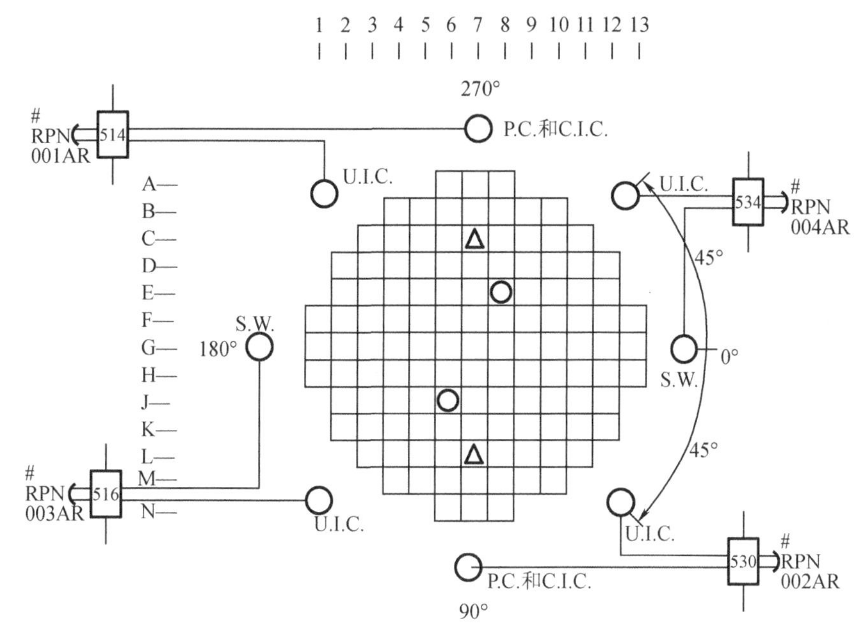

S. W.—备用井;P. C.—正比计数管;C. I. C.—补偿电离室;U. I. C.—非补偿电离室;▯—贯穿件;

△—1根一次中子源棒和1根二次中子源棒;○—4根二次中子源棒。

图5-11 堆外核测仪表系统布置图

1. 源量程通道探测器(图5-11)

一般来说,在反应堆正常换料启动时,设置两个彼此独立的源量程通道。源量程通道探测器用于监测堆芯装卸料、换料后反应堆的启动过程及低通量水平时中子的计数率变化;同时,还可向反应堆保护系统提供核功率和周期信号。源量程通道探测器是一个涂硼正比计数管(CPNB44),灵敏度为 8 c/($n \cdot cm^{-2} \cdot s^{-1}$),典型的中子注量率探测范围为 1 ~ 10^7 cps(即 n/s),工作电压为 850 V。

2. 中间量程通道探测器(图 5-11)

中间量程通道探测器通常由两个彼此独立的测量通道组成,主要用于监测反应堆启动过程的功率和反应堆周期变化,通常给出电流值来反映反应堆内的中子注量率水平,也向反应堆保护系统提供核功率和反应堆周期信号。由于它的测量范围比较大,常采用对数功率来指示。中间量程通道探测器是一个 γ 补偿电离室(cc80),中子热敏度为 8×10^{-14} A/($n \cdot cm^{-2} \cdot s^{-1}$),中子注量率范围为 $2 \times 10^2 \sim 5 \times 10^{10}$ n/($cm^2 \cdot s$),γ 灵敏度(未补偿)为 5.5×10^{-9} A/(Gy · h),最大电流为 1 mA,工作电压为 600 V。

3. 功率量程通道探测器(图 5-11)

功率量程通道探测器一般由 4 个彼此独立的测量通道组成,用于监测反应堆功率运行时的中子注量率水平,并向反应堆保护系统和功率调节系统输送信号。每个功率量程通道由 6 节分布在中子敏感区域的不补偿电离室组成,在反应堆外,每 90°安装一个功率量程通道。每一节电离室(CBL26)产生 1 个信号,并将 6 节电离室分成两部分:上面 3 节电离室的信号合并为一个输出信号,作为监测堆芯上部通量变化的上部信号;下面 3 节电离室的信号合并为一个输出信号,作为监测堆芯下部通量变化的下部信号。电离室的灵敏长度为 6 × 100 mm。

每节电离室的中子灵敏度约为 2.4×10^{-14} A/($n \cdot cm^{-2} \cdot s^{-1}$)。测量中子注量率范围为 $5 \times 10^2 \sim 5 \times 10^{10}$ n/($cm^2 \cdot s$)。高压供电电源对于 6 个部分是相同的,在最大电流为 0.35 mA、工作电压为 600 V 时,γ 灵敏度(未补偿)为 5.5×10^{-9} A/(Gy · h)。

4 个功率量程通道的上部探测器所测得的电流正比于堆芯上半部分的功率,下部探测器所测得的电流正比于堆芯下半部分的功率。功率量程通道探测器的上部和下部的功率信号之和指示了堆芯的总功率。功率量程通道探测器可用于测量反应堆堆芯泄漏的中子,起到监测堆芯功率分布的作用。

监测堆芯泄漏中子注量率基于如下两点:一是堆芯泄漏中子注量率正比于反应堆内中子注量率;二是中子探测器应位于反应堆外适当的地方,以便安装和维修。

堆外核测仪表系统不仅可以监测中子注量率,而且能够发出报警信号。要求堆外核测仪表系统与保护系统相连,具有控制反应堆运行的功能。堆外核测仪表系统在每一循环过程中,都要通过启动物理试验对功率量程刻度系数进行首次标定,同时在正常运行期间,还必须用堆内核测仪表系统定期对其进行校准。

5.4 堆芯功率分布监测

为保证燃料组件在反应堆正常运行(Ⅰ类工况)和一般事故(Ⅱ类工况)下的完整性,必须对堆芯功率分布进行监测。这就要求在正常运行和短时间瞬态情况下,保证堆芯的最小烧毁比大于安全限值;要限制裂变气体的释放,则燃料芯块的温度和燃料包壳的机械性能必须限制在设计准则之内;对Ⅰ类工况下的线功率密度峰值进行限制,以保证在冷却剂丧失事故(简称“失水事故”,LOCA)分析中的假设初始条件得到满足;保证燃料包壳的温度和限值不被突破。

5.4.1 秦山第一核电厂30万千瓦机组功率分布监测

1. 监测的参数

(1)热点因子

为避免产生热点,必须对 F_Q加以控制,使其在限值之内。

实际运行监测中用如下公式来监测 F_Q:

$P>0.5$ 时,

$$F_Q(Z)\leqslant\frac{3.016}{P}\times K(Z)$$

$P\leqslant0.5$ 时,

$$F_Q(Z)\leqslant6.03\times K(Z)$$

式中,$K(Z)$为给定堆芯高度的函数。$0\ \mathrm{m}\leqslant Z<1.45\ \mathrm{m}$ 时,$K(Z)=1$;$1.45\ \mathrm{m}\leqslant Z\leqslant2.90\ \mathrm{m}$ 时,$K(Z)=1\sim0.953\ 64$。

(2)焓升因子

$$F_{\Delta H}\leqslant1.67[1.0+0.2(1-P)]$$

(3)象限功率倾斜比

象限功率倾斜比不得超过1.02。

(4)轴向功率偏差

轴向功率偏差指示必须保持在轴向中子注量率目标值 $\Delta I_{\mathrm{ref}}\pm5\%$ 的范围内。

2. 运行期间的堆芯功率分布监测

在反应堆运行期间,主要的两个保护功能是超功率 ΔT 保护和超温 ΔT 保护。超功率 ΔT 保护可保护燃料芯块不被熔化;超温 ΔT 保护可保护燃料元件不被烧毁。在反应堆运行过程中,应不断地测量堆芯进、出口温差并与超功率 ΔT 和超温 ΔT 的设定值进行比较,如果实际测量值超过 ΔT 设定值,则必须实施紧急停堆。

在反应堆正常运行期间,每31 EFPD至少进行一次堆芯功率分布测量。经过数据处理得到堆芯燃料组件的相对功率分布、F_Q、$F_{\Delta H}$、AO、QPTR等数据,确认这些因子均在允许范围内。

在堆芯功率分布异常、控制棒位置指示不正常等现象发生时,或在有危及堆芯运行安全的可能时,可以附加进行堆芯功率分布的测量,根据程序处理得到的结果,确认堆芯的安全并验证堆外核测仪表系统的指示。

(1)轴向功率偏移(轴向功率偏差)的监测

每31 EFPD,依据堆芯功率分布测量的结果,给出堆芯轴向功率偏移,并对堆外核测仪表系统的轴向功率偏差目标值进行一次更新。在堆芯功率为15%FP以上时,比较反应堆内和堆外测量的轴向功率偏移,如果绝对偏差大于3%,则进行堆内、外核测仪表系统互校试验。

(2)F_Q、$F_{\Delta H}$的监测

每31 EFPD至少进行一次堆芯功率分布测量,使用堆芯燃料管理软件包(INCORE 3D程序)进行数据处理,并将数据处理结果与运行限值进行比较,确认这些因子在规定的允许限值范围内。

以上参数的详细监督要求参见《运行技术规格书》。

5.4.2 秦山第二核电厂60万千瓦机组功率分布监测

1. 监测的参数

(1)热点因子

为避免产生热点,必须对 F_Q 加以控制,使其在限值之内。但是由于 F_Q 是一个不可测量的参数,在实际运行中是无法直接对其变化进行监视的,而 AO 是一个可以测量的参数,因此只要在 AO 与 F_Q 之间建立一个关系式,就可以通过监测 AO 的变化来达到监测 F_Q 变化的目的。

$$F_Q(Z) = \max[Q(Z)]$$

$$F_Q = \frac{\text{堆芯内最大线性功率密度}}{\text{堆芯平均线性功率密度}} = \frac{P_{\max}}{P_{\text{avg}}} = \max[Q(Z)] \quad (5-11)$$

式中,$Q(Z)$ 为 Z 平面最大的线功率密度。

实际运行监测中使用的公式如下:

$$F_Q \times 1.08 < F_Q^{\text{LOCA}} / P_{\text{r}} \quad (5-12)$$

式中,$F_Q^{\text{LOCA}} = 2.35$(事故包络值);P_{r} 为相对功率水平。

(2)焓升因子

$$F_{\Delta H} \times 1.04 < 1.55 \times [1 + 0.3 \times (1 - P_{\text{r}})] \quad (5-13)$$

当功率水平低于10%FP 时,不对该因子进行核对。

(3)径向功率峰因子

径向功率峰因子必须满足如下方程:

$$F_{xy} < 1.04 \times F_{xy}^{\text{L}} \times [1 + 0.1 \times (1 - P_{\text{r}})] \quad (5-14)$$

式中,F_{xy} 为径向功率峰因子的测量值;F_{xy}^{L} 为100%FP 下径向功率峰因子的设计预计值。

当功率水平低于10%FP 时,不对该因子进行核对。

(4)象限功率倾斜比

象限功率倾斜比不得超过1.02。

(5)轴向功率偏差

轴向功率偏差在15%额定功率工况以上运行时,轴向中子注量率偏差指示必须保持在轴向中子注量率目标值 $\Delta I_{\text{ref}} \pm 5\%$ 范围内。

(6)偏离泡核沸腾(DNB)

与 DNB 有关的下列参数必须保持在如下的限值范围内:

①在将反应堆冷却剂平均温度加上测量仪表的误差后,T_{avg} 小于或等于超温 ΔT 和/或超功率 ΔT 保护的定值。

②稳压器的压力在减去测量仪表的误差后应不小于15.5 MPa。

③反应堆冷却剂的总流量在减去测量仪表的误差后应不小于设计规定值。

2. 运行期间的堆芯功率分布监测

(1)轴向功率偏移(轴向功率偏差)的监测

每30 EFPD,根据堆芯功率分布测量的结果,给出堆芯轴向功率偏移值,并对堆外核测仪表系统的轴向功率偏差目标值进行一次更新。

每90 EFPD,对堆外核测仪表系统进行一次轴向功率偏移的测定,即在热功率大于额定功率75%的情况下稳定运行(氙平衡),进行堆内、外核测仪表系统互校试验。

(2)F_Q、$F_{\Delta H}$的监测

每30 EFPD至少进行一次堆芯功率分布测量,使用堆芯燃料管理软件包(IN-CORE程序)进行数据处理,并将数据处理结果与运行限值进行比较,确认这些因子在规定的允许限值范围内。

以上参数的详细监督要求参见《运行技术规格书》。

5.4.3 方家山核电站100万千瓦机组功率分布监测

1.监测的参数

(1)热点因子

为了避免产生热点因子,必须对F_Q加以控制,使其在限值之内。

实际运行监测中使用的公式如下:

$$Q(Z)^{mes} \times P_r < Q(Z)^L$$

式中,$Q(Z)^L = 2.45$(事故包络值);P_r为相对功率水平。

(2)焓升因子

$$F_{\Delta H} \times 1.04 < 1.65 \times [1 + 0.3 \times (1 - P_r)]$$

(3)象限功率倾斜比

$$QPTR < 9\% \ (P_r < 50\%FP)$$
$$QPTR < 5\% \ (P_r = 75\%FP)$$
$$QPTR < 3\% \ (P_r = 87\%FP)$$
$$QPTR < 2\% \ (P_r \geq 100\%FP)$$

(4)轴向功率偏差

轴向功率偏差在15%额定功率工况以上运行时,轴向中子注量率偏差指示必须保持在Ⅰ区内运行。

2.运行期间的堆芯功率分布监测

(1)轴向功率偏移(轴向功率偏差)的监测

每30 EFPD,依据堆芯功率分布测量的结果,给出堆芯轴向功率偏移值,并对堆外核测仪表系统的轴向功率偏差目标值进行一次更新。

每90 EFPD对堆外核测仪表系统进行一次轴向功率偏移的测定,即在热功率大于额定功率75%的情况下稳定运行(氙平衡),进行堆内、外核测仪表系统互校试验。

(2)F_Q、$F_{\Delta H}$的监测

每30 EFPD至少进行一次堆芯功率分布测量,使用堆芯燃料管理软件包(IN-CORE程序)进行数据处理,并将数据处理结果与运行限值进行比较,确认这些因子在规定的允许限值范围内。

以上参数的详细监督要求参见《运行技术规格书》。

5.5 堆芯功率能力

5.5.1 Mode A控制模式运行

秦山第一核电厂和秦山第二核电厂是以Mode A控制模式运行的,所谓"Mode A"是指

以常轴向偏移控制(constant axial offset control,CAOC)方式设计堆芯的核电站。

1. Mode A 维持反应堆正常运行的方法

Mode A 依靠下述方法来维持反应堆正常运行,并且不论反应堆功率是多少,反应堆内的 AO 是恒定的。

(1)通过平均温度调节系统使调节棒组自动移动,进而使反应堆处于临界状态。

(2)为了限制功率分布的轴向偏差,运行人员采用手动操作来改变硼浓度,以减少控制棒的位移。

(3)改变反应堆内硼浓度来补偿由燃耗、氙浓度变化等引起的较慢的反应性变化及功率变化很大时的功率亏损。

采用 Mode A 控制模式运行时,要求反应堆在满功率或接近满功率水平下稳定运行。反应堆的功率水平变化主要是靠调节硼浓度来实现的,但考虑到反应堆可能出现突然升降功率运行的情况,此时从调节速度上来说,只靠调节硼浓度来改变功率水平是不够的,这是由于慢化剂中硼浓度的变化受系统硼化或稀释能力的限制。因此,Mode A 还要求反应堆具有一定的控制棒调节功率的能力。

2. Mode A 控制模式的优点

(1)运行简单,只有一个温度控制调节回路。

(2)在正常运行时,运行人员只需改变硼浓度。

(3)插入控制棒的数量少,径向和轴向的燃耗都相当均匀。

(4)通过标准的管理就可方便地保证停堆深度。

3. Mode A 控制模式的缺点

(1)因为插入控制棒的数量很少,所以当需要改变功率时会受到化学和容积控制系统性能的限制。

(2)在一个燃料循环中,功率提升速率有规律地下降,实际上不可能在瞬间实现大幅度的负荷变化。

5.5.2 负荷跟踪

方家山核电站100万千瓦机组是以 Mode G 控制模式运行的。Mode G 运行模式要求反应堆在85%循环长度内能进行功率变化形式为“12 -3 -6 -3”的日负荷跟踪,即在反应堆满功率运行12 h后,反应堆功率在3 h内线性变化到30%FP;在30%FP 工况下运行6 h后,反应堆功率又在3 h内线性增长到满功率水平,以适应电网日负荷变化的要求。然而,因为方家山核电站1号和2号机组共用一个硼循环系统,所以一个机组在一定功率水平下(一般是50%FP以下)的负荷跟踪能力受另一个机组的影响。机组能达到的最快负荷变化是:5%FP/min 的线性功率变化;10%FP 的阶跃功率变化。

负荷跟踪是通过改变功率补偿控制棒组的位置来实现的。控制棒的棒位由反应堆输出电功率确定,即不同功率水平时的控制棒的棒位依据控制棒刻度曲线确定。如果运行要求功率补偿棒组相对于刻度曲线位置部分或完全抽出,则负荷跟踪能力降低。

一般来说,以 Mode A 控制模式运行的核电厂不进行负荷跟踪,但是为了满足电站功率变化的机动性要求,要求其具有一定的负荷跟踪能力。秦山第二核电厂施工设计报告要求在80%的循环长度内能够进行功率变化形式为“12 -3 -6 -3”的日负荷跟踪,即在反应堆满功率运行12 h后,反应堆功率在3 h内线性变化到50%FP;在50%FP下运行6 h后,反应堆功率又在3 h内线性恢复到满功率水平，以适应电网日负荷变化的要求。负荷跟踪还应具有5%FP/min的线性功率变化及10%FP的阶跃功率变化的调节能力。负荷跟踪是通过改变功率调节棒束的棒位和冷却剂中硼浓度实现的。功率调节棒束的棒位由反应堆输出的电功率确定，即不同功率水平时的功率调节棒束的棒位依据控制棒刻度曲线确定，刻度曲线随燃耗的变化而变化。（读者可以搜索相关核设计报告做进一步了解。）

以调节棒组D、C、B、A为主伺服功率变化，调硼一方面可分担由功率变化引起的反应性快变化，另一方面可补偿由氙毒造成的反应性慢变化。Mode A负荷跟踪运行时有如下限制：

1. 上充流量的限制

上充流量的限制导致稀释能力受限，因而造成升负荷能力受限。在降负荷方面，稀释能力受限使得调硼补偿氙毒反应性的能力受限制，因而造成升降负荷速率受限。

2. 处理废物能力的限制

由上述内容可知，按Mode A控制模式运行的压水堆核电厂虽然能在一定程度上满足电网调峰需求的要求，但其性能实现成本较高，不足以满足“成本较低”的要求。

5.5.3 堆芯功率能力

1. 方家山核电站的机组堆芯功率能力

(1)正常运行（Ⅰ类工况）

在Ⅰ类工况下，要求轴向功率偏差保持在一个区域内。方家山核电站LOCA实时监测系统使用多段堆外探测器对反应堆进行在线监测，使反应堆在保证 $F_Q^{LOCA} < 2.45$ 的情况下有比较大的运行图。

Ⅰ类工况运行图如图5-12所示。其中，区域Ⅰ为正常运行区域，此时功率补偿棒被插到刻度曲线位置上，或者处在刻度曲线位置与完全抽出位置之间的某一位置上。区域Ⅱ为反应堆处于功率补偿棒被抽出反应堆外的运行状态下。

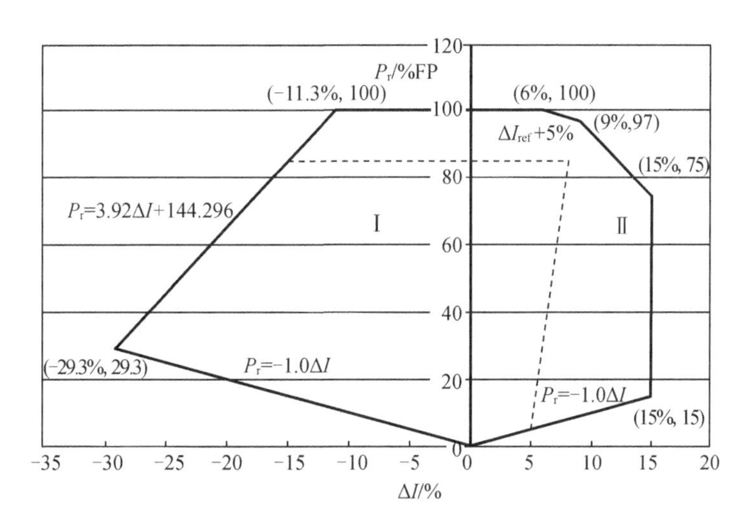

图5-12 Ⅰ类工况运行图

图 5-12 所示的运行图未考虑 3% 的 ΔI 测量不确定度。下面给出各个区域的边界直线的方程(点值):

左边界包络线的公式为

$$P_r = 3.92\Delta I + 144.296$$

右边界由连接点(6%,100)(9%,97)(15%,75)(15%,15)的线构成。

在区域Ⅰ内,功率补偿棒位于刻度曲线位置与完全抽出位置之间某一位置上。当功率小于 50%FP、功率补偿棒插入堆芯时,运行点超出区域Ⅰ右边界并进入区域Ⅱ的累计时间在连续 12 h 内应小于 1 h。

当堆芯功率大于 50%FP 时,需要在区域Ⅰ于该功率水平下稳定运行超过 6 h,才能在功率补偿棒被提出堆芯的情况下,使运行点从区域Ⅰ进入区域Ⅱ。在区域Ⅰ的稳定运行是为了得到最小的氙振荡,这样才能满足在区域Ⅱ内运行的安全准则。

(2)超功率保护(Ⅱ类工况)

在区域Ⅰ和区域Ⅱ内部,每一个坐标点(P_r,ΔI)都分别代表大量的运行状态。这些满足《运行技术规格书》要求的状态是Ⅱ类工况事故的起始状态。非正常运行工况可能由正常运行时的控制棒故障或硼误稀释、硼化等因素引起。在非正常运行状态下,也就是Ⅱ类工况下,必须保证燃料棒的完整性,要求燃料芯块中心温度的最大值低于限值,这是通过限制最大线功率密度实现的。

堆芯最大允许功率由堆芯轴向功率偏移限制。实际上,对于每个循环,都定义了满足 620 W/cm 设计限值的(P_r,ΔI)图。图 5-13 为Ⅱ类工况运行图,给出了本循环的(P_r,ΔI)图。该区域限制了功率水平不超过 120%FP,并可用来设计反应堆超功率保护。本循环许可区域的边界线方程如下(包含不确定性):

$$P_r = 120\%\text{FP}$$

当 $\Delta I < 0$ 时,

$$P_r = 2.26\Delta I + 158.20$$

当 $\Delta I > 0$ 时,

$$P_r = -1.66\Delta I + 162.80$$

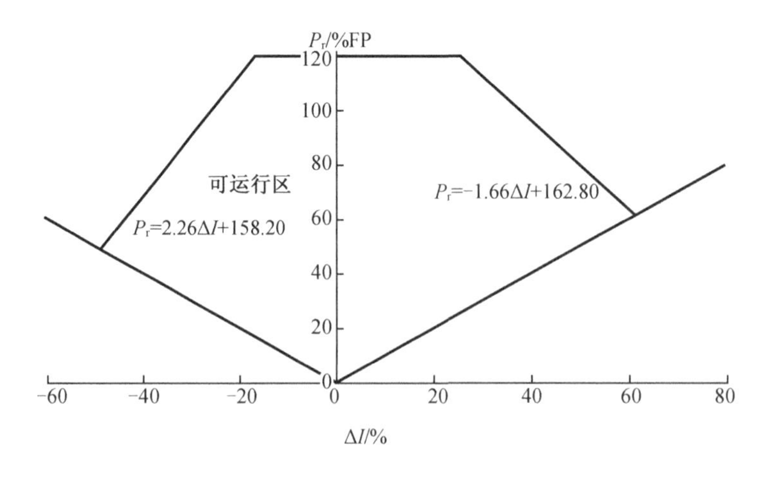

图 5-13 Ⅱ类工况运行图

2. 秦山第一核电厂与秦山第二核电厂的机组堆芯功率能力

以 Mode A 运行的核电站,其堆芯功率能力由在下述限制范围内控制的堆芯功率分布调节。

(1) DNBR 限值

DNBR 限值用于约束堆芯的热管因子(也称热通道因子),并可作为超温 ΔT 保护通道设定值的基础。

(2) 包壳应力或疲劳限值

包壳应力或疲劳限值用于限制随燃料燃耗的局部功率密度。

(3) LOCA 包络分析中的假想初始工况

这些工况限制随堆芯高度变化的局部功率密度。

(4) 燃料熔化限值

燃料熔化限值提供了热点的功率密度限值,并用于超功率 ΔT 保护通道设定值的计算。

5.5.4　咬量与插入极限

1. 咬量

为确保主调节棒组具有足够的反应性引入能力,以满足 5%FP/min 的线性功率变化及 10%FP 的阶跃功率变化的机动性要求,并尽可能地使轴向功率分布平坦,需要限制主调节棒组的最小插入深度,这个插入位置称为咬量。通过计算得到调节棒组在设计咬量位置处具有 2.5 pcm/步左右的微分价值,可以满足上述机动性要求,同时对轴向功率分布的扰动也能满足设计限值要求。咬量位置是随燃耗变化的,图 5－14 给出了秦山第二核电厂机组主调节棒组 D 咬量位置随燃耗变化的曲线的示例。

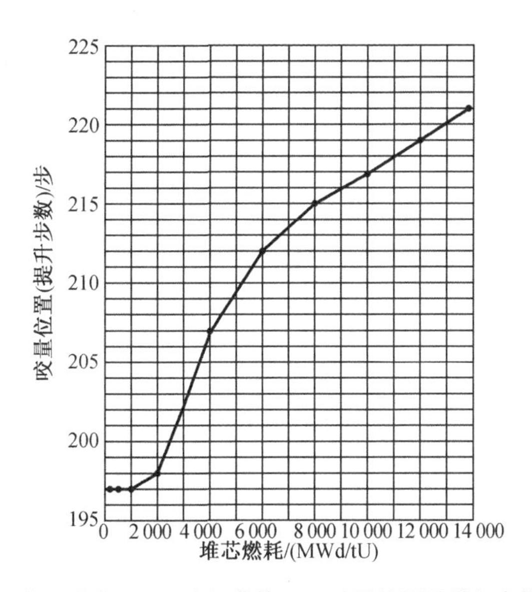

图 5－14　秦山第二核电厂机组主调节棒组 D 咬量位置随燃耗变化的曲线的示例

2. 插入极限

限制主调节棒组插入限是为了满足下述要求:

(1) 停堆深度

在 HFP 状态下,满足卡棒准则的同时,在 BOL 和 EOL 的停堆深度分别不得小于 1 000 pcm

和2 000 pcm。

(2)弹棒事故安全准则。

(3)焓升因子 $F_{\Delta H}<1.55[1+0.3(1-P_r)](0\leqslant P_r\leqslant 1)$。

基于上述要求,计算给出了主调节棒组插入限随功率水平的变化关系(图5-15)。在反应堆控制中,当主调节棒组插入接近其限值时,将触发预报警系统。

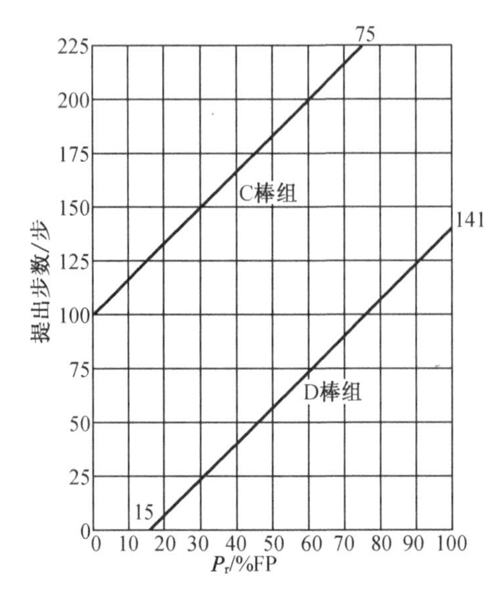

图5-15　主调节棒组插入限随功率水平的变化关系

复　习　题

1.选择题

(1)堆芯理论轴向功率分布是高度 h 的　　(　　)

A.正弦函数　　B.余弦函数

C.零阶贝塞尔函数　　D.抛物线函数

(2)堆芯理论径向功率分布是半径 r 的　　(　　)

A.正弦函数　　B.余弦函数

C.零阶贝塞尔函数　　D.抛物线函数

(3)秦山第二核电厂反应堆内中子注量率测量系统有(　　)个测量通道,分(　　)组。　　(　　)

A.30,4　　B.38,5

C.36,5　　D.38,4

(4)秦山第二核电厂热点因子事故包络值 F_Q^{LOCA} 是　　(　　)

A.2.35　　B.2.3

C.2.45　　D.2.55

(5)下列不是 Mode A 控制模式的优点的是 (　　)

A. 运行简单

B. 插入控制棒的数量少

C. 在正常运行时,运行人员只需改变硼浓度

D. 能快速、大幅度改变功率

2. 判断题

(1)《运行技术规格书》中规定:象限功率倾斜比不得超过 1.02。 (　　)

(2)轴向功率偏移与轴向功率偏差的关系为 $AO = \Delta I / P_r$。 (　　)

(3)《运行技术规格书》中规定:每 60 EFPD 需对堆内、外核测仪表系统进行一次互校试验。 (　　)

3. 填空题

(1)堆外中子注量率测量分(　　)、(　　)和(　　)3 个测量范围。

(2)为确保主调节棒组 D 具有足够的反应性引入能力,以满足(　　)FP/min 的线性功率变化及(　　)FP 的阶跃功率变化的机动性要求,并尽可能地使轴向功率分布平坦,需要限制主调节棒组的最小插入深度,这个插入位置称为(　　)。

第6章　裂变产物的产生与中毒

随着反应堆的运行,反应堆内燃料组件中的铀-235、铀-238和钚-239等同位素成分不断变化。在裂变过程中,裂变产物不断生成与积累,固体可燃毒物数量不断消耗等,都会导致堆芯临界硼浓度、功率分布、多普勒温度效应、慢化剂温度效应及控制棒价值等因素发生改变,氙中毒反应性效应和结渣反应性效应等也有一定的改变。同时,中子动力学参数,如缓发中子份额β_i、缓发中子先驱核的衰变常数λ_i等也都有一定的变化。

本章将主要讨论核燃料同位素的产生与消耗、裂变产物的毒性。

6.1　核燃料同位素的产生与消耗

在反应堆的运行过程中,堆芯燃料中的易裂变同位素铀-235在不断地裂变过程中被消耗,引起了反应性的下降;同时,可转换同位素铀-238核在俘获中子后,又可转换成易裂变同位素钚-239,这又会使反应性上升。因此,堆芯核燃料中的各种重同位素的核密度将随反应堆的运行时间的增加而不断变化。

下面根据某一重同位素X的产生与消耗图(图6-1),建立其核密度随时间变化的规律(即燃耗方程)如下:

$$\frac{\partial}{\partial t}N_{\mathrm{X}}(r,t) = N_{\mathrm{Z}}(r,t)\int_0^{\infty}\sigma_r^z(E)\Phi(r,E,t)\mathrm{d}E + \lambda_{\mathrm{Y}}N_{\mathrm{Y}}(r,t) - N_{\mathrm{X}}(r,t)\left[\int_0^{\infty}\sigma_{\mathrm{a}}^z(E)\Phi(r,E,t)\mathrm{d}E + \lambda_{\mathrm{X}}\right]$$

式中,等式右边第一项为同位素Z俘获中子生成同位素X的产生率;第二项为同位素Y经衰变生成同位素X的产生率;第三项为同位素X的吸收中子和β衰变的总消耗率。

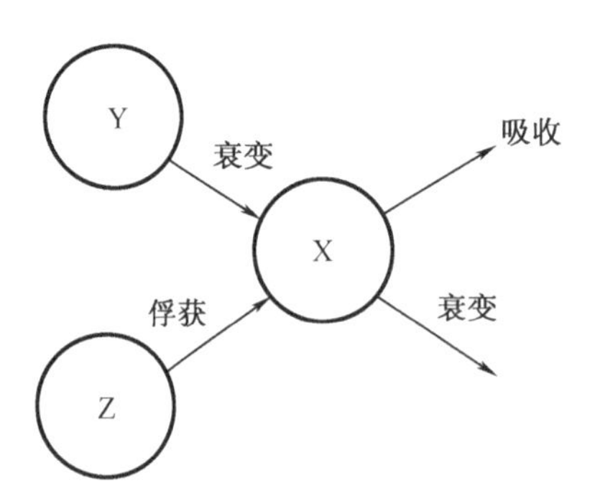

图6-1　同位素X的产生与消耗图

图6-2为堆芯核燃料中各种重同位素核密度随时间的变化规律,从图中可见,在堆芯易裂变同位素铀-235不断减少的同时,另一种易裂变同位素钚-239却在不断增加。这样随着堆芯燃耗的不断加深,钚-239裂变产生的功率也在增加,从而降低了铀-235燃耗引

起的反应性下降的速率。在燃耗较深的情况下，对能量输出有贡献的易裂变同位素主要有铀-235、钚-239和钚-241。

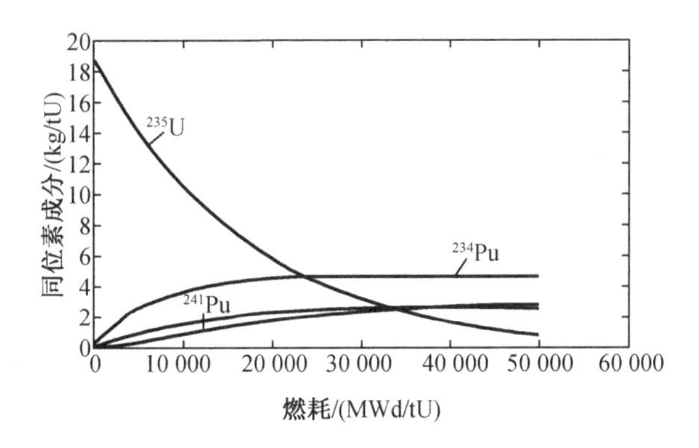

图6-2 堆芯核燃料中各种重同位素核密度随燃耗的变化规律

6.2 裂变产物的毒性

核裂变过程中将形成很宽的裂变产物谱(约有200种核素)，这些裂变碎片经过β衰变又会产生新的同位素。核裂变过程中生成的裂变碎片及其衰变产物统称为裂变产物。许多裂变产物具有很大的热中子吸收截面，其核素称为裂变毒物。每一质量数的裂变产物都有其相应的裂变产额(某一质量数的裂变产物在核裂变总产物中所占有的百分数)。

反应堆内毒性 P 的定义为：被毒物吸收的热中子数与被燃料吸收的热中子数之比，即

$$P=\frac{\Sigma_a^P}{\Sigma_a^U}$$

式中，Σ_a^P 为毒物的宏观吸收截面，由于 $\Sigma_a^P=N_P\times\sigma_a^P$，因此 N_P 与 σ_a^P 的大小都直接反映了毒性的大小；Σ_a^U 为燃料的宏观吸收截面。

由上述内容可知，裂变产物的毒性正比于裂变产物的浓度①。裂变毒物的浓度直接与热中子注量率有关，这主要是毒性对与 k_{eff} 有关的六因子中的热中子利用系数的影响。因此，当反应堆功率发生变化时，随着中子注量率的变化，裂变毒物的浓度也相应发生变化，这就向堆芯引入了正或负的反应性效应。假设反应堆内的中子注量率是均匀分布的。

无毒物时

$$f=\frac{\Sigma_a^U}{\Sigma_a^U+\Sigma_a^M+\Sigma_a^S} \tag{6-1}$$

式中，Σ_a^M 为慢化剂的宏观吸收截面；Σ_a^S 为结构材料的宏观吸收截面。

有毒物时

$$f'=\frac{\Sigma_a^U}{\Sigma_a^U+\Sigma_a^M+\Sigma_a^S+\Sigma_a^P} \tag{6-2}$$

---

① 根据行业惯例，本书中的裂变产物、裂变毒物、碘-135、氙-135等的浓度均指原子核密度。

对式(6－1)和式(6－2)进行数学处理可得

$$f=\frac{\Sigma_a^U}{1+\frac{\Sigma_a^M+\Sigma_a^S}{\Sigma_a^U}}$$

$$f'=\frac{\Sigma_a^U}{1+\frac{\Sigma_a^P}{\Sigma_a^U}+\frac{\Sigma_a^M+\Sigma_a^S}{\Sigma_a^U}}$$

如果无毒物反应堆的有效增殖系数为 k_{eff}，而有毒物反应堆的有效增值系数为 k'_{eff}，则有

$$\frac{k'_{eff}-k_{eff}}{k'_{eff}}=\frac{f'-f}{f'}=-\frac{P}{1+\frac{\Sigma_a^M+\Sigma_a^S}{\Sigma_a^U}}$$

如果反应堆在无毒物的情况下恰好是临界的，即 $k_{eff}=1$，则有毒物时由毒物导致的反应性为

$$\rho=\frac{k'_{eff}-1}{k'_{eff}}=-\frac{P}{1+\frac{\Sigma_a^M+\Sigma_a^S}{\Sigma_a^U}}=\frac{\Sigma_a^P}{\Sigma_a^U+\Sigma_a^M+\Sigma_a^S}\approx-\frac{\Sigma_a^P}{\Sigma_a^U}=-P \tag{6-3}$$

在典型的压水堆堆芯里，一般来说，$\frac{\Sigma_a^M+\Sigma_a^S}{\Sigma_a^U}$是一个很小的分数，接近于0(约为0.008 2)，所以由裂变产物的存在导致的负反应性大致上就等于毒性。

6.2.1　氙毒(氙－135)

氙毒是所有裂变产物中最重要的一种毒物，它的热中子吸收截面非常大，在中子能量为0.025 eV时，氙－135(^{135}Xe)的微观吸收截面约为2.7×10^6 b左右，且在中子能量为0.08 eV处存在较大的共振峰(图6－3)。因此，在热能区内，它的平均吸收截面约为3×10^6 b。氙－135在裂变反应中的直接裂变产额约为0.228%，但它的先驱核碘－135的直接裂变产额却很高，其经β衰变后就形成氙－135。

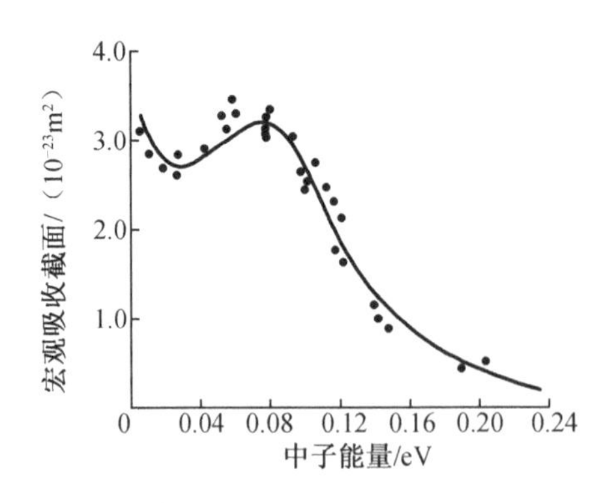

图6－3　^{135}Xe宏观吸收截面与中子能量的关系

氙－135可以由吸收中子或经β衰变为铯－135而从堆芯消失。氙的衰变率是氙浓度的函数，氙的生成率是碘－135的浓度和中子注量率(功率)的函数。氙浓度的变化依赖于氙的存在量、中子注量率水平和碘－135的浓度。碘－135的浓度是时间和中子注量率(功

率)水平的函数,可以认为碘是由裂变直接生成的,其生成率为裂变率与裂变产额的乘积,而碘-135的损失只通过β衰变的方式。图6-4为氙-135衰变图。

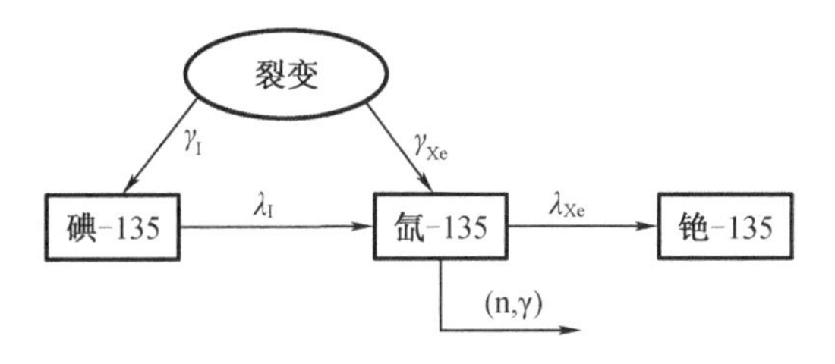

图6-4 氙-135衰变图

氙-135和碘-135的平衡方程为

变化率=生成率-损失率

即

$$\frac{dN_{Xe}}{dt}=(\gamma_{Xe}\Sigma_f\phi+\lambda_I N_I)-(\lambda_{Xe}N_{Xe}+\sigma_{a,Xe}N_{Xe}\phi) \tag{6-4}$$

$$\frac{dN_I}{dt}=\gamma_I\Sigma_f\phi-\lambda_I N_I \tag{6-5}$$

式中,N、γ和λ分别表示相应裂变产物的浓度、产额和衰变常数。

1. 反应堆启动时的氙中毒

对于一个新堆,碘-135和氙-135的初始浓度都为零。若此时反应堆从零功率开始做阶跃增加,并很快达到满功率,假设$t=0$时,中子注量率瞬时达到额定值并保持不变,则利用式(6-4)和式(6-5),并采用初始条件$N_I(0)=N_{Xe}(0)=0$,设反应堆内的平均中子注量率为ϕ,解得在反应堆启动后,碘-135和氙-135的浓度随时间的变化规律为

$$N_I(t)=\frac{\gamma_I\Sigma_f\phi}{\lambda_I}[1-\exp(-\lambda_I t)] \tag{6-6}$$

$$N_{Xe}(t)=\frac{(\gamma_I+\gamma_{Xe})\Sigma_f\phi}{\lambda_{Xe}+\sigma_{a,Xe}\phi}\{1-\exp[1-(\lambda_{Xe}+\sigma_{a,Xe}\phi)t]\}+\frac{\gamma_I\Sigma_f\phi}{\lambda_{Xe}+\sigma_{a,Xe}\phi-\lambda_I}\{\exp[-(\lambda_{Xe}+\sigma_{a,Xe}\phi)t]-\exp(-\lambda_I t)\} \tag{6-7}$$

图6-5给出了反应堆启动后碘-135和氙-135的浓度随时间变化的曲线,从图中可以看出,反应堆启动后,碘-135和氙-135的浓度随运行时间的增加而增加。当t足够大时,式(6-6)和式(6-7)中的指数项都趋近于零,这时碘-135和氙-135的浓度达到平衡(或饱和)浓度。当堆芯稳定运行40~50 h时,碘-135和氙-135的浓度基本处于平衡状态,即接近于平衡浓度。所谓的"平衡浓度"是指碘-135或氙-135在其产生率等于其损失率的情况下的浓度,即它们的浓度保持不变(饱和),则有

$$N_I(\infty)=\frac{\gamma_I\Sigma_f\phi}{\lambda_I} \tag{6-8}$$

$$N_{Xe}(\infty)=\frac{(\gamma_I+\gamma_{Xe})\Sigma_f\phi}{\lambda_{Xe}+\sigma_{a,Xe}\phi} \tag{6-9}$$

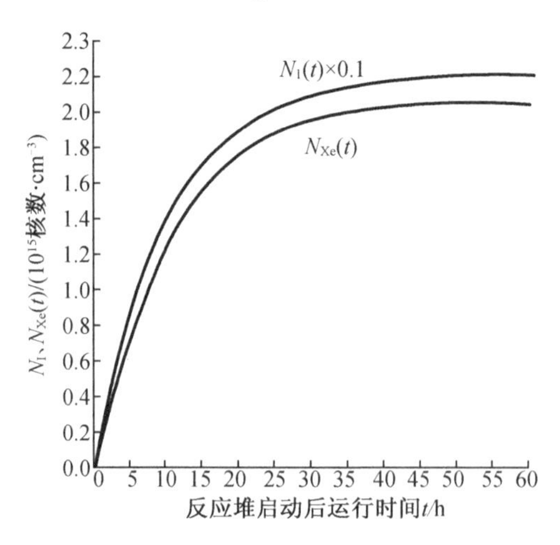

图 6-5　反应堆启动后碘-135 和氙-135 的浓度随时间变化的曲线

另外，也可以在碘-135 和氙-135 的浓度随时间的变化规律方程式(6-6)和(6-7)中，令 $\mathrm{d}N_I(t)/\mathrm{d}t=\mathrm{d}N_{Xe}(t)/\mathrm{d}t=0$，直接地求出它们的平衡浓度。在氙毒浓度达到平衡浓度时，氙毒反应性也达到了平衡值，如图 6-6 和图 6-7 所示。

从图 6-6、图 6-7 和式(6-9)可见，氙毒反应性平衡值的大小取决于堆芯中子注量率水平，氙-135 的反应性效应正比于其浓度，即

$$\rho=-P_0(\infty)=-\frac{N_{Xe}\sigma_{a,Xe}}{\Sigma_a^{235U}}=-\frac{(\gamma_{Xe}+\gamma_I)\Sigma_f\phi\sigma_{a,Xe}}{(\lambda_{Xe}+\sigma_{a,Xe}\phi)\Sigma_a^{235U}} \tag{6-10}$$

由式(6-10)的变形，可以近似求得氙平衡中毒，即

$$\Delta\rho_{Xe}(\infty)\approx-\frac{\gamma\Sigma_{Xe}}{\Sigma_a}=-\frac{\gamma\Sigma_f}{\Sigma_a}\frac{\phi}{\dfrac{\lambda_{Xe}}{\sigma_{a,Xe}}+\phi} \tag{6-11}$$

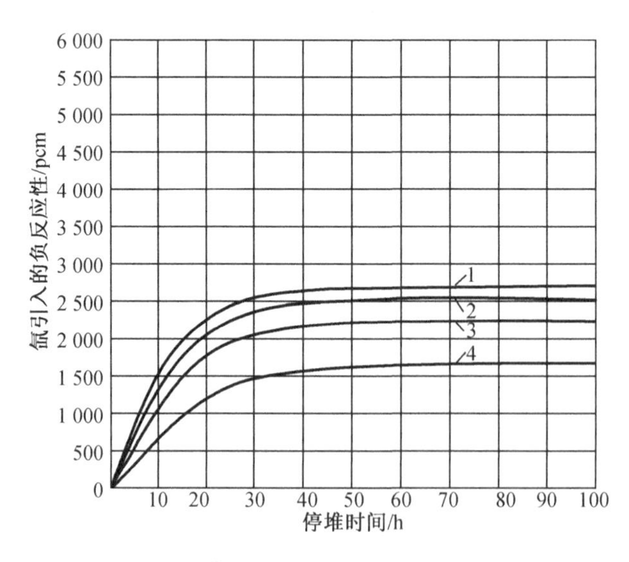

1—100%FP；2—75%FP；3—50%FP；4—25%FP。

图 6-6　第一循环堆芯从零功率提升到不同功率，氙反应性随时间的变化

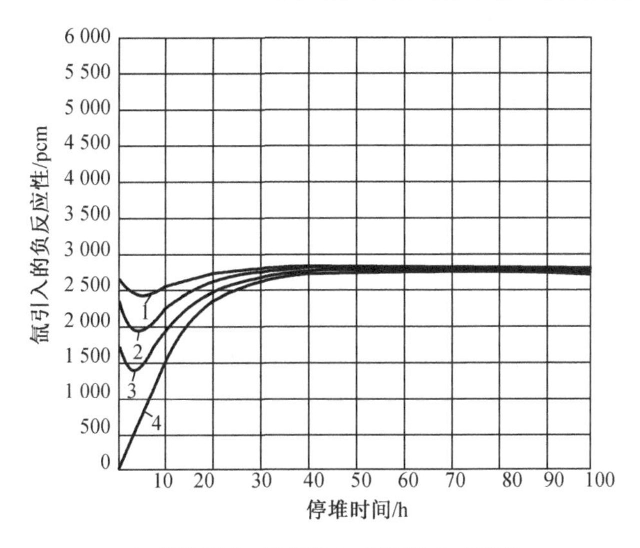

1—75%FP;2—50%FP;3—25%FP;4—0%FP。

图6-7 堆芯从低功率提升到高功率,氙反应性随时间的变化

由此可知,$\Delta\rho_{Xe}(\infty)$与热中子注量率有关。当反应堆内热中子注量率很小时,氙平衡中毒也很小。例如,中子注量率$\phi \leqslant 10^{11}$ n/(cm^2·s)时,则$\Delta\rho_{Xe}(\infty)$的数量级约为10^{-5}。这说明在热中子注量率很小时,氙平衡中毒可以忽略不计。但当中子注量率$\phi = 10^{13}$ n/(cm^2·s)或更大时,由于λ_{Xe}比$\sigma_{a,Xe}$小得多,因此λ_{Xe}可以忽略不计,则

$$\Delta\rho_{Xe}(\infty) \approx -\frac{\gamma\Sigma_f}{\Sigma_a} \tag{6-12}$$

因此,在热中子注量率较大的情况下运行的反应堆中,可以近似地认为氙平衡中毒与热中子注量率的大小无关,而只与反应堆内宏观裂变截面与宏观吸收截面的比值有关。例如,当Σ_f/Σ_a为0.6~0.8时,$\Delta\rho_{Xe}(\infty)$为0.04~0.05。这已经是一个可观的数值,因而氙平衡中毒对于满功率运行的反应堆来说是不可忽略的。动力反应堆在额定功率运行时,其热中子注量率一般都满足式(6-11),因此可以采用式(6-12)近似地计算出氙平衡中毒。但若反应堆在低于额定功率的水平下运行,则氙平衡中毒就与运行的反应堆的功率大小有关。图6-8给出了反应堆在运行过程中,氙平衡中毒与反应堆运行功率的关系。

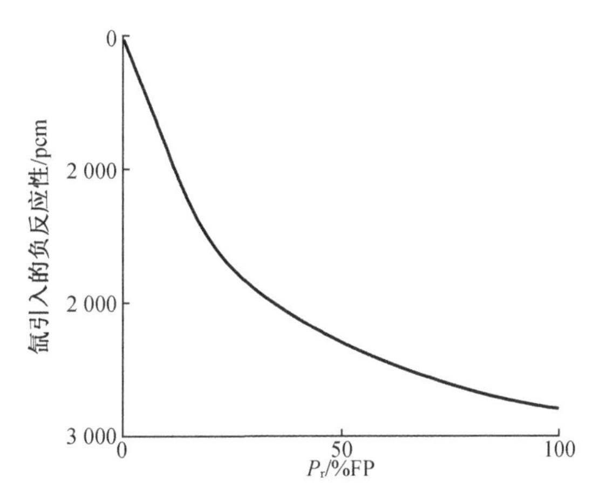

图6-8 反应堆在运行过程中,氙平衡中毒与反应堆运行功率的关系

不同的堆芯会有不同的燃料装载，因而具有不同的 Σ_f 和 Σ_a。因为氙平衡浓度是 Σ_f 的函数，所以对于不同的堆芯，同一中子注量率水平的氙平衡浓度也不同，但是与之相关的氙毒反应性对所有的堆芯而言是近似相同的，因为氙毒反应性是 Σ_f/Σ_a 的函数（此比值近似是常数）。

2. 停堆后的氙中毒

假设反应堆在恒定中子注量率 ϕ_0 下已经运行了两天以上，反应堆内氙浓度已达到平衡浓度。在反应堆停堆后，中子注量率近似降为零，裂变直接产生的氙－135 也近似为零。但是反应堆内的碘－135 仍在持续衰变并生成氙－135，而氙－135 不能通过吸收中子减少，只能通过 β^- 衰变减少。另外，氙－135 的半衰期大于碘－135 的半衰期，所以在停堆后的一段时间里，氙－135 的浓度会增加。但是由于停堆后没有新的碘－135 产生，因此氙－135 的浓度不会无限地增加，当达到某一数值后，氙－135 的浓度将逐渐减小。停堆后，可近似认为中子注量率降为零，此时碘－135 浓度和氙－135 浓度的变化率分别为

$$\frac{dN_I(t)}{dt} = -\lambda_I N_I \tag{6-13}$$

$$\frac{dN_{Xe}(t)}{dt} = \lambda_I N_I - \lambda_{Xe} N_{Xe} \tag{6-14}$$

令停堆时刻 $t=0$，方程组［式(6－13)和式(6－14)］的初始条件为：$N_I(0)=N_I(\infty)$；$N_{Xe}(0)=N_{Xe}(\infty)$。其中，$N_I(\infty)$ 和 $N_{Xe}(\infty)$ 分别为停堆前碘－135 和氙－135 的平衡浓度。方程组的解为

$$N_I(t) = N_I(\infty)\exp(-\lambda_I t) \tag{6-15}$$

$$N_{Xe}(t) = N_{Xe}(\infty)\exp(-\lambda_{Xe} t) + \frac{\lambda_I N_I(\infty)}{\lambda_I - \lambda_{Xe}}[\exp(-\lambda_{Xe} t) - \exp(-\lambda_I t)] \tag{6-16}$$

将 $N_I(\infty)$ 和 $N_{Xe}(\infty)$ 代入式(6－16)得

$$N_{Xe}(t) = \frac{(\gamma_I + \gamma_{Xe})\Sigma_f\phi_0}{\lambda_{Xe} + \sigma_{a,Xe}\phi_0}\exp(-\lambda_{Xe} t) + \frac{\gamma_I\Sigma_f\phi_0}{\lambda_I - \lambda_{Xe}}[\exp(-\lambda_{Xe} t) - \exp(-\lambda_I t)] \tag{6-17}$$

为分析停堆后氙毒的变化规律，将式(6－17)对 t 求导并令 $t=0$ 得

$$\left.\frac{dN_{Xe}(t)}{dt}\right|_{t=0} = \left[\frac{\sigma_{a,Xe}\gamma_I\phi_0 - \gamma_{Xe}\lambda_{Xe}}{\sigma_{a,Xe}\phi_0 + \lambda_{Xe}}\right]\Sigma_f\phi_0 \tag{6-18}$$

因为

$$\frac{\Sigma_f\phi_0}{\sigma_{a,Xe}\phi_0 + \lambda_{Xe}} > 0 \tag{6-19}$$

所以只要

$$\phi_0 < \frac{\gamma_{Xe}\lambda_{Xe}}{\gamma_I\sigma_{a,Xe}} = 2.76\times10^{11}\ \text{n/(cm}^2\cdot\text{s)} \tag{6-20}$$

则

$$\left.\frac{dN_{Xe}(t)}{dt}\right|_{t=0} < 0 \tag{6-21}$$

在这种情况下，停堆后的氙浓度是下降的，不可能出现最大氙中毒的现象。反之，当

$\phi_0 > 2.76 \times 10^{11}$ n/(cm² · s)时，停堆后氙浓度上升。对于一般的压水反应堆，当其在额定功率运行时，ϕ_0总是满足这个条件的。另外在停堆开始时，$\lambda_I N_I > \lambda_{Xe} N_{Xe}$，氙的产生率大于其衰变率，反应堆内只存在碘－135且碘－135继续衰变成氙－135，而氙－135却不能通过吸收中子减少，只能通过β⁻衰变减少。所以在刚停堆后的一段时间内，氙浓度总是上升的。

但是随着停堆时间的增加，碘－135的浓度降低且其衰变率也降低，dN_{Xe}/dt的正值变得越来越小，氙浓度的增长率下降。当两个衰变率相等($\lambda_I N_I = \lambda_{Xe} N_{Xe}$)时，$dN_{Xe}/dt = 0$，氙浓度达到极值。此后，$\lambda_I N_I < \lambda_{Xe} N_{Xe}$，$dN_{Xe}/dt$变成负值，氙浓度逐渐下降。当所有碘－135均完成衰变后，氙浓度仍会持续衰减。

$$\frac{dN_{Xe}(t)}{dt} = -\lambda_{Xe} N_{Xe} \tag{6-22}$$

停堆后，氙浓度从其平衡值上升到最大值所需的时间称为最大氙浓度发生的时间，用t_{max}表示。t_{max}可由令$dN_{Xe}(t)/dt = 0$求得。

$$t_{max} = \frac{1}{\lambda_I - \lambda_{Xe}} \ln\left[\frac{\dfrac{\lambda_I}{\lambda_{Xe}}}{1 + \dfrac{\lambda_{Xe}}{\lambda_I}\left(\dfrac{\lambda_I}{\lambda_{Xe}} - 1\right)\dfrac{N_{Xe}(\infty)}{N_I(\infty)}}\right] \approx \frac{1}{\lambda_I - \lambda_{Xe}} \ln\left(\frac{1 + \dfrac{\phi_0 \sigma_{a,Xe}}{\lambda_{Xe}}}{1 + \dfrac{\phi_0 \sigma_{a,Xe}}{\lambda_I}}\right)$$

由此可见，t_{max}与停堆前的ϕ_0有关，也就是说与停堆前的运行功率有关。但当$\phi_0 \gg \lambda_{Xe}/\sigma_{a,Xe} \approx 10^{13}$ n/(cm² · s)时，停堆后达到最大氙浓度所需的时间就与中子注量率无关。这时

$$t_{max} \approx \frac{1}{\lambda_I - \lambda_{Xe}} \ln\left(\frac{\lambda_I}{\lambda_{Xe}}\right) \tag{6-23}$$

这就表明：在较高的热中子注量率下运行的反应堆，停堆后会出现最大氙浓度。对于一般的压水堆，$t_{max} \approx 11$ h。将t_{max}代入式(6－17)即可求得停堆后的最大氙浓度(即氙浓度的峰值，用$N_{Xe,max}$表示)。氙浓度的峰值$N_{Xe,max}$和达到峰值的时间取决于停堆时的氙浓度。再将$N_{Xe,max}$代入式(6－3)即可近似求出停堆后的最大氙中毒，其引入的最大负反应性约为2 800 pcm。停堆80～90 h后，氙－135可完全衰变。图6－9为停堆前后的氙浓度和剩余反应性随时间的变化。

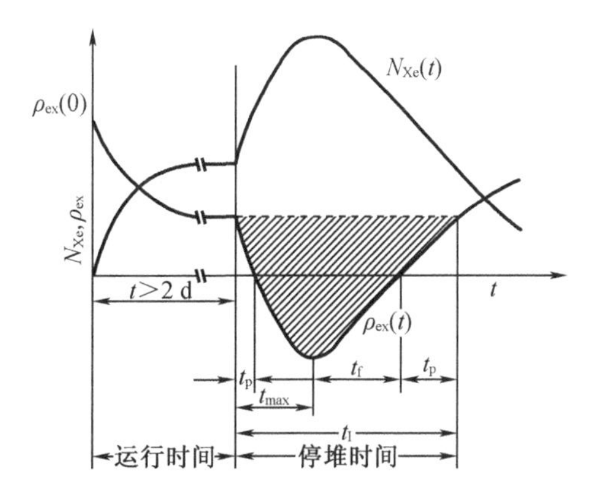

图6－9 停堆前后的氙浓度和剩余反应性随时间的变化

从图 6－9 中可知，剩余反应性随时间的变化与氙浓度刚好相反，即先减小到最小值，再逐渐增大。通常，所谓的“碘坑”实际上应称为“氙坑”，因为在停堆后，氙－135 由碘－135 衰变而来，所以人们习惯称之为“碘坑”。图 6－9 中，t_1 为碘坑时间，是指从停堆时刻开始到剩余反应性的大小回到停堆时刻时的反应性大小的时间间隔；t_p 为允许停堆时间，是指在碘坑内且剩余反应性大于零的时间，反应堆在这段时间内仍然可能启动起来；t_f 为强迫停堆时间，在这段时间内，剩余反应性小于零且反应堆无法启动起来。停堆后，反应堆的过剩反应性下降到最小值的程度称为碘坑深度。碘坑深度与反应堆停堆前堆芯运行的热中子注量率水平有关，热中子注量率越大，碘坑深度越深。图 6－10 表示了第一循环堆芯在不同功率运行工况下停堆后，其氙反应性随停堆时间变化的曲线。从图 6－10 中可以看出，当 $\phi < 10^{13}$ n/(cm^2 · s)时，停堆后的氙中毒效应很小；当 $\phi > 10^{14}$ n/(cm^2 · s)时，停堆后的氙中毒效应很显著。如果反应堆在停堆前的过剩反应性不足以补偿其氙中毒，就会出现强迫停堆现象。图 6－11 为堆芯从满功率降到不同功率水平时氙反应性随停堆时间变化的曲线。

停堆后的氙中毒变化还与停堆方式有关。如果采用逐渐降低功率的停堆方式，而不是突然停堆，则在停堆过程中，部分碘－135 和氙－135 会因吸收中子和衰变而消失。所以，采用这种停堆方式的碘坑深度要比突然停堆的碘坑深度浅得多。

如果反应堆在停堆后还存在大量氙－135 的情况下（即碘坑期内）被重新启动，那么由于中子注量率突然增加，氙－135 将被大量消耗，氙浓度也将很快下降，因此氙中毒效应将迅速减弱，如图 6－12 所示。这时反应堆内的剩余反应性将很快增加，因此需要将原来为启动而提起的控制棒插到足够的深度，以补偿由氙浓度减小引起的反应性的增加。

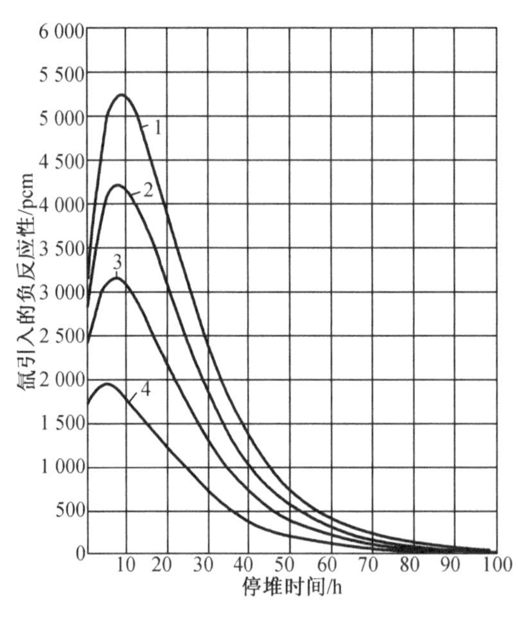

1—100%FP；2—75%FP；3—50%FP；4—25%FP。

图 6－10　第一循环堆芯在不同功率运行工况下停堆后，其氙反应性随停堆时间变化的曲线

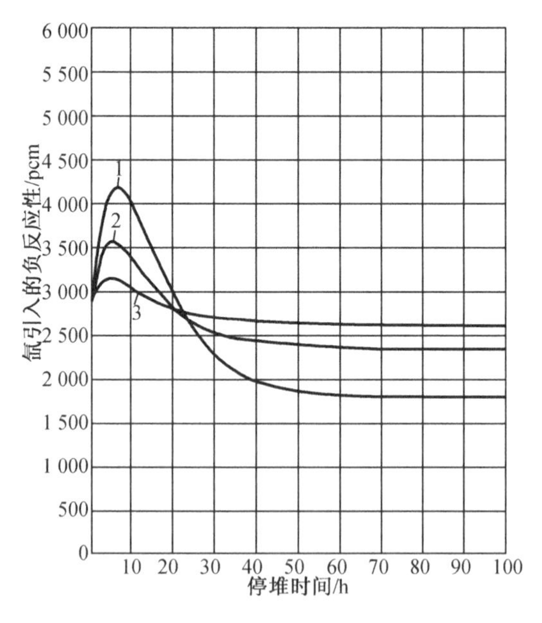

1—25%FP；2—50%FP；3—75%FP。

图 6－11　堆芯从满功率降到不同功率水平时氙反应性随停堆时间变化的曲线

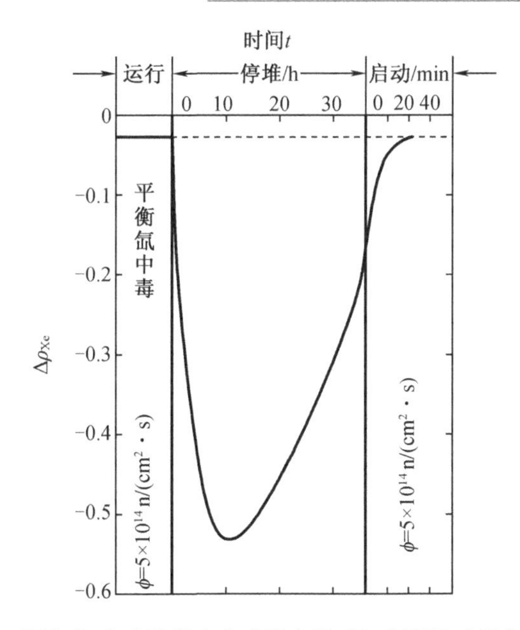

图6-12 停堆后,在碘坑期内启动反应堆时氙中毒随时间变化的曲线

3. 氙反应性的瞬变

反应堆功率的变化将引起氙-135浓度的变化,从而引起反应性的瞬变。假设反应堆在稳定功率下运行了一段时间,而在 $t=0$ 时突然改变功率,热中子注量率也相应地从 ϕ_1 变成 ϕ_2,反应堆内的碘-135和氙-135的浓度也随之发生改变。这时在解方程组[式(6-4)和式(6-5)]时所采用的初始条件为:$N_I(0)=N_I(\infty)$;$N_{Xe}(0)=N_{Xe}(\infty)$。其中,$N_I(\infty)$ 和 $N_{Xe}(\infty)$ 分别为碘-135和氙-135在热中子注量率水平为 ϕ_1 时的平衡浓度。在满足以上初始条件的情况下,方程组[式(6-4)和式(6-5)]的解分别为

$$N_I(t)=\frac{\gamma_I\Sigma_f\phi_2}{\lambda_I}\left[1-\left(\frac{\phi_2-\phi_1}{\phi_2}\right)\exp(-\lambda_I t)\right]$$

$$N_{Xe}(t)=\frac{(\gamma_I+\gamma_{Xe})\Sigma_f\phi_2}{\lambda_{Xe}+\sigma_{a,Xe}\phi_2}\left[1-\left(\frac{\phi_2-\phi_1}{\phi_2}\right)\left(\frac{\lambda_{Xe}}{\lambda_{Xe}+\sigma_{a,Xe}\phi_1}\exp[-(\lambda_{Xe}+\sigma_{a,Xe}\phi_2)t]+\frac{\gamma_I}{\gamma_I+\gamma_{Xe}}\left(\frac{\lambda_{Xe}+\sigma_{a,Xe}\phi_2}{\lambda_{Xe}+\sigma_{a,Xe}\phi_2-\lambda_I}\right)\{\exp(-\lambda_I t)-\exp[-(\lambda_{Xe}+\sigma_{a,Xe}\phi_2)t]\}\right)\right]$$

由此可知,当反应堆功率发生改变后,碘-135和氙-135的浓度与功率变化前后的中子注量率有关。图6-13为功率变化前后,碘-135、氙-135的浓度和过剩反应性随时间变化的示意图。当功率降低时,氙-135的浓度和剩余反应性随时间变化的曲线与突然停堆时的曲线相似,只是在变化程度上有差别。

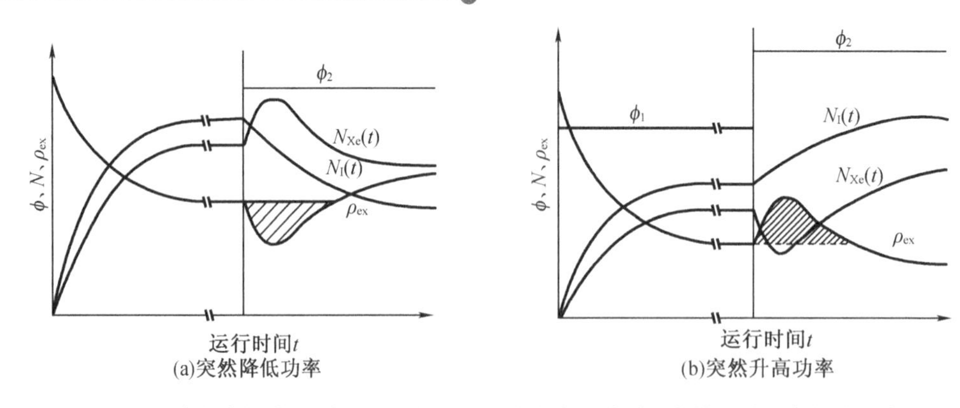

图 6-13　功率变化前后,碘-135、氙-135 的浓度和过剩反应性随时间变化的示意图

当功率突然升高时,初始反应性的变化是由氙浓度(N_{Xe})的立即减小引起的。而氙浓度的减小是由氙消耗率($\sigma_{a,Xe}N_{Xe}\phi$)的立即增加引起的,其裂变生成率($\gamma_{Xe}\Sigma_f\phi$)也稍有增加,但碘-135 的浓度(N_I)不可能瞬时改变,进而碘-135 的衰变($\lambda_I N_I$)导致氙-135 的生成率不能立即改变,因此氙-135 的生成率小于其衰变率,氙浓度的减小。随着氙浓度的减小,氙的衰变率($\lambda_{Xe}N_{Xe}$)和损失率($\sigma_{a,Xe}N_{Xe}\phi$)也减小。在碘-135 的浓度增加的同时,碘-135 的衰变导致氙-135 增加。当氙-135 的生成率超过其衰变率时,氙浓度和氙毒反应性开始增加。当氙浓度增加时,氙的衰变率和损失率也开始增加,最终导致氙的生成率等于其损失率,氙浓度和氙毒反应性都达到一个较高的水平。碘-135 的浓度、氙-135 的浓度和剩余反应性随时间的变化与功率突然下降时的情况刚好相反。

氙-135 达到最大浓度的时间取决于功率变化的大小和最终的功率水平,但总是小于 9 h的。达到氙平衡浓度的时间也取决于功率变化的大小和最终的功率水平,为功率变化后 40~50 h。

图 6-14 为阶跃负荷变化时的氙反应性,给出了反应堆功率先降低再升高的情况下。氙的瞬变特性。假设功率变化前的初始氙浓度已经达到平衡值。当堆功率下降时,氙的损失率立即减小,所以氙浓度增加,碘浓度由于中子注量率的下降而开始减小($\lambda_I\Sigma_f\phi$)。随着氙浓度的增加,氙的衰变率和损失率也增加,而碘浓度的减小将导致氙的生成率减小。5~6 h 后,氙的损失率将超过其生成率,这时氙浓度开始下降。如果不再改变反应堆功率,40~50 h 时,氙浓度和氙毒反应性将会下降到目标功率水平上的平衡值。对于 10 h 后的功率提升所引起的氙瞬变,其讨论方法与前面相同,不过此时的初始氙浓度不是处于目标功率水平上的平衡值,因为此时还未达到氙的平衡条件。

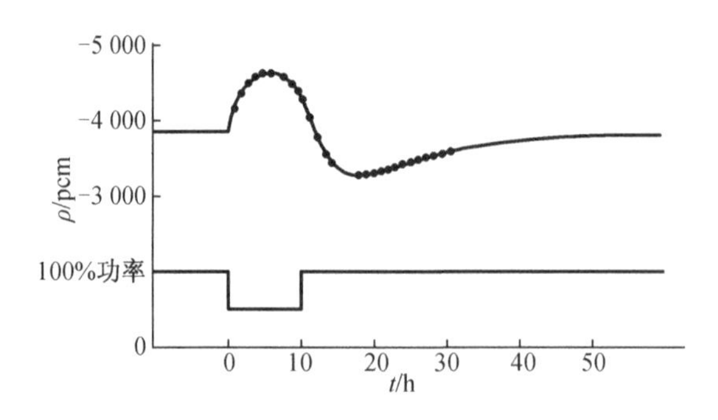

图 6-14　阶跃负荷变化时的氙反应性

当反应堆功率线性变化时，氙毒反应性的变化与功率做阶跃负荷变化时相类似，因为碘－135和氙－135的衰变常数（$\lambda_I = 0.105\ h^{-1}$，$\lambda_{Xe} = 0.076\ h^{-1}$）相比于典型压水堆的一般功率变化比是很小的。

4. 氙振荡

前面所讨论的都基于假定反应堆内的热中子注量率分布均匀。事实上，反应堆内的中子注量率分布是不均匀的，因此氙－135的浓度也是不均匀的。氙振荡是一种物理现象，是指由氙－135浓度的改变引起的反应堆功率分布的缓慢振荡。在大型热中子反应堆中，由于局部区域内的中子注量率发生变化，局部区域内氙－135浓度会变化；而后者的变化也会引起前者的改变。这种中子注量率、氙－135浓度和反应性的相互作用，就有可能使反应堆内的氙浓度和中子注量率分布产生空间振荡。

氙振荡只有在大型的和高中子注量率的热中子反应堆中才可能发生。产生氙振荡的条件是：高热中子注量率，一般要高于$10^{13}\ n/(cm^2 \cdot s)$；反应堆尺寸很大，一般要求堆芯尺寸大于中子徙动长度的30倍。

氙振荡现象的定性解释：考虑一个反应堆内初始中子注量率分布比较平坦的压水反应堆，其堆芯尺寸大于中子徙动长度的30倍，堆内已经建立氙平衡状态。在反应堆总功率保持不变的前提下，堆芯某一区域内因某种扰动而造成该区域内中子注量率分布升高，若要保持反应堆总功率不变，则堆芯另一个区域的功率密度必然要降低，这就使反应堆内中子注量率分布或功率分布发生变化。

在功率密度升高的区域中，氙－135消耗加快，碘－135的产生率增加。由于碘－135的半衰期约为6.7 h，该区域内中子注量率的增加与氙－135的浓度的增加之间存在相当大的延迟，因此功率密度升高开始后氙浓度是减小的。同时由于该区域内的反应性增加，因此该区域内的中子注量率将进一步地增加，这将进一步减小该区域内的氙浓度，从而持续提高该区域内的中子注量率，这一过程直至由碘－135生成的氙－135增加为止，此后该区域内的中子注量率开始下降。

与此同时，在另一个中子注量率降低的区域内，氙浓度会因其消耗率的下降而增加。一段时间内下降的碘－135的产生率不会影响氙－135的浓度。该区域中增加的氙浓度将进一步使中子注量率降低。当氙－135（由碘－135的衰变产生）的产生率大大降低时，该区域内的中子注量率才会开始增加，两个区域内的中子注量率将进行相反的变化。如图6－15所示，区域Ⅰ中的中子注量率降低，区域Ⅱ中的中子注量率增加。在适当的时候，氙的延迟产生率又会引起区域Ⅱ内出现相反的过程，导致堆芯热中子注量率（堆功率）在区域Ⅰ和区域Ⅱ之间产生振荡。

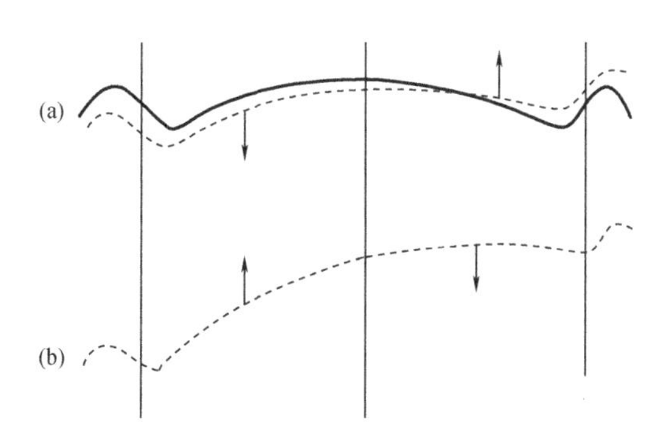

图6－15 氙振荡示意图

但是必须注意到，这些过程并不会单向、无限制地进行下去，而是受到两个因素的限制：

(1)中子注量率的倾斜将形成中子注量率梯度，从中子注量率高的区域向中子注量率低的区域有一个净的中子流，这就使中子注量率分布趋向于平坦。

(2)在中子注量率下降的区域内，碘-135的产生量也相应减少，因而由它衰变生成的氙-135也减少。

上述因素使氙浓度变化由原来的增加逐渐转为减小。相应地，该区域的增殖因子的变化也由原来的减小逐渐转为增大，从而使该区域的中子注量率（或功率密度）的变化由原来的下降转为上升。而另一中子注量率上升区域的情况刚好与此相反：该区域的氙浓度变化由原来的减小转为增加，中子注量率（或功率密度）的变化由原来的上升转为下降，这样中子注量率（或功率密度）的变化过程将沿与原来变化过程相反的方向进行并重复下去。这就形成了功率密度、中子注量率和氙浓度的空间振荡，即氙振荡。这种振荡可能是稳定的，也可能是不稳定的，取决于反应堆内中子注量率水平及其物理特性。氙振荡的周期一般为15~30 h。

氙振荡时，有的区域中的氙浓度减小，有的区域中的氙浓度增加，但是对整个堆芯而言，氙的总量变化不大，因此它对反应堆有效增殖系数的影响不显著。所以，要想从总的堆芯反应性测量中发现氙振荡是很困难的，只有从测量堆芯局部功率密度或局部中子注量率的变化中才能发现氙振荡现象。例如，使用分布在堆芯不同位置处的测量功率（或中子注量率）的探测器，可以及时地测出氙振荡。

氙振荡虽然不是一种核危害，但是可使反应堆的热管位置发生转移，导致功率密度峰因子发生改变；并会使反应堆内局部中子注量率增加，造成堆芯局部温度升高，若不加以控制甚至会使燃料元件熔化。另外，氙振荡还会使堆芯中的温度场发生交替变化，加剧反应堆内材料的温度应力的变化，这样会导致其超过预期值或超过反应堆事故分析的假设值，进而使材料过早损坏。因此，在反应堆的核设计中必须认真对待此问题。

应该指出，由于氙振荡的周期较长，因此很容易使用控制棒来抑制氙振荡。如果反应堆具有较大的负慢化剂温度系数，则也可由此来克服氙-135的不稳定性，因为局部的温度变化会抵消由氙-135引起的中子注量率的变化。

6.2.2 钐毒（钐-149）

钐-149（^{149}Sm）是裂变产物中第二种重要的毒物，它对反应堆的影响仅次于氙-135。钐-149对热中子（能量为0.025 eV）的吸收截面为40 800 b。图6-16为钐-149的裂变产物链。

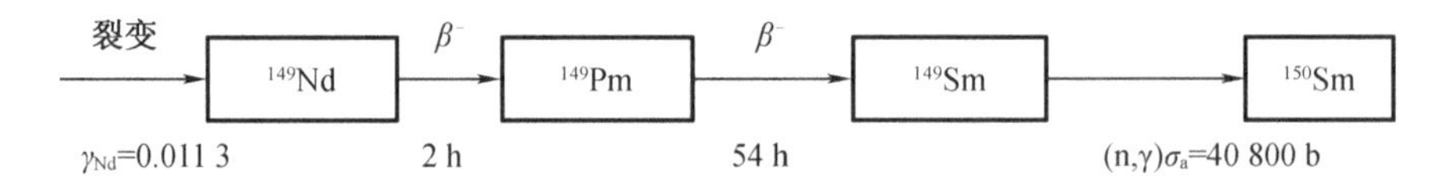

图6-16 钐-149的裂变产物链

由图6-16可知，由于^{149}Nd的半衰期非常短（仅2 h），因此可近似地认为钷-149（^{149}Pm）是由直接裂变产生的，其裂变产额γ_{Pm}=0.011 3。钷-149和钐-149的浓度随时间的变化为

$$\frac{dN_{Pm}(t)}{dt}=\gamma_{Pm}\Sigma_f\phi-\lambda_{Pm}N_{Pm}(t) \tag{6-24}$$

$$\frac{dN_{Sm}(t)}{dt}=\lambda_{Pm}N_{Pm}(t)-\sigma_{a,Sm}\phi N_{Sm}(t) \tag{6-25}$$

下面分别讨论反应堆启动时、停堆后和功率变化时钐－149的浓度及中毒随时间变化的情况。

1. 反应堆启动时钐－149的中毒

反应堆刚启动时，初始条件为 $N_{Pm}(0)=N_{Sm}(0)=0$，这时钷－149和钐－149的浓度随时间的变化关系为

$$N_{Pm}(t)=\frac{\gamma_{Pm}\Sigma_f\phi}{\lambda_{Pm}}[1-\exp(-\lambda_{Pm}t)] \tag{6-26}$$

$$N_{Sm}(t)=\frac{\gamma_{Pm}\Sigma_f}{\sigma_{a,Sm}}[1-\exp(-\sigma_{a,Sm}\phi t)]-\frac{\gamma_{Pm}\Sigma_f\phi}{\lambda_{Pm}-\sigma_{a,Sm}\phi}[\exp(-\sigma_{a,Sm}\phi t)-\exp(-\lambda_{Pm}t)] \tag{6-27}$$

当 t 足够大时，式(6－26)和式(6－27)中的指数项都趋近于零，由此可得钷－149和钐－149的平衡浓度为

$$N_{Pm}(\infty)=\frac{\gamma_{Pm}\Sigma_f\phi}{\lambda_{Pm}} \tag{6-28}$$

$$N_{Sm}(\infty)=\frac{\gamma_{Pm}\Sigma_f}{\sigma_{a,Sm}} \tag{6-29}$$

由此可知，钷－149的平衡浓度与堆芯的热中子注量率（功率水平）有关，而钐－149的平衡浓度与堆芯的热中子注量率无关。因此，可由式(6－11)近似地求得由平衡钐－149浓度变化引起的反应性变化值，即平衡钐中毒为

$$\Delta\rho_{Sm}(\infty)\approx\frac{N_{Sm}(\infty)\sigma_{a,Sm}}{\Sigma_a}=\frac{\gamma_{Pm}\Sigma_f}{\Sigma_a} \tag{6-30}$$

虽然平衡钐浓度与热中子注量率无关，但是达到平衡钐浓度所需要的时间却与堆芯热中子注量率有密切的关系。当式(6－28)中所有指数项全为零或接近于零时，就达到了平衡钐浓度。为此，要求 t 至少满足下列两个条件：

$$t\gg\frac{1}{\sigma_{a,Sm}\phi}$$

$$t\gg\frac{1}{\lambda_{Pm}}$$

式中，λ_{Pm} 和 $\sigma_{a,Sm}$ 的值可分别通过查表得到。对于一般压水反应堆的热中子注量率，可求得 t 远远大于 0.5×10^6 s。由此可知，对于运行在高中子注量率情况下的反应堆，达到平衡钐浓度的时间至少需要几百个小时，如图6－17所示。这与到达氙平衡浓度的时间相比要大得多，其主要原因是氙－135的吸收截面要远远大于钐－149的吸收截面，而且氙－135还会因放射性衰变而消失，所以它很快就达到饱和值。

2. 反应堆停堆后钐－149浓度随时间的变化

假设反应堆在停堆前已经运行了相当长的时间，堆内钷－149和钐－149的浓度都已达到平衡浓度，若在 $t=0$ 时突然停堆，停堆后钷－149和钐－149的浓度随时间的变化为

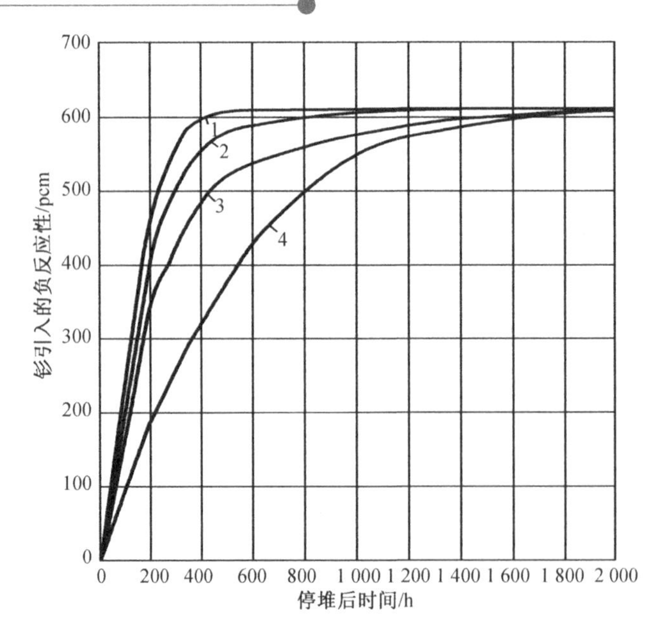

1—100%FP;2—75%FP;3—50%FP;4—25%FP。

图 6－17　第一循环中堆芯从零功率提升到不同功率,钐反应性随时间的变化

$$N_{\mathrm{Pm}}(t)=\frac{\gamma_{\mathrm{Pm}}\Sigma_{\mathrm{f}}\phi}{\lambda_{\mathrm{Pm}}}\exp(-\lambda_{\mathrm{Pm}}t) \tag{6-31}$$

$$N_{\mathrm{Sm}}(t)=\frac{\gamma_{\mathrm{Pm}}\Sigma_{\mathrm{f}}}{\sigma_{\mathrm{a,Sm}}}+\frac{\gamma_{\mathrm{Pm}}\Sigma_{\mathrm{f}}\phi}{\lambda_{\mathrm{Pm}}}[1-\exp(-\lambda_{\mathrm{Pm}}t)] \tag{6-32}$$

式中,ϕ 为反应堆在停堆前稳定运行时的热中子注量率;t 为由停堆时刻开始算起的时间。由此可见,停堆后,钐－149 的浓度将随时间增加(图 6－18)。

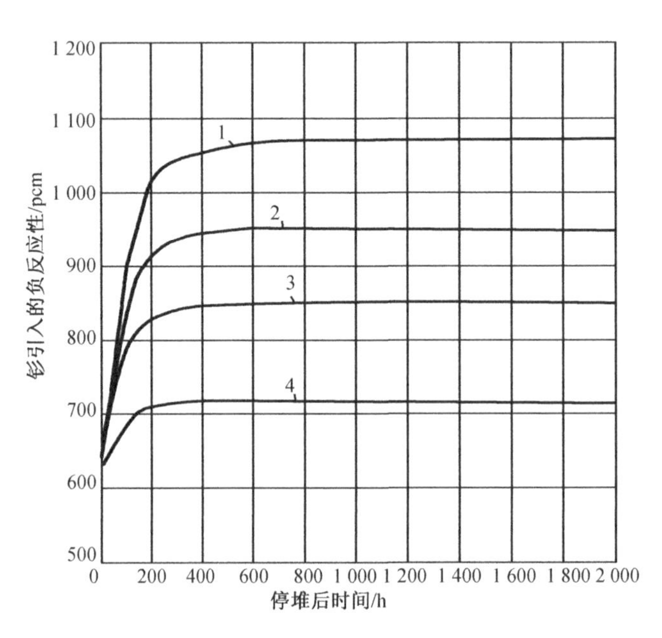

1—100%FP;2—75%FP;3—50%FP;4—25%FP。

图 6－18　第一循环中堆芯从不同功率降到零功率,钐反应性随时间的变化

反应堆再次启动后，这些多余的钐-149很快就被消耗掉，平衡钐状态又将恢复。若停堆前的热中子注量率水平较低，则停堆后的钐浓度基本保持不变。

3. 功率变化时钐-149的浓度随时间的变化

图6-19给出了反应堆由满功率降至50%FP时，钐-149毒性随时间的变化。在功率变化约400 h后，钐-149的浓度回到其平衡值。钐-149的损失率($\sigma_{a,Sm}N_{Sm}\phi$)变化的开始为钷-149的产生率补偿。在任何功率水平下，只要能够维持足够长时间的功率水平不变，钐-149的浓度总会回到其平衡值。图6-20给出了反应堆由满功率降到不同功率水平时，钐反应性随时间的变化。

6.2.3 其他毒物

在所有裂变产物中，除热中子吸收截面特别大的氙-135和钐-149外，还存在其他一些核素。这些核素在整个反应堆运行过程中不断积累并引入负反应性。由于它们的吸收截面较小，引起的中子的损失率相对也比较小，因此它们的浓度随时间的增加而不断增加。这些裂变产物统称为非饱和性（或永久性）的裂变产物，其中比较重要的同位素有镉-113、钐-151、钆-155和钆-157等（它们的中子吸收截面都大于10^{-24} m）。

非饱和性裂变产物的浓度，随中子注入量[$\phi(t)$]的增加而增加。当反应堆运行时间较长时，燃料内非饱和性裂变产物的浓度增大，由它们引入的负反应性也增大，这将使反应堆的剩余反应性显著下降。

除裂变产物外，铀、钚和镎等一些同位素的积累也对反应性有明显的影响。这些同位素可与中子发生不同的核反应，有时在核反应中还伴有β衰变。虽然它们本身不是裂变产物，但却是在反应堆中产生的，并同时吸收中子，对反应堆整体毒性有贡献，因此需要对它们进行考虑。最重要的核素有铀-236、镎-237、钚-239、钚-240、钚-241和钚-242。虽然钚-239和钚-241是易裂变同位素，但它们的非裂变的俘获截面却很大，所以它们也是反应堆内的毒物。

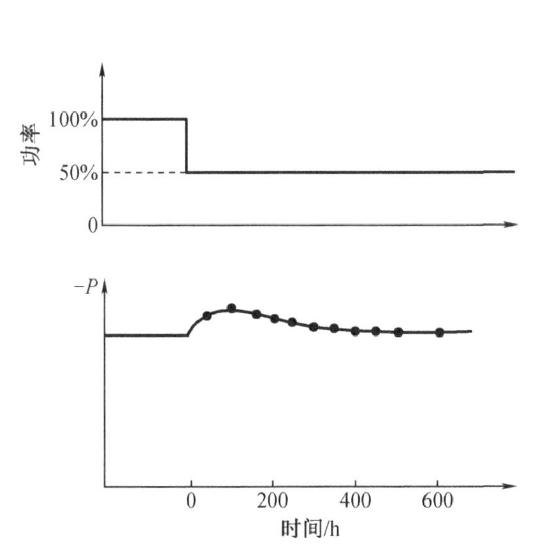

图6-19 反应堆由满功率降至50%FP时，钐-149毒性随时间的变化

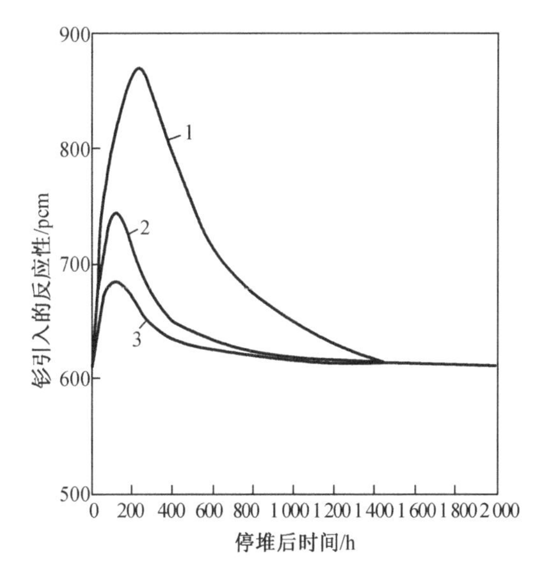

1—25%FP；2—50%FP；3—75%FP。

图6-20 反应堆由满功率降到不同功率水平时，钐反应性随时间的变化

复 习 题

1. 填空题

(1)反应堆运行时,由裂变产生的毒物中主要有(　　)和(　　),在长时间的稳定功率下运行时毒物是(　　)的。

(2)碘坑形成的原因是:^{135}I 的半衰期比^{135}Xe 的半衰期(　　)和(　　)的积累。

(3)在各种反应性的损失中,只在反应堆运行时才出现而停堆一段时间后可以恢复的有(　　)、(　　) 和(　　),属于永久性的损失而不能恢复的是(　　)和(　　)。

(4)氙毒的定义是(　　　　　　　　　　　　　　　　)。

(5)氙振荡的周期是(　　　　　　　)。

2. 选择题

(1)启动后,处于功率提升阶段运行的反应堆,氙毒将随时间增加而增大,其原因是 (　　)

A. 碘的浓度未达到平衡

B. 氙的浓度未达到平衡

C. A + B

(2)反应堆从高功率降到低功率运行,其他参数不变,控制棒将不断提升,其原因是 (　　)

A. 氙的自衰变减少

B. 氙的中子消毒减少

C. 氙增加了

(3)额定参数下的反应堆在碘坑中的临界棒位比在稳定运行下达到氙平衡时的临界棒位 (　　)

A. 高

B. 低

C. 相同

(4)氙振荡的条件是:热中子注量率高于(　　);堆芯尺寸超过(　　)倍徙动长度。 (　　)

A. 10^{13} n/(cm^2 · s);30

B. 10^{14} n/(cm^2 · s);10

C. 10^{15} n/(cm^2 · s);30

D. 10^{12} n/(cm^2 · s);50

第7章　反应堆物理试验

任何一个新建成的反应堆或换料后的堆芯，在投入正常运行之前都需要进行堆芯启动物理试验。在反应堆正常运行过程中，也需要对其进行一系列物理试验，以监督和保障反应堆安全运行。核电站反应堆的物理试验是一项大型试验，涉及核电站所有重要系统，而且需要多个技术部门通力合作。同时，反应堆物理试验是与安全相关的重要试验，是反应堆安全、稳定运行的重要保证，并为下一循环反应堆的换料和设计提供重要的物理参数。下面以秦山第二核电厂1号机组为例，对物理试验的各项内容进行详细叙述。

7.1　物理试验内容

反应堆物理试验的任务是通过对反应堆堆芯的试验，摸清堆芯的性能，测定反应堆的物理特性，获取正常运行和监督必需的运行数据，如临界参数、控制棒价值、慢化剂温度系数、功率刻度、中毒效应及碘坑深度等，并验证与安全相关的设计参数。

反应堆物理试验整体上可以分为启动物理试验和正常运行期间的堆芯监督试验两大部分。

7.1.1　启动物理试验

启动物理试验包括堆芯卸料和装料安全监督试验、堆芯首次临界试验、零功率堆芯性能试验和提升功率阶段试验等。反应堆首循环的启动物理试验和换料堆芯的启动物理试验有所不同。以秦山第二核电厂1号机组为例，首循环的启动物理试验内容和换料堆芯的启动物理试验内容在表7-1中分别列出。

表7-1　秦山第二核电厂1号机组启动物理试验项目表

<table>
<tr><th>序号</th><th colspan="2">试验项目</th><th>首循环</th><th>换料堆芯</th></tr>
<tr><td rowspan="3">1</td><td rowspan="3">大修启动</td><td>堆芯卸料安全监督试验</td><td>×</td><td>√</td></tr>
<tr><td>堆芯装料安全监督试验</td><td>√</td><td>√</td></tr>
<tr><td>堆芯首次临界试验</td><td>√</td><td>√</td></tr>
<tr><td rowspan="3">2</td><td rowspan="3">零功率堆芯性能物理试验</td><td>临界硼浓度测量试验</td><td>ARO</td><td>ARO</td></tr>
<tr><td>慢化剂温度系数测量试验</td><td>ARO、D_{in}、DC_{in}、DCB_{in}、$DCBA_{in}$</td><td>ARO</td></tr>
<tr><td>功率分布测量试验</td><td>ARO、D_{in}、DC_{in}</td><td>ARO</td></tr>
</table>

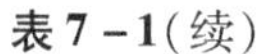

表 7 - 1(续)

序号	试验项目		首循环	换料堆芯
2	零功率堆芯性能物理试验	调硼法测量控制棒价值和硼微分价值试验	D、C、B、A	部分
		动态刻棒法测量控制棒价值试验	×	部分
		部分控制棒束插入状态下的临界硼浓度测量试验	D_{in}、DC_{in}、DCB_{in}、$DCBA_{in}$	部分
		重叠棒组价值及硼微分价值测量试验	√	部分
		最大效率一束控制棒弹棒试验	√	×
3	提升功率阶段物理试验	功率分布测量试验	10,30,50,75,100	50,75,100
		热平衡测量试验		
		根据热平衡计算反应堆冷却剂流量	30,50,75,100	100
		功率系数测量		×
		堆外中子注量率测量电离室刻度试验	50,75	75,100
		落棒试验	50	×
		模拟落棒试验		×
		模拟弹棒试验		×
		反应性系数测定	50,100	×
		100%FP 堆芯稳态性能试验	100	×
		蒸汽发生器设计裕度试验		×
		氙振荡试验	75	×

注:“√”表示需要实施;“ × ”表示不实施;数字表示需要实施的功率台阶;D_{in}、DC_{in}、DCB_{in}、$DCBA_{in}$ 表示控制棒插入。

表 7 - 1 中所列的首循环试验项目是指 1 号机组的首循环试验。由于秦山第二核电厂的 1 号、2 号机组在设计上是完全一致的,对于一些需要在首先启动的机组上实施的反应堆物理瞬态试验,2 号机组就不再实施。在 2 号机组的首循环启动中不需要实施的物理试验主要有:零功率的最大效率一束控制棒弹棒试验、50% FP 模拟落棒试验、50% FP 模拟弹棒试验、75% FP 氙振荡试验。动态刻棒法是一种快速测量控制棒价值的试验方法,在秦山第二核电厂 1 号机组 112 大修后施行,此后换料堆芯基本采用该方法替代调硼法进行控制棒价值测量试验。以上试验项目的确定完全遵守《秦山核电二期工程堆芯装料调试大纲》和《首次堆芯启动物理试验实施大纲》的规定。

对于换料堆芯的启动物理试验安排,方家山机组、秦山第一核电厂 1 号机组、秦山第二核电厂机组是基本一致的。

7.1.2 堆芯监督试验

反应堆正常运行期间的堆芯监督试验用于定期验证堆芯安全相关参数,保证堆芯运行安全。根据核电厂《运行技术规格书》的要求,需要实施热平衡测量试验、堆芯功率分布测量试验、堆外中子注量率测量电离室刻度试验等,如表7-2所示。

表7-2 定期试验内容

序号	监督项目	监督频率	监督内容	验收准则	措施
1	热平衡数据采集和处理系统(KME)热平衡	7 d	用KME热平衡结果校正RPN、KIT功率表指示值	KME与KIT均小于1% KME与RPN均小于1.5%	调整RPN或KIT的系数
2	堆芯功率分布测量	30 EFPD	全堆芯功率分布测量; 给出全堆燃料组件的相对功率分布; $Q^T(Z)$、$F_{\Delta H}$、F_Q、AO、ΔI、QPTR的计算	$Q^T(Z)\times P_r<Q_{\lim}(Z)$; $F_{\Delta H}^T\leqslant 1.55\times[1+0.3(1-P_r)]$; $F_Q^T\leqslant \max[Q^T(Z)]$	参照《运行技术规格书》的要求进行调整
3	轴向功率偏差目标值ΔI_{ref}的更新	30 EFPD	由堆芯功率分布测量结果计算得到轴向功率偏差ΔI的目标值	$\lvert\Delta I_{内}-\Delta I_{外}\rvert\leqslant 1.5\%$	更新目标值
4	堆外中子注量率测量电离室刻度	90 EFPD	全堆芯功率分布测量; 在功率轴向振荡过程中进行几个部分功率分布的测量; 测量数据的离线处理; 确定正确的电流-功率转换系数α、K_H、K_B及其他的调节系数K。	$\lvert\Delta_1(k)\rvert<1\%$① $\lvert\Delta_2(k)\rvert<3\%$	调整RPN的刻度系数

注:①$\Delta_1(k)=W-P_r(k)=W-[K_H(k)\times I_H(k)+K_B(k)\times I_B(k)]$;$\Delta_2(k)=\Delta\phi_{in}-\Delta\phi(k)=\Delta\phi_{in}-\alpha(k)\times[K_H(k)\times I_H(k)-K_B(k)\times I_B(k)]$。

7.2 换料大修后启动堆芯物理试验

7.2.1 堆芯卸料临界安全监督试验

虽然在反应堆首循环启动中不存在堆芯卸料的问题,但由于机组在换料大修时必须停堆卸料,因此习惯上将堆芯卸料临界安全监督试验作为堆芯启动物理试验的第一个试验。

1. 试验目的

堆芯卸料时必须进行临界安全监督,目的是:在确保不发生机械损伤的情况下,将堆芯121组燃料组件安全、顺利地从反应堆堆芯卸入燃料厂房乏燃料水池中,确保卸料过程中不发生意外临界,从而为下一个燃料循环相关组件的装配和换料堆芯装料做准备。

2. 试验条件

(1)一回路硼浓度 C_B≥2 100ppm。

(2)压力容器水位 >19.3 m,水温为 10~60 ℃,水质良好。

(3)堆芯卸料顺序表已批准生效。

(4)RPN 的两个源量程通道和音响装置都正常可用。

(5)硼表、温度计可用。

(6)源量程保护整定值按下列规定完成设定。

①高通量紧急停堆报警:3 倍源量程通道计数率。

②停堆设定值:10^5 cps。

(7)卸料所需的临界安全监督控制台与反应堆厂房(RX)、燃料厂房(KX)之间的通信已经建立,并保证卸料过程中可以实时联络。

(8)堆芯卸料模拟板准备完毕并处于可用状态。

3. 卸料临界安全监督的原理

堆芯卸料临界安全监督的原理与堆芯装料临界安全监督相同(7.2.2 的"3. 临界安全监督的原理")。在换料冷停堆状态下和卸料过程中,堆芯的次临界度应始终保证大于5 000 pcm。

4. 卸料临界安全监督的实施

(1)堆芯卸料前,必须对两个源量程通道的中子计数率进行基准计数率的测量。

(2)从第一组燃料组件卸出堆芯开始,就必须对两个源量程通道的中子计数率进行有效监测。之后在每卸出堆芯一组燃料组件后,都要对两个源量程通道的中子计数率进行测量,并按上述规定的方法确定中子倒计数率,以确保堆芯的卸料始终都处于次临界状态。

(3)进行以燃料组件数目为函数的中子倒计数率(ICRR)计算(按每一个在用的中子计数测量通道绘图)。

(4)堆芯临界安全监督人员在确认堆芯卸料始终处于次临界状态后,应立即通知堆芯卸料现场指挥人员准备进行下一组燃料组件的卸料操作。

5. 卸料安全监督注意事项

(1)在堆芯卸料期间,如果发生以下任何一种情况,卸料操作将停止,等待堆芯卸料领导小组做出决定。

①任何一个源量程通道的中子计数率突增 5 倍以上。

②两个源量程通道的中子计数率突增 2 倍以上。

③与一个源量程中子计数通道相连接的高计数率报警讯号发生动作。

④一回路冷却剂的硼浓度发生意外变化,偏离初始硼浓度 ±20ppm 以上。

⑤一回路冷却剂的温度发生意外变化,变化量超过 ±7 ℃。

⑥两个源量程探测器都不可运行。

⑦硼表和两台源量程探测器中的一台不可运行。

⑧源量程通道的中子计数率(或 ICRR)出现明显异常。

⑨反应堆厂房堆芯卸料主控制台与主控制室、燃料厂房的通信中断。

⑩应急硼化系统不能运行。

(2)如果卸料操作暂停超过 4 h,则必须对每个源量程通道进行重新计数。

(3)卸料过程中,如果一回路冷却剂的硼浓度低于《运行技术规格书》的限值要求,或者在中子源组件移动后中子计数率不断增长(意外达临界),则把硼酸箱中的浓硼酸通过应急硼化管线注入一回路冷却剂系统中,直至中子倒计数率外推为次临界时为止。

(4)将源量程通道“停堆通量高”报警阈值设置为2~3倍的实测中子注量率值,必要时(如中子源组件移位或计数率波动过大时)可调整此整定值。

(5)堆芯卸料过程中,当发生需要改变和/或调整堆芯卸料步序,或者需要在堆芯临时放置一组燃料组件时,必须严格遵守下列调整原则。

①在堆芯临时放置一个燃料组件时,必须使该燃料组件紧靠围板壁。

②如果需要改变和/或调整堆芯卸料步序,必须不能影响堆芯卸料临界安全监督即不影响堆外核测仪表系统源量程通道的中子计数率。

6. 卸料方式

通常,堆芯卸料采用斜式(又称“对角线式”)或其改进型——蛇形卸料方式,同时考虑实际卸料操作的方便性,对小部分组件的顺序做适当调整。堆芯卸料顺序图如图7-1所示。

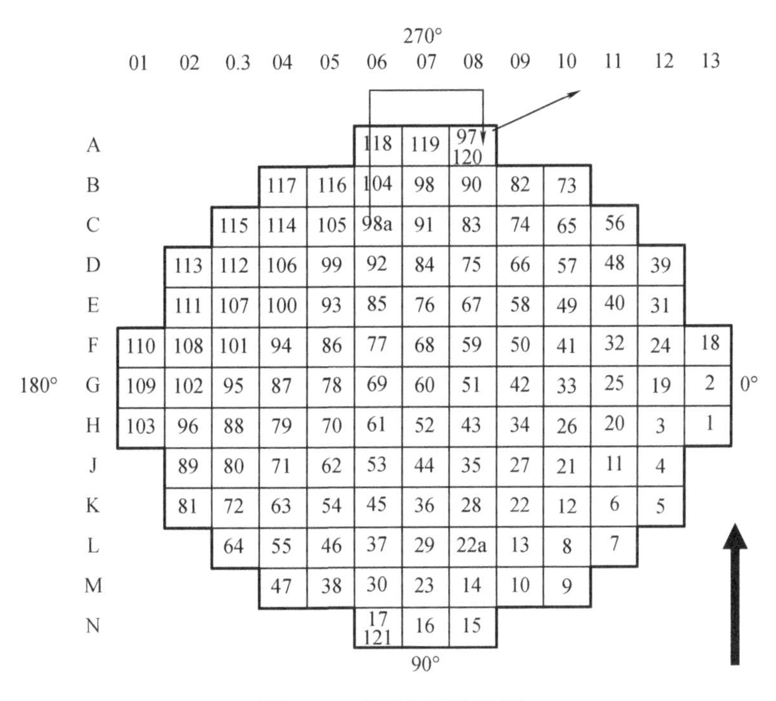

图7-1 堆芯卸料顺序图

7. 验收准则

(1)堆芯卸料过程的所有记录完全符合堆芯卸料步序要求。

(2)在堆芯卸料过程中,始终应保持堆外核测仪表系统中的两个源量程通道有合适的中子计数率监测。

(3)根据两个源量程通道的中子计数率以及卸料燃料组件数与ICRR的计算,确认反应堆堆芯在堆芯卸料过程中始终处于次临界状态,整个操作始终处于受控状态。

7.2.2 堆芯装料临界安全监督试验

1. 试验目的

堆芯装料临界安全监督试验的目的是：在核燃料组件装入堆芯的过程中，对堆芯必须进行有效的临界安全监督，以确保装料操作过程中，反应堆始终处于次临界状态；确保燃料组件在堆芯的位置和方向与经批准的设计堆芯装载图保持一致；同时避免燃料组件发生机械损伤。

2. 装料前的准备

(1)根据秦山第二核电厂《运行技术规格书》的要求，所有核电厂系统均已达到堆芯装料所需的状态，装卸料机正常可用。

(2)堆芯装载图和堆芯装料程序已经由厂级主管领导和国家核安全局审批通过。

(3)一回路硼浓度 $C_B \geqslant 2\ 100$ppm。

(4)压力容器水位 >19.3 m，水温为 10 ~ 60 ℃，水质良好。

(5)RPN 的两个源量程通道和音响装置都正常可用。

(6)硼表、温度表可用。

(7)源量程保护整定值按下列规定完成设定。

①高通量紧急停堆报警：3 倍源量程通道计数率。

②停堆设定值：1×10^5 cps。

(8)装料所需的临界安全监督控制台与 RX、KX 之间的通信已经建立，并保证装料过程中可以实时联络。

(9)堆芯装料模拟板准备完毕并处于可用状态。

(10)反应堆内临时增设的水下照明设备、取样装置和水温测量装置正常、可靠。

(11)对于堆芯首次装料，为在整个装料过程中始终保证堆芯有可靠可信的临界安全监督，在堆芯可增加 3 套临时计数装置。这 3 套临时计数装置的工作特性已检验校正完毕，可投入使用。

3. 临界安全监督的原理

装料期间，堆芯应始终处于次临界状态。如果此时反应堆内没有外加中子源，则次临界堆内的中子密度将衰减至零。如果反应堆内有一个外加中子源，则中子密度将在一个与次临界度相关的通量水平上稳定。假设外加中子源发射的中子数是恒定的，即中子源每θ s (θ为中子代时间)发射出一批中子，每批中子数为 s 个。这样从第一代开始，反应堆内中子数为 s 个；第二代时，反应堆内有($s + sk_{eff}$)个中子；第三代时，反应堆内有($s + sk_{eff} + sk_{eff}^2$)个中子。依次类推，第 n 代时，反应堆内的中子总数应为

$$N = s + sk_{eff} + sk_{eff}^2 + sk_{eff}^3 + \cdots + sk_{eff}^{n-1} \tag{7-1}$$

因为次临界堆芯的 k_{eff}小于 1，所以当 n 很大时，此等比级数之和为一有限值，即

$$N = \frac{s}{1 - k_{eff}} \tag{7-2}$$

事实上，式(7-2)也可以通过点堆动力学方程推导得到。由此可以看出，随着燃料组件装载数的增加，k_{eff}逐渐增大，中子计数率也在增加。图 7-2 为有外加中子源时次临界反应堆内中子相对水平的变化，不同的曲线与不同的 k_{eff}相对应。由图 7-2 可以看到平衡值与 k_{eff}有关，k_{eff}大时平衡值也大，并且达到平衡值的速度较慢。所以，在反应堆装料监督过

程中，可利用中子源来增加反应堆内的中子数，以使反应堆始终保持在次临界状态。

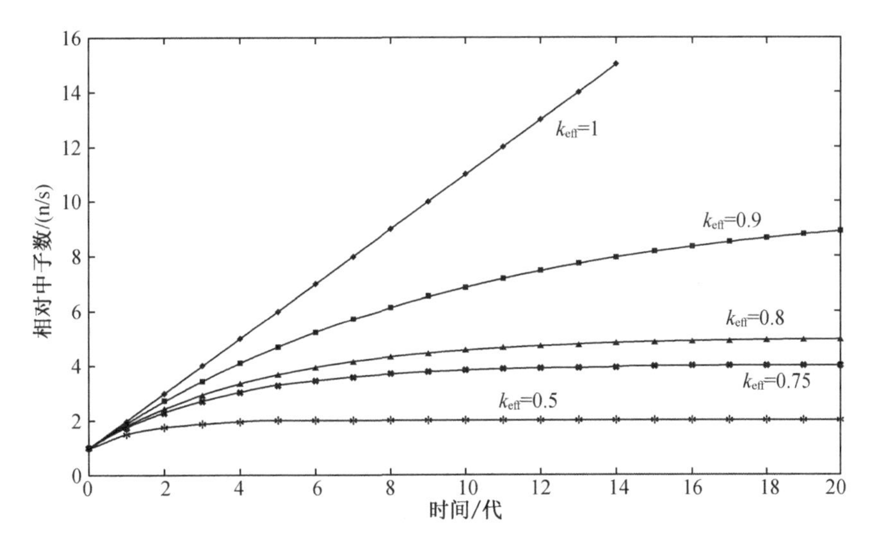

图7-2 有外加中子源时次临界反应堆内中子相对水平的变化

4. 临界安全监督的方法

为确保在整个装料过程中不发生意外临界事故，在将燃料组件按装料顺序装入堆芯的过程中，应实施临界安全监督。监督方法是在堆芯每装入一组燃料组件后，用中子探测器所探测的中子计数率的倒数与燃料组件的装载数作图进行次临界的监督。通常采用堆外核测仪表系统中的源量程通道的计数率(对于首循环堆芯还在堆芯临时增设中子探测器来进行中子计数)来进行 $1/M$ 倒计数率外推，从而实施临界安全监督。其主要监督过程如下：

(1)探测器本底计数率的监测

在核燃料开始入堆之前，先进行本底计数率的测量。通常是对所有中子计数通道设置100 s的计数时间间隔，对每个通道要获得每100 s的积分计数值，对于每个通道计算平均本底计数值和平均计数率。但在秦山第二核电厂，由于从电站计算机系统KIT中采集到的是中子计数率值而不是积分计数，故一般取10个计数率的平均值作为平均本底计数率或平均计数率。

一般来说，典型的本底计数率应小于0.1 cps。如果测量结果比0.1 cps明显偏大，则要寻找超本底的原因。如果本底计数比测量总计数的10%还大，则认为此套测量系统是不可靠的。

电站可通过以下方法判断中子计数装置的工作状态是否正常：①幅度比>2(即在用示波器检测时，有用讯号幅度与噪声讯号幅度之比大于2)；②计数率比(通道中子计数率比本底计数率应至少大一个数量级)。

(2)基准计数率的测定

按装料顺序表的规定，在装料前或带中子源的组件在堆芯中移动后，均需重新测量各通道的基准计数率。基准计数率的测量方法与本底计数率的测量方法相同，在秦山第二核电厂也是取10次计数率测量值的平均值。严格地说，基准计数率应扣除本底计数率，计算修正后的各个通道基准计数 N_R。

每移动一次带中子源的组件后，需要重新测定基准计数。

(3)倒计数率的测定($1/M$ 测定)

每当一组燃料组件完全插入,计数达到稳定时,对每个测量通道应至少进行5次计数率的测量,计算其平均值 N_{avg},再对该通道进行本底修正($N_{avg}-n$),倒计数率比为

$$1/M = N_R/(N_{avg}-n) \tag{7-3}$$

式中,n 为每个通道的本底计数率;N_R 为每个通道的基准计数值。在秦山第二核电厂中,本底计数率很小,可以忽略。故有

$$1/M = N_R/N_{avg} \tag{7-4}$$

根据式(7-2)可得

$$1/M = (1-k_{eff})/(1-k_{eff0}) \tag{7-5}$$

式中,k_{eff0}、k_{eff}分别为初始状态和组件入堆后的有效增殖系数。

以 $1/M$ 为纵坐标,以次临界度($1-k_{eff}$)为横坐标(如前所述,次临界度与入堆燃料组件的数目成对应关系)建立平面坐标系。在实际操作中,以入堆燃料组件的数目 N_F 为横坐标,以 $1/M$ 为纵坐标,进行临界安全监督。这样就可以得到外推曲线。为安全起见,要求在监督过程中必须至少有1套独立的中子计数系统是可运行的(首次堆芯装料时,堆芯增设了3套临时中子计数装置,其中必须至少有2套可用);否则,停止装料操作。

(4)影响 $1/M$ 曲线的因素

理想的 $1/M$ 曲线是一条直线,但实际上 $1/M$ 曲线既可能是凹形的,也可能是凸形的,但是最后外推临界的结果都归于一点。影响 $1/M$ 曲线的因素有:

①中子源在堆芯的位置。

②中子探测器(包括反应堆内、反应堆外)的位置。

③堆芯燃料组件的装载顺序。

④堆芯中子源的强度。

5. 安全准则

为保证装料的安全,在装载过程中必须遵守以下几点安全准则。

(1)在燃料组件运输与操作过程中,严格防止发生燃料组件的损坏,避免发生错装事故。

(2)燃料组件的工艺运输系统及装卸料机应具有可靠的电源,即使发生断电事故也不至于损坏燃料组件。

(3)定期监测压力容器与一回路系统内冷却剂的硼浓度。严防纯水或低浓度含硼水进入一回路系统。如需补水,也应加入相同硼浓度的含硼水,以免出现硼稀释事故。

(4)在装料过程中应进行中子计数率的监测,若发生以下任一种情况应该立即停止装料操作,待查清事故原因或排除故障后,方可继续进行。

①任何一个临时中子计数通道的中子计数率突增5倍以上。

②所有责任通道的中子计数率增长2倍以上。

③能正常工作的中子计数通道不足2个(首次装料)。

④压力容器内水中的硼浓度发生了不希望的变化,偏离初始硼浓度的值大于 ±20ppm。

⑤压力容器内水的温度发生了不希望的变化,超过初始值 ±7 ℃。

⑥与一个源量程中子计数通道相接的撤退报警讯号发生动作。

⑦装载两个带初级中子源的组件后,达到每秒0.5个计数的中子计数通道少于2个。

⑧倒计数率比($1/M$)明显异常。

⑨应急硼化系统不能运行。

6. 装料方式

(1)首次堆芯装料

首次堆芯装料时，由于新燃料组件放射性水平极低，因此堆坑为半干半湿（即指堆芯活性区充水），秦山第二核电厂2台机组首次堆芯装料均采用这一方式。

首次堆芯装料时，燃料组件有3种不同的富集度，必须仔细核对，不要弄错。燃料组件中的控制棒组件、可燃毒物组件和中子源组件等应该按要求预先插入并装配好。然后根据装料方案所确定的装料顺序，使用装卸料机依次将燃料组件装入堆芯的指定位置。在装料过程中，可根据源量程通道和反应堆内临时增设的中子计数装置提供的中子计数作中子计数率倒数曲线，对装料过程中的临界安全进行监督。

压水堆核电站首循环装料普遍采用平板方式（图7-3）。第一，沿着堆芯活性区围板装入3套临时中子计数装置探头A、B、C和两个带有一次中子源的燃料组件（用*表示）。第二，沿着反应堆外两个源量程通道的连线方向（即0°向180°的方向），将燃料组件装料就位，以形成稳定的“板壁”；第三，装入270°方向上的垂直3排和左、右两个角的燃料组件；第四，装入90°方向上的燃料组件。这种装料方式的特点是：在结构上较为稳定，燃料组件插入压力容器时造成倾倒的可能性较小。

(2)换料后的堆芯装料

核电站运行到一定燃耗深度后，需要停堆换料。换料前，应根据反应堆的实际运行情况预估停堆换料日期，并开始进行堆芯换料方案的准备。所选的换料方案，不仅要保证换料的安全性、可靠无误，同时还要考虑到核电厂的经济效益。

秦山第二核电厂采用整体换料方案，机组换料停堆后，先将堆内121盒燃料组件按卸料方案的要求全部从堆芯卸出，通过水下运输通道送入燃料厂房中的乏燃料池存放。在装料时采用斜式或蛇形装料方式，同时考虑实际装料操作的方便性，对小部分组件的入堆顺序做适当调整。

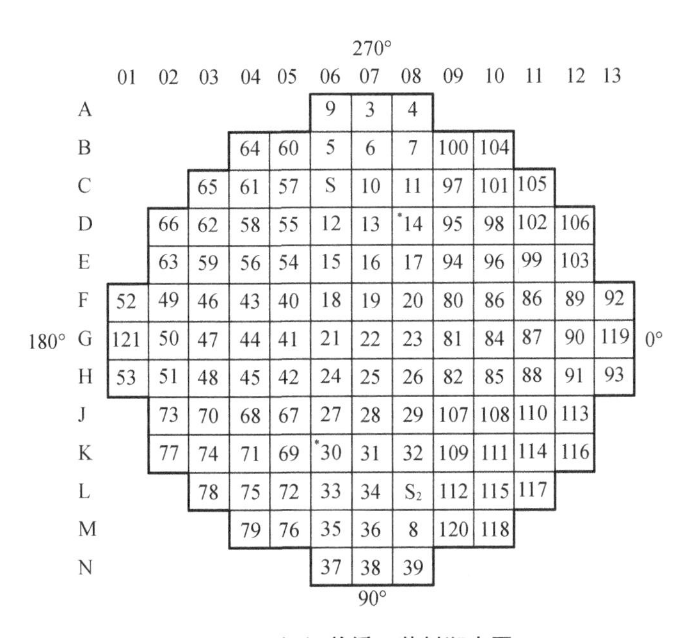

图7-3 机组首循环装料顺序图

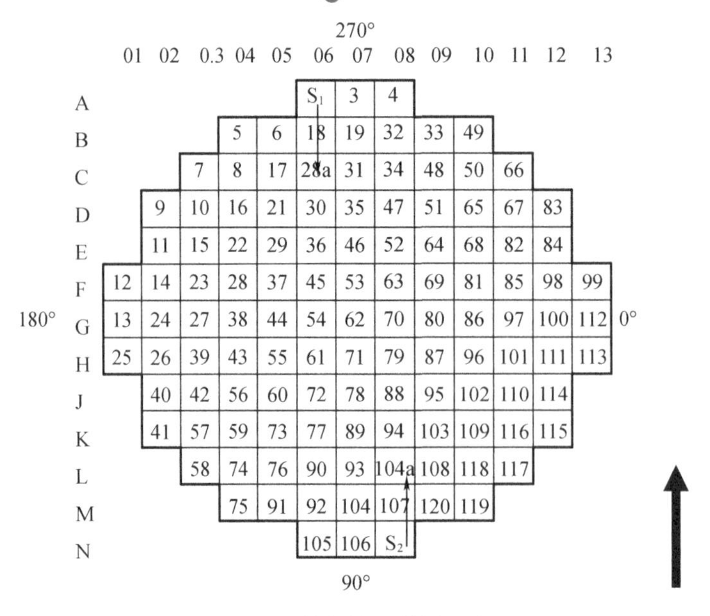

图 7-4　换料堆芯装料顺序图

7. 验收准则

在整个装料过程中，反应堆始终处于次临界状态。根据中子计数率倒数（1/*M*）与反应堆内燃料组件数的外推曲线图，确保反应堆在整个装料期间堆芯总是处于次临界状态。

将 121 盒燃料组件和相关组件正确装入反应堆内的指定位置后，要确认其在堆芯位置、方向与经批准的堆芯装载图相符。

堆芯装满 121 盒燃料组件后，每个源量程通道上的中子计数率不小于 0.5 cps。

7.2.3　反应堆首次临界试验

1. 反应堆启动条件

反应堆启动前，必须按照核安全法规《核动力厂调试和运行安全规定》（HAF103）中规定的调试试验项目，对核电厂系统如反应性控制棒的功能、保护系统的功能和临测装置的功能等进行试验和检查，使其满足核安全的要求。同时，按照《压水堆物理启动试验管理》中的相关要求，完成启动试验前的准备工作。

2. 启动试验的目的和内容

堆芯首次临界物理试验的目的是：在堆芯装料完成后，引导反应堆首次安全、顺利地达到初始临界，并在临界后检验堆外探测器（源量程通道和中间量程通道）的重叠和线性关系，确定零功率物理试验中子注量率水平，校核反应性仪。

压水堆核电站的首次临界通常采用提棒、连续稀释向临界逼近，最后分段提棒向超临界过渡三阶段实现。

3. 零功率物理试验范围的确定

在功率量程通道的线性部分，输出电流与功率由 $I_{PRC} = K \times W$ 确定，式中，W 为功率水平。

但由于此时反应堆功率水平很低（相当电流输出为 10^{-6} A），因此功率量程通道的电流被本底噪声淹没。

与此相反,中间量程通道灵敏度较高,小功率水平即可测得,它由 $I_{IRC}=C\times W$ 确定,式中,W 为功率水平。

因此,可以建立 $I_{PRC}=F(I_{IRC})$ 函数关系式,以确定 CNP(中间量程通道和功率量程通道的重叠性)线性段;将 $X-Y$ 记录仪分别与 PRC 和 IRC 相连接并作出一条曲线。由此,确定出系统的本底噪声水平 $\phi_{本底}$。

这是理论上比较理想的一种确定本底噪声的方法,可以在确定堆外核测仪表系统的重叠和线性关系的过程中一起完成。但是对于一个新堆,由于本底噪声水平很低,因此在确定本底噪声水平时还可以通过下述方法进行确定。

以中间量程通道的对数电流、平均温度 T_{avg} 和反应性仪指示的反应性随反应堆内中子注量率变化的曲线为依据,在临界状态下,将反应性仪设置在 50 pcm 挡,引入一个周期约为 100 s 的正反应性,中子注量率水平将缓慢增加,注意观测反应性信号和中子注量率水平的变化。当观测到反应性仪上的信号指数下降和中子注量率水平不按指数规律上升而发生斜率改变时,表明反应堆内开始产生核加热效应,即观察到多普勒核发热点 $\phi_{多普勒}$(图 7-5、图 7-6)。当多普勒核发热点 $\phi_{多普勒}$ 测定结束后,将此中子注量率水平确定为零功率物理试验的上限。从中子注量率水平的上限值下降 1~2 个数量级,将反应性仪的量程设置在 50 pcm挡,观察反应性仪的指示是否稳定:若反应性仪的指示稳定,则确认该中子注量率水平为零功率物理试验功率水平的下限;若反应性仪的指示不稳定,则需调整 D 棒组,提高中子注量率水平(但不能超过上限值),直至反应性仪指示稳定,并将该中子注量率水平作为零功率物理试验功率水平的下限。这种下限的确定方法是系列堆芯或换料堆芯启动物理试验中所采用的零功率物理试验功率水平的确定方法。

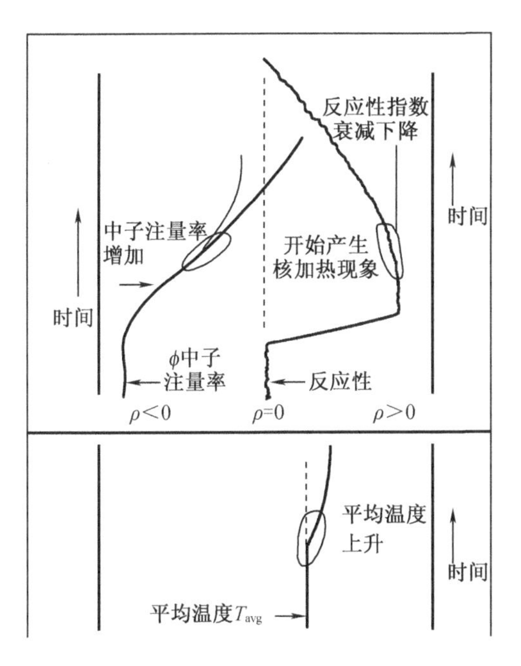

图 7-5 多普勒发热点

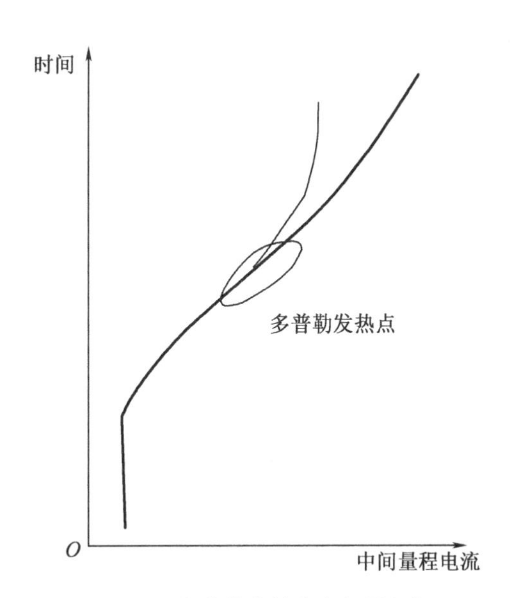

图 7-6 多普勒发热点中间量程指示

对于原型堆的首次堆芯启动物理试验来说,零功率物理试验的下限的确定方法如下:在上限确定后,将反应性仪的量程设置在 50 pcm 挡,下插控制棒 D 棒组,引入一个周期约为 80 s 的负反应性。停止插棒后，反应堆功率会自动下降，此时注意观察反应性仪，当反应性平衡稳定时，即可测得系统的本底噪声水平。通常，零功率物理试验范围确定如下：

$$10 \times \phi_{本底} < 零功率物理试验范围 < \phi_{多普勒}/10$$

这样即可确定零功率物理试验的功率水平范围。应该指出，在反应堆向超临界状态过渡时，尤其是在堆芯首次启动过程中，为确保安全，中子注量率水平至少要以一个不小于 80 s的稳定倍增周期变化。

4. 临界过程应注意的问题

(1) 试验必须严格遵守《运行技术规格书》和物理试验技术规范中的规定。

(2) 逼近临界状态时，次临界度 ρ 越小，反应性引入率 $\delta\rho/\delta t$ 越小，因此应采用逐步逼近的方式达到临界状态。

(3) 逼近临界状态时，采用单一反应性控制原则，即不能采用两种或两种以上的方式向堆芯引入正反应性。

(4) 严禁进行会引起反应堆温度突然变化的操作。

(5) 中子注量率的倍增周期不得小于 18 s。

(6) 根据《运行技术规格书》的要求，启动时，堆芯的初始硼浓度应大于 2 100ppm。由于此时的次临界度很大，因此原则上可将启动过程分成两段：反应性提升阶段和功率提升阶段。在反应性提升阶段，采用较快的速度提升控制棒或快速稀释硼浓度，向堆芯引入正反应性；在功率提升阶段，采用较慢的速度稀释硼浓度或逐步提升控制棒，使堆芯向临界状态逼近。

(7) 在稀释前的提棒阶段，反应堆不应该发生临界。

(8) 稀释时，反应性引入速率不大于设计限值（首循环为 0.97 pcm/s）。

(9) 试验期间，在任何使反应堆发生紧急停堆的时刻，都应立即停止稀释或提棒操作。如果紧急停堆的原因已知且不影响核电站的核安全，反应堆可重新进入启动的初始状态，硼浓度应维持在紧急停堆时的值。如果紧急停堆以前反应堆已处于次临界状态，则继续完成临界操作步骤。如果紧急停堆以前反应堆已经达到临界状态，则提棒使反应堆恢复临界状态，提棒过程中作计数率倒数曲线。

(10) 在恢复临界状态过程中，如果调节棒组 D 已被提至堆顶时，反应堆仍未达到临界状态，这时应该插入所有调节棒组，重新预计临界硼浓度和棒位。如果实际临界棒位超出预计临界棒位 500 pcm 的限值棒位时，必须查明原因，然后才能继续提升功率；否则，入所有调节棒组。

7.3 零功率物理试验

7.3.1 目的与内容

1. 试验目的

(1) 验证核设计报告给出的反应堆堆芯性能。

(2) 验证反应堆的设计和安全准则。

(3) 测定与反应堆安全运行有关的物理参数：

①临界硼浓度、慢化剂温度系数和功率分布。

②控制棒价值。

(4)通过零功率物理试验校核理论计算结果(为设计单位提供验证理论计算程序的试验数据)。

2. 零功率物理试验内容

零功率物理试验是在首次临界试验完成以后开始的,其试验顺序如下:

(1)测量 HZP、ARO 状态下的临界硼浓度。

(2)测量 HZP、ARO 状态下的慢化剂温度系数。

(3)测量 HZP、ARO 状态下的功率分布。

(4)动态刻棒法测量控制棒价值。

(5)调硼法测量控制棒价值(如果使用动态刻棒法,则此项不做)。

(以下试验仅在1号机组首循环启动物理试验中进行)

(6)在 D 棒组全插入、其余棒组全提出(C、B、A、S 棒均在 225 步)的状态下,测量慢化剂温度系数和功率分布。

(7)在 D、C 棒组全插入、其余棒组全提出(B、A、S 棒均在 225 步)的状态下,测量慢化剂温度系数和功率分布。

(8)调硼方法测量 B 棒组微分价值、积分价值及硼微分价值。

(9)在 D、C、B 棒组全插入、其余棒组全提出(A、S 在 225 步)的状态下,测量临界硼浓度和慢化剂温度系数。

(10)应用调硼方法测量 A 棒组微分价值和积分价值及硼微分价值。

(11)在 D、C、B、A 棒组全插入,其余棒组全提出(S 在 225 步)的状态下,测量临界硼浓度和慢化剂温度系数。

(12)应用调硼方法测量($N-1$)束棒组的积分价值。

(13)测量最小停堆硼浓度。

(14)测量堆芯在 HZP、重叠棒组在零功率插入棒位状态下的临界硼浓度。

(15)最大效率一束控制棒弹棒试验。

7.3.2 临界硼浓度的测量

1. 试验条件

堆芯首次启动试验已经完成,反应性仪校刻精度满足试验要求,反应堆在零功率物理试验范围内稳定。

2. 试验目的

各种棒位下的临界硼浓度测量目的是:在零功率状态下,测定与控制棒位置相对应的临界硼浓度,确定理论预计值的正确性,为反应堆安全可靠运行提供依据。

3. 试验原理

在调节棒组置于所要求的堆顶/底位置时,测定此状态下的临界硼浓度(也称“标准临界硼浓度”)。原则上可用调硼法使反应堆正好在所要求的状态下达到临界状态,这时的硼浓度即为所要求情况下的临界硼浓度。但由于调硼法存在均匀化的问题,因此难以用该方法完成上述测量。同时,根据安全运行的相关要求,总要保留一部分控制棒在反应堆内,以提供必要的控制手段,如在测所有控制棒在堆外(ARO)的情况下的临界硼浓度时,往往将

D 棒组保持在插入堆内的反应性当量约为 50 pcm 的位置上，然后测量将 D 棒组从该位置提到 225 步时的末端棒反应性。将该效率用硼微分价值折算成相应的硼浓度（此硼浓度即为末端临界硼浓度）。将此末端临界硼浓度加上 D 棒组实际测得的硼浓度，即可得到 ARO 状态下的临界硼浓度。

为了较准确地测量棒组的末端反应性，一般要求末端棒价值小于 50 pcm，最大不能超过 100 pcm。如果棒组从实际棒位到全提所对应的反应性大于 100 pcm，则采用调硼法调节控制棒的棒位，使其满足要求。在调硼后，应让堆芯稳定 30 min，使堆芯可溶硼混合均匀。

此外，还需要进行堆芯温度的修正。在试验过程中由于种种原因，反应堆实际堆芯温度 T_{avg} 往往与理论计算临界硼浓度时的平均温度有偏差，故需考虑慢化剂温度效应的影响，需要修正由平均温度偏离引起的反应性变化。对温度效应的影响的修正方法如下：

若待测棒在要求棒位为 P_0、温度为 T_0 时的临界硼浓度为 $C_{Bc}(P_0,T_0)$，试验测得在棒位为 P_i、反应堆温度为 T_{avg} 时的临界硼浓度为 $C_{Bc}(P_i,T_{avg})$，则 $C_{Bc}(P_0,T_0)$ 与 $C_{Bc}(P_i,T_{avg})$ 的修正关系为

$$C_{Bc}(P_0,T_0)=C_{Bc}(P_i,T_{avg})+\frac{\Delta\rho-\alpha_{iso}(T_{avg}-T_0)}{\frac{\partial\rho}{\partial C_B}} \tag{7-6}$$

式中，$\Delta\rho$ 为某棒从 P_i 提到 P_0 时测得的反应性；α_{iso} 为控制棒组在 P_0 位置时反应堆的等温温度系数，在没有试验测定值的情况下可用理论值，pcm/℃；$\frac{\partial\rho}{\partial C_B}$ 为与 $C_{Bc}(P_i,T_{avg})$ 和 T_{avg} 相对应的硼微分价值，pcm/ppm，在没有试验测定值时可用理论值。

4. 试验操作

（1）根据理论数据计算待测棒组的积分价值，如果其从临界棒位到 225 步时的反应性差值小于 50 pcm，则将反应性仪设置在 ±50 pcm 挡，开始进行末端反应性测量；如果反应性差值大于 50 pcm 且小于 100 pcm，则将反应性仪设置在 ±100 pcm 挡；如果反应性差值大于 100 pcm，则通过调硼调节控制棒的棒位。

（2）硼化和提棒操作

设棒组在当前棒位 P_1 时临界硼浓度为 $C_{Bc}(P_1)$，目标棒位为 P_2，由理论值计算棒组从 P_1 提升到 P_2 所释放的反应性为 $\Delta\rho$，当前硼浓度下的硼微分价值为 $\Delta\alpha_B$，则硼浓度的变化量为

$$\Delta C_B=\frac{\Delta\rho}{\Delta\alpha_B} \tag{7-7}$$

则目标棒位 P_2 下的预计临界硼浓度为

$$C_{Bc}(P_2)=C_{Bc}(P_1)+\Delta C_B \tag{7-8}$$

已知硼酸箱的硼浓度为 C_B[REA（硼水补给系统，即硼酸箱向一回路注硼的系统）]，一回路反应堆冷却剂系统（简称“主泵”，RCP）的水装量 $M_0=168$ t（秦山第二核电厂），则所需浓硼酸的量为

$$Q=M_0\ln\left[\frac{C_B(\mathrm{REA})-C_B(P_1)}{C_B(\mathrm{REA})-C_B(P_2)}\right] \tag{7-9}$$

为防止硼化过量，应保守地取硼化量，使待测棒组距全提状态仍有一定量的反应性（小于 50 pcm）。硼化速率按式(7－10)确定。

$$F = \frac{M_0}{C_B(\text{REA}) - C_B(P_1)} \times \frac{dC_B}{dt} \tag{7-10}$$

式中，$\frac{dC_B}{dt}$为反应性引入速率，通常可取400ppm/h。

(3)末端反应性的测量

试验前，通过调节控制棒使堆芯中子注量率水平在记录纸的20%附近，并使反应性在0附近。选择适当的反应性量程挡，连续提升控制棒组到堆顶：D棒组为224步（最高棒位），其他棒组为225步。待反应性平衡后，在反应性仪或记录纸上获取待测棒组末端价值的一次测量值。通过插棒引入负反应性使堆芯中子注量率水平降低到20%附近，重复3次，取其平均值作为待测棒组的末端价值。试验过程中，一回路冷却剂的平均温度保持不变，硼浓度也保持不变。在末端反应性的测量中，硼浓度的化学分析要进行3次。

7.3.3 等温温度系数的测量

1. 试验目的

本试验通过对等温温度系数的测量，验证堆芯寿期初慢化剂温度系数是否与理论计算结果相符合，并为反应堆运行提供可靠的物理参数。

2. 试验原理

(1)基本原理

核电站反应堆本身具有自稳性，其自稳性的强弱在相当程度上取决于慢化剂温度系数。堆芯核设计对慢化剂温度系数有一定的要求，特别是在运行工况下，要求慢化剂温度系数不能为正。在压水堆核电站的堆芯启动物理试验中，无一例外地要求对慢化剂温度系数这一重要参数进行测量，以核查规定的数值。由于测量上存在一定的困难，通常都是在堆芯处于热态零功率物理试验状态下，通过对等温温度系数的测量而间接得到慢化剂温度系数的。

当反应堆处于热态零功率状态时，反应堆内慢化剂温度缓慢变化，可假设燃料的温度变化与慢化剂的温度变化相一致。由此往往把在此种状态下，由温度缓慢变化引起的反应性系数称为等温温度系数（pcm/℃），表示如下：

$$\alpha_{iso} = \Delta\rho/\Delta T \tag{7-11}$$

式中，$\Delta\rho$为由温度变化引起的反应性变化量，pcm；ΔT为温度变化量，℃。

式(7-11)中，反应性变化量$\Delta\rho$可分成两部分：一部分是由反应堆慢化剂温度变化引起的反应性变化量$\Delta\rho_{mod}$；另一部分是由燃料温度变化引起的燃料中^{238}U的共振吸收变化所造成的反应性变化量，用$\Delta\rho_d$表示，此效应称为多普勒效应（它是一种负效应）。$\Delta\rho = \Delta\rho_{mod} + \Delta\rho_d$。由此，等温温度系数可表示为

$$\alpha_{iso} = \Delta\rho/\Delta T = (\Delta\rho_{mod} + \Delta\rho_d)/\Delta T = \Delta\rho_{mod}/\Delta T + \Delta\rho_d/\Delta T \tag{7-12}$$

即

$$\alpha_{iso} = \alpha_{mod} + \alpha_d \tag{7-13}$$

$$\alpha_{mod} = \alpha_{iso} - \alpha_d \tag{7-14}$$

式中，α_{mod}为慢化剂温度系数；α_d为燃料温度系数，由理论计算给出。

在热态零功率物理试验状态下，一回路的热量主要由主泵提供。热量通过蒸发器传热管传递到二回路，用来加热蒸发器给水，产生大量蒸汽。通过调节蒸汽向大气的排放量，使

得蒸汽带走的热量等于一回路产生的热量,从而使一、二回路达到热力平衡状态,反应堆冷却剂温度保持恒定。为了测量等温温度系数,需要调整蒸汽排放量,打破一、二回路的热平衡状态,改变反应堆冷却剂温度即慢化剂温度。慢化剂温度的变化必然会导致反应性的变化,这正是试验所希望得到的结果。

试验时,调节大气释放阀的开度,使得慢化剂温度呈线性变化。温度的变化幅度必须限制在能保证慢化剂温度与燃料温度相一致的范围内。反应性的变化量可通过反应性仪测得。将反应性信号和慢化剂平均温度信号接到 $X-Y$ 记录仪上,将反应性随慢化剂温度变化的曲线 $\rho=f(T_{avg})$ 记录在 $X-Y$ 记录仪的记录纸上。曲线线性段的斜率($\Delta\rho/\Delta T_{avg}$)就是等温温度系数(图 7-7)。在试验过程中,应将中子注量率水平控制在反应性仪中子注量率测量量程的 15% ~90% 范围内。当中子注量率水平要超出量程范围时,可移动控制棒组将中子注量率控制在测量量程范围内,但绝对不允许调节反应堆内的硼浓度。

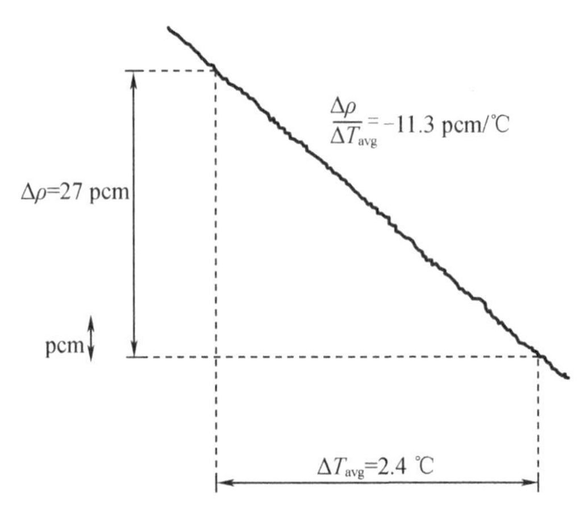

图 7-7 等温温度系数测量图

(2)数据处理

等温温度系数的具体计算方法如下:

测量结束后,在 $X-Y$ 记录仪记录纸上记录一组或多组 $\rho=f(T_{avg})$ 曲线,在这些曲线中标出线性段,求出每个线性段的斜率($\Delta\rho/\Delta T_{avg}$),即求得等温温度系数。

对于每一组升温和降温曲线,有

降温:

$$\alpha_{iso}^{C}=\frac{\Delta\rho^{C}}{\Delta T_{avg}^{C}} \tag{7-15}$$

升温:

$$\alpha_{iso}^{H}=\frac{\Delta\rho^{H}}{\Delta T_{avg}^{H}} \tag{7-16}$$

求出升温或降温时的等温温度系数。

$$\alpha_{iso}^{H}=\frac{1}{n}\sum_{i=1}^{n}\left(\frac{\Delta\rho^{H}}{\Delta T_{avg}^{H}}\right)_{i} \tag{7-17}$$

$$\alpha_{iso}^{C}=\frac{1}{m}\sum_{j=1}^{m}\left(\frac{\Delta\rho^{C}}{\Delta T_{avg}^{C}}\right)_{j} \tag{7-18}$$

式中，m、n 分别是降温次数和升温次数。

则等温温度系数可由式(7－19)求出。

$$\alpha_{\mathrm{iso}}=\frac{\alpha_{\mathrm{iso}}^{\mathrm{C}}+\alpha_{\mathrm{iso}}^{\mathrm{H}}}{2} \tag{7-19}$$

3. 试验条件

堆芯首次启动试验已经完成，反应性仪校刻精度满足试验要求，反应堆在零功率物理试验范围内稳定临界运行，并满足以下试验初始条件：

(1)控制棒组棒位控制置于手动控制。

(2)一回路和稳压器的硼浓度之差为 ±20ppm。

(3)反应堆冷却剂平均温度在(290.8 ±0.5)℃范围内。

(4)反应堆冷却剂压力为 155_{-2}^{+0} bar，冷却剂压力处于自动控制状态。

(5)调节标度变换器 SPEC－200 的偏置电压值，使其输出平均温度信号值近似为 0 V(对应 290.8 ℃)。

4. 试验操作

在达到试验初始条件后，依次实施以下步骤：

(1)移动控制棒，将中子注量率水平调整到测量量程低电位处(15%)($\alpha_{\mathrm{iso}}<0$)。

(2)设置反应性仪量程为 50 pcm 挡。

(3)物理试验工程师与操纵员合作，在控制室的操作台上手动调节蒸汽发生器的大气释放阀的开度，使一回路冷却剂的平均温度按规定的速率(约6 ℃/h)平稳变化，从290.8 ℃下降到(288.8 ±0.2)℃。

(4)在温度变化过程中，注意中子注量率水平不要超过记录仪推荐的量程范围，如果超出，可通过 D 棒组进行调整，但不允许进行调硼操作。同时，观察在 ARO 状态下慢化剂温度的变化情况，确定 ARO 状态下慢化剂温度系数的正负，并在试验实施过程中记录参数。

(5)当一回路冷却剂平均温度降到(288.8 ±0.2)℃时，停止降温，稳定温度。

(6)在 $X-Y$ 记录仪上记录必要的信息，更换 $X-Y$ 记录仪的记录纸，调整 $X-Y$ 记录仪的零点，准备进行下一步测量。

(7)根据图7－8 所示顺序，连续测量升温(288.8 ℃—290.8 ℃)、第二次升温(290.8 ℃—292.8 ℃)、第二次降温(292.8 ℃—290.8 ℃)过程的等温温度系数。

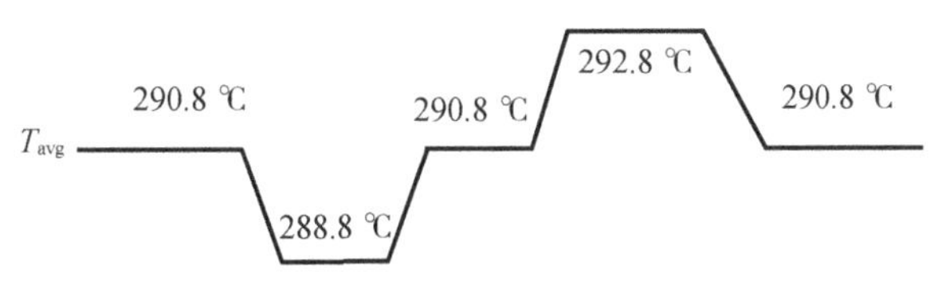

图7－8 温度变化示意图

(8)测量结束后，对测量结果进行棒位、温度、硼浓度的修正，将测量结果修正到 HZP、ARO、290.8 ℃下的等温温度系数，修正公式为

$$\alpha_{\mathrm{iso}}^{\mathrm{mes}}=\alpha_{\mathrm{iso}}^{\mathrm{ARO}}+\Delta\alpha_{T}(\Delta T)+\Delta\alpha_{C_{\mathrm{B}}}\frac{C_{\mathrm{B}}^{\mathrm{ARO}}-C_{\mathrm{B}}^{\mathrm{mes}}}{100\mathrm{ppm}}+\Delta\alpha_{\mathrm{rod}} \tag{7-20}$$

式中，mes 表示实测量数据；rod 表示棒位修正。

(9)取修正后的 4 次测量结果的平均值作为试验得到的等温温度系数，并根据理论计算给出的燃料温度系数，计算 HZP、ARO 状态下的慢化剂温度系数 α_{mod}^{ARO}。

(10)如果在试验中发现慢化剂温度系数 $\alpha_{mod}^{ARO}>0$，则需要设置控制棒组的提升上限，使得这个限制条件下的 $\alpha_{mod}\leq 0$。

5. 试验过程中的注意事项

(1)在试验过程中，冷却剂平均温度应控制在($T_{ref}\pm 3$)℃。

(2)在试验过程中，慢化剂平均温度升温或降温的速率应控制在 6 ℃/h 左右，并且尽可能保持平稳。

(3)在试验过程中，中子注量率水平应控制在反应性仪中子注量率测量量程的 15% ~ 90% 范围内。当中子注量率水平偏高或偏低且要超出量程范围时，可通过移动相应的控制棒组来将中子注量率水平控制在测量量程范围内。

(4)如果化容系统容控箱水位下降到较低位置，触发“低水位”报警，则停止试验，防止水位继续降到低水位极限。

(5)蒸汽发生器的水位应维持在与功率水平相对应的位置上，蒸汽发生器的排污阀全部关闭。

(6)对化容系统的净化床应予以旁通。

(7)试验中注意以下报警信号：

①蒸汽发生器低水位报警。

②稳压器低水位报警。

③一回路冷却剂平均温度 T_{avg} 低报警。

④一回路温度上升时，应注意打开主蒸汽卸压阀报警。

6. 慢化剂温度系数为正值时的处理方法

若试验中得到的 ARO、BOL、HZP 状态下的慢化剂温度系数为正值，则按照相关技术规范的规定，设置寿期初控制棒组的最大提升上限和适用范围。控制棒组的最大提升限(单位：步)为

$$\mathrm{EL}=595-K_1(\alpha_{iso}^{ARO}-\alpha_{dop})\times(1-P_r)$$

式中，α_{iso}^{ARO} 为 ARO 状态下的等温温度系数，pcm/℃；α_{dop} 为燃料温度系数，pcm/℃；P_r 为反应堆功率水平，%FP；系数 K_1 在各燃料循环中稍有不同，由相关设计院在《启动物理试验报告》中给出。

控制棒抽出限的表达式仅适用于下列功率水平(%FP)和燃耗范围(MWd/tU)：

$$0\leq P_r\leq K_2(\alpha_{iso}^{ARO}-\alpha_{dop}) \tag{7-21}$$

$$0\leq BU\leq K_3(\alpha_{iso}^{ARO}-\alpha_{dop}) \tag{7-22}$$

式(7-21)和式(7-22)未考虑氙毒效应，因此即使未达到氙平衡，该适用范围也依然成立。系数 K_2、K_3 由相关设计院在《启动物理试验报告》中给出。

7.3.4 零功率水平功率分布的测量

1. 试验目的

装料后零功率堆芯性能试验进行的功率分布的测量，主要用于检查堆芯装料是否正

确,同时也用于验证堆芯的物理设计是否满足设计准则要求。堆芯功率分布与核电厂的安全运行直接相关。

2. 试验原理

(1)堆芯核测仪表系统

堆芯核测仪表系统是核电厂为了获取反应堆堆芯中子注量率分布而专门设计制造的专用测量装置,包括堆芯温度测量热电偶系统和堆芯中子注量率测量系统两部分。秦山第二核电厂的堆芯核测仪表系统由30个测量燃料组件出口温度的热电偶、4个堆内可移动式中子探测器和38个测量通道组成。测量通道按轴对称关系分布在堆芯内(图5-8),驱动装置和接线柜安装在-3.5 m的堆芯仪表室内,控制柜和温度测量柜放置在主控制室旁的计算机房内。

(2)堆芯核测仪表装置

堆芯核测仪表系统及堆芯功率监测的相关内容详见5.3和5.4节。

(3)探头的坪特性

随着微型裂变室探头测量次数的增加,探头中铀-235的损耗也不断增加,这必然会引起探头坪特性的变化。因此,在探头使用一段时间后,或在使用条件发生变化的情况下,必须重新测量探头的坪特性,以重新确定探头的工作电压。

(4)堆芯中子注量率图的测绘

堆芯中子注量率图的测绘主要通过堆芯中子注量率测量系统进行,通过38个燃料组件的测量导向管内的可移动式中子探测器(微型裂变电离室)测量轴向中子注量率分布。测量点布置原则是必须保证具有代表性和足够的数量,并且适当考虑对称性监测的要求。测量数据将被送入控制计算机,结合电站中央数据处理计算机(KIT)输送来的数据(包括热电偶测量的温度、控制棒的棒位等信息),使用存储在该计算机硬盘中专用的拓展程序(CEDRIC、CARIN和KHKBA)对测量数据进行现场处理,进而得到三维堆芯中子注量率分布图。

从堆内核测仪表系统中得到的数据可用于与理论预计的轴向中子注量率分布和径向中子注量率分布进行比较。

堆芯中子注量率图的测绘包括全堆芯中子注量率图的测绘和部分中子注量率图的测绘。全堆芯中子注量率图的测绘:在正常情况下,由4个探头(微型裂变室)组成测量系统,共包含38个测量通道,按预先分配好的4组(10个、10个、10个、8个)扫描各自所负责的测量通道,进行对这38个测量通道中子注量率分布的测量。部分中子注量率图的测绘:为了对堆外核测仪表系统进行刻度,需要在堆芯内产生轴向振荡的情况下,多次(8~10次)对堆芯的局部进行测量,且每次测量时,每个探头只扫描相同的几个测量通道。在部分中子注量率图的测绘之前要进行全堆芯中子注量率图的测绘,以获取必需的探测器刻度因子。

(5)RIC与KIT的信息传递

前面已经提到,RIC除将测量结果输送到控制机柜的计算机外,还将向KIT反映测绘中子注量率图时机组的各种工作状态,和处理中子注量率图所需的其他信息如温度、棒位等。

中子注量率图的测绘数据是探头在堆芯内从堆芯上部向下部移动的过程中采集的,探头每经过8 mm采集一次,这样沿堆芯轴向高度共有512个测量采集数据。每8个测量数据取一次平均值并记录,共有64个平均值数据。

3. 试验条件

为保证堆芯中子测量探测器的灵敏度,试验前可将堆芯功率水平提升至1.5% FP左右(《运行技术规格书》要求零功率台阶功率水平不能高于2% FP)。同时,还应满足以下试验条件:

(1)热平衡数据采集和处理系统(KME)可用。

(2)堆外核测仪表系统(RPN)运行良好。

(3)电站中央数据处理系统(KIT)运行良好。

(4)防止出现任何可引起反应堆平均温度变化的操作。

4. 试验操作

(1)采用提棒或调硼的方式将反应堆功率提升至0.1%FP ~2%FP,在此状态下稳定临界($\rho=0$)1 ~2 h。

(2)功率稳定后开始测量功率分布。测量前、测量中、测量后分别记录堆芯的相关参数,并在KIT中打印相关图表。

(3)用反应性仪上的中子注量率水平来监督反应堆相对功率的变化,并在每个PASS(通道)测量开始与测量结束时记录反应性仪上的中子注量率水平。

(4)试验过程中,若当前中子注量率水平与第一个PASS中子注量率水平间的相对偏差大于3.5%,则用D棒组来调整功率分布测量过程中的反应堆功率水平。但注意:在探头回抽测量过程中,不允许移动棒组。

(5)在堆芯功率分布测量结束后,通过插棒或调硼将反应堆功率调回零功率物理试验范围内的稳定临界状态($\rho=0$),即恢复至试验前的堆芯状态。

(6)只有功率分布测量结果满足验收准则,才允许提升反应堆功率至下一个功率台阶。

5. 验收准则

(1)核安全准则

①焓升因子$F_{\Delta H}$必须低于与试验功率水平相对应的限值。

$$F_{\Delta H}\times 1.04\leqslant 1.55\times[1+0.3\times(1-P_{\mathrm{r}})] \tag{7-23}$$

如果$F_{\Delta H}$不能满足上述关系式,反应堆功率必须降低到50%FP以下;当功率水平低于10%FP时,不对该因子进行核对。

②轴向最大线性功率分布$Q_{\mathrm{T}}(Z)$

轴向最大线性功率分布$Q_{\mathrm{T}}(Z)$必须在它的LOCA包络线$Q_{\mathrm{LOCA}}(Z)$之内。

$$Q_{\mathrm{T}}(Z)\times P_{\mathrm{r}}<Q_{\mathrm{LOCA}}(Z) \tag{7-24}$$

(2)设计准则

①径向功率峰因子F_{xy}必须满足如下方程:

$$F_{xy}<1.04\times F_{xy}^{\mathrm{L}}\times[1+0.1\times(1-P_{\mathrm{r}})] \tag{7-25}$$

式中,F_{xy}为径向功率峰因子的测量值;F_{xy}^{L}为100%FP下径向功率峰因子的设计预计值。

当功率水平低于10%FP时,不对该因子进行核对。

②燃料组件的理论功率与测量功率之差

a. 反应堆功率<50%FP时,组件的理论功率与测量功率之间的偏差必须满足:

- 小于10%(当组件的相对功率水平大于90%时);
- 小于15%(当组件的相对功率水平小于90%时)。

b. 反应堆功率≥50%FP 时,组件的理论功率与测量功率之间的偏差必须满足:

- 小于 5%(当组件的相对功率水平大于 90% 时);
- 小于 8%(当组件的相对功率水平小于 90% 时)。

③象限功率倾斜度应满足:

a. 在任何功率条件下,象限功率倾斜度必须小于 0.09;

b. 反应堆在 100%FP 运行时,象限倾斜度必须小于 0.02。

功率分布测量结果示例如图 7 - 9 所示。

RPC3　　RPC1

	N	H	L	K	J	H	G	F	E	D	C	B	A
1						0.710 7 -1.5	0.840 7 -0.7	0.701 9 -0.2					
2				0.464 8 -2.6	0.962 2 -1.4	1.162 1 -0.5	0.887 3 0.1	1.152 1 0.4	0.944 6 0.5	0.451 6 0.4			
3			0.773 4 -2.8	1.131 6 -1.4	1.172 7 -0.4	1.040 9 0.3	1.179 7 0.8	1.036 0 1.0	1.158 4 0.9	1.108 3 0.7	0.750 5 0.2		
4		0.468 7 -3.4	1.135 6 -1.8	0.935 1 -0.5	1.082 2 0.3	1.113 4 1.0	1.055 4 1.3	1.107 9 1.4	1.070 7 1.2	0.921 1 0.8	1.112 6 0.3	0.456 7 -0.5	
5		0.973 1 -2.5	1.178 7 -1.1	1.085 2 0.1	1.174 9 0.9	1.065 5 1.4	1.156 3 1.7	1.055 9 1.6	1.167 7 1.4	1.075 8 0.9	1.164 7 0.3	0.954 4 -0.6	
6	0.727 5 -3.8	1.180 2 -2.0	1.050 7 -0.6	1.121 1 0.5	1.063 6 1.2	1.158 2 1.7	1.040 9 1.9	1.155 5 1.8	1.062 6 1.5	1.116 3 0.9	1.041 1 0.2	1.163 8 -0.7	0.712 0 -1.7
7	0.865 1 -3.5	0.905 4 -1.8	1.196 0 -0.4	1.066 6 0.6	1.162 0 1.3	1.042 1 1.7	0.904 1 1.9	1.043 2 1.8	1.159 5 1.4	1.064 4 0.9	1.188 5 0.1	0.896 0 -0.8	0.850 2 -1.9
8	0.726 2 -3.6	1.178 9 -1.9	1.050 7 -0.5	1.12 04 0.5	1.068 6 1.2	1.157 3 1.6	1.044 3 1.8	1.159 3 1.6	1.067 2 1.3	1.119 7 0.7	1.044 2 0.0	1.167 6 -0.9	0.714 5 -2.0
9		0.971 4 -2.3	1.178 7 -0.9	1.081 8 0.1	1.174 8 0.9	1.064 0 1.3	1.162 6 1.5	1.067 4 1.4	1.174 8 1.0	1.079 1 0.5	1.170 9 -0.2	0.960 4 -1.1	
10		0.467 8 -3.0	1.133 6 -1.6	0.934 6 -0.5	1.077 4 0.3	1.114 7 0.8	1.060 6 1.0	1.114 4 0.9	1.077 6 0.7	0.930 4 0.2	1.122 5 -0.5	0.461 7 -1.4	
11			0.771 9 -2.5	1.131 4 -1.4	1.173 0 -0.5	1.040 7 0.0	1.185 0 0.3	1.038 7 0.4	1.164 9 0.2	1.119 2 -0.3	0.759 3 -0.9		
12				0.466 1 -2.5	0.964 2 -1.5	1.167 2 -0.9	0.894 6 -0.5	1.160 9 -0.4	0.953 7 -0.5	0.458 4 -0.8			
13						0.715 1 -2.0	0.848 2 -1.5	0.709 4 -1.2					

RPC2　　RPC4

图 7 - 9　功率分布测量结果示例

7.3.5　控制棒组价值的测量

1. 试验目的

在热态零功率下测量控制棒组价值,目的是:验证理论计算的正确性,为运行提供相应的运行参数。

2. 试验原理

测量控制棒组价值的方法有很多，如调硼法、动态刻棒法、置换法、落棒法等，但考虑到测量的准确性和方便性，秦山第二核电厂主要采用调硼法或动态刻棒法进行测量。

采用调硼法测量控制棒组价值和硼微分价值的原理是：当反应堆在零功率物理试验范围内稳定临界时，通过用恒定的速率稀释①（测量单棒价值）或硼化（测量重叠棒价值）来改变反应性，再通过插入或提出被测控制棒来补偿反应性的变化，使中子注量率水平保持在50%满量程上下（上限小于90%满量程，下限大于15%满量程）。同时用反应性仪和多笔记录仪连续跟踪测量并记录，直到被测控制棒插（或提）到某一预定的位置时停止调硼，等待回路硼浓度均一（等待时间大于30 min）。等待过程中用控制棒使堆芯维持临界状态。

如果此时的临界棒位与选定的被测位置（棒组在堆顶或堆底）有偏离，则可用反应性仪测定所选定的被刻棒组一次到达被测位置时的反应性差值，以此作为被刻棒组价值的修正量。

如果稀释过量则停止稀释，搅混均匀后，若被刻棒组全部插入后反应堆仍处于超临界状态，则可插入邻近棒组以使反应堆维持在临界水平，并用反应性仪求出稀释过量所相当的反应性当量，以此值作为被刻棒组价值的修正量。

如果硼化过量则停止硼化，等待回路中硼浓度均一，若被刻棒组全提时反应堆仍处于次临界状态，则采取稀释方法来补偿反应性变化，使反应堆在被刻棒组未到堆顶时达到临界状态。

最后可根据反应性仪和自动记录仪连续跟踪的结果，加以分析处理，得到被刻棒组的微分价值和棒组在全行程上的积分价值。

在调硼过程中，对一回路中的硼浓度用硼浓度计或试验室分析进行跟踪。在试验结束时，根据记录仪记录的反应性曲线和控制棒组的移动情况，可以得到每次控制棒组移动前后的反应性变化量，从而得到这段控制棒组的微分价值。被测棒组的各段微分价值之和即为该棒组的积分价值。此外，根据反应性累计变化量和调硼前后硼浓度的变化量就可以计算出平均硼微分价值。

动态刻棒法是一种快速测量控制棒组价值的试验方法。该方法通过快速、连续地插入控制棒，获得堆外电流响应变化并进行空间效应修正，得到控制棒组价值。与传统的调硼法相比，动态刻棒法能有效地节约控制棒组价值的测量时间，减少堆上操作，从而降低人因失误概率，并减少核电厂的废液产生量。因此，秦山第二核电厂1号机组在112大修后，开始采用动态刻棒法测量控制棒组价值，而将调硼法作为后备试验方法。

动态反应性价值的测量以核电厂核仪表系统功率量程电流测量信号为原始输入信号。先将该信号用滤波和放大器放大，之后对其进行静态空间效应修正，即用表征堆芯中子注量率的电路信号 Φ 除以静态空间效应修正因子（SSF）。然后将经SSF因子修正后的电流信号代入逆动态中子动力学方程进行求解。最后将用逆动态中子动力学方程计算得到的反应性乘以动态空间效应修正因子（DSF），即可得到动态刻棒的动态反应性测量结果。试验过程中，利用动态反应性仪测量动态反应性。该动态反应性仪集成了小电流放大器、静态空间效应修正、动态空间效应修正及逆动态中子动力学方程求解等功能。动态反应性价值

① 本章中，稀释指稀释硼。

的测量原理如图 7 – 10 所示。

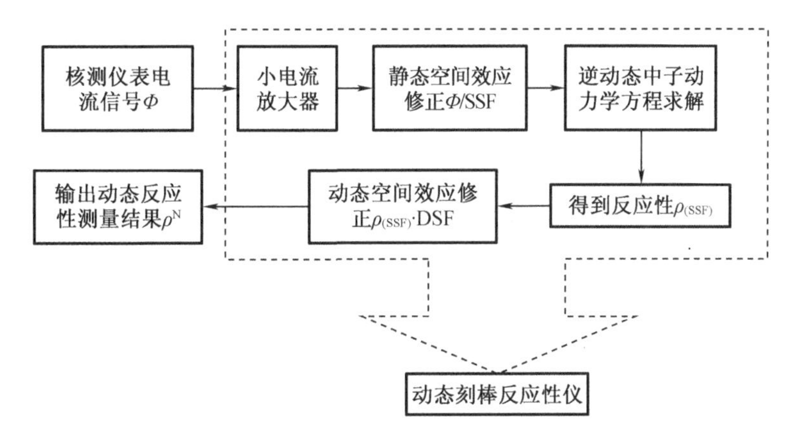

图 7 – 10 动态反应性价值的测量原理

3. 调硼法测量控制棒组价值

(1) 试验条件(调硼法)

①反应堆在零功率物理试验范围内稳定临界。

②各控制棒驱动机构、棒位指示系统均能正常工作。

③反应性仪已经校核完毕,测量精度 $\varepsilon \leqslant 4\%$。

④为使反应堆冷却剂系统内的硼浓度均一,将化容系统的两个下泄孔板打开,使稳压器备用加热器投入工作。

⑤根据被刻控制棒组价值的理论计算值,化容系统和 REA 中备有足够的除盐水或高硼水,并能以恒定的速率稀释(或硼化)。

⑥硼浓度取样和测量系统(包括硼浓度计和试验室测量系统)可用,且满足精度要求。

⑦试验期间,控制棒组可超出其插入限值规定。

⑧试验期间,反应堆冷却剂的平均温度变化量控制在 ±0.5 ℃以内,任何会引起反应堆冷却剂平均温度变化的操作均需取得试验工程师的许可,方可进行。

(2) 试验操作(调硼法)

①末端价值测量

如果待刻棒组的末端棒价值已在之前的试验(如当前棒态下的临界硼浓度测量试验)中求得,就不需要重新计算;如果棒组的当前(末端)棒位与测量临界硼浓度时的棒位不同,则需要重新测量末端价值。

②试验前,根据理论计算硼化或稀释量

根据相关设计院提供的《启动物理试验报告》中给出的控制棒组的理论价值,根据图 7 – 11 所示的方法计算硼化或稀释量。注意:在实际调硼时应当保守地操作,以防稀释或硼化过量。当待测棒组的剩余价值很小时,应及时停止硼化或稀释操作。

附录 1 硼化量和稀释水量的计算

(1) 初始棒位:X_i = ________步棒位下的临界硼浓度 $C_B(X_i)$ = ________ ppm。

(2) 控制棒棒位从 X_i 到目标棒位 Y_i = ________步状态的棒价值:$\Delta\rho$ = ________ pcm(来自《启动物理试验数据报告》)。

(3) REA 中含硼水的硼浓度：$C_B(REA)$ = ________ ppm。

(4) 当前硼浓度下的硼微分价值：α_B = ________ pcm/ppm。

(5) 需要改变的硼浓度：$\Delta C_B = \frac{\Delta\rho}{\alpha_B}$ = ________ = ________ ppm。

(6) 目标棒位：Y_i = ________ 步棒位下的预计临界硼浓度 $C_B(Y_i) = C_B(X_i) + \Delta C_B$ = ________ + ________ = ________ ppm。

(7) 如果提棒，需要硼化量：$Q = 168\ln\left[\frac{C_B(REA) - C_B(X_i)}{C_B(REA) - C_B(Y_i)}\right]$ = ________ = ________ t；

硼化速率：$F = \frac{168}{C_B(REA) - C_B(X_i)} \times \frac{dC_B}{dt}$ = ________ = ________ t/h；其中，$\frac{dC_B}{dt}$ = ________ ppm/h。

(8) 如果插棒，需要释释水量：$Q = 168\ln\left[\frac{C_B(X_i)}{C_B(Y_i)}\right]$ = ________ = ________ t；

稀释速率：$F = \frac{168}{C_B(X_i) - C_B(Y_i)} \times \frac{dC_B}{dt}$ = ________ = ________ t/h；其中，$\frac{dC_B}{dt}$ = ________ ppm/h。

图 7－11　硼化量和稀释水量的计算

③刻棒操作

以恒定的速率启动稀释（或硼化）回路，在稀释（或硼化）过程中，通过调节控制棒组对堆芯反应性的变化进行补偿，并在记录仪上完整地记录反应性和控制棒组的棒位变化。在连续调硼并逐步移动控制棒组时，应尽量使中子注量率水平在反应性仪量程的 20% ~90% 的范围内变化。

若当前棒组在稀释过程中全部被插入堆芯或在硼化过程中全部被提出堆芯，仍不足以补偿调硼引起的反应性变化，则可通过调节下一组控制棒组进行补偿。在处理棒组价值时再考虑末端价值。待测棒组积分价值可由如下方法得到。

a. 如果稀释时，该棒组已插入堆底（下一组控制棒组部分插入），则

$$\rho = \Delta\rho_{\text{本棒组的上末端}} + \sum_i \Delta\rho_i \tag{7-26}$$

b. 如果稀释时，该棒组没有插入堆底，应做本棒组的下末端价值测量。这时待测棒组的积分价值可表示为

$$\rho = \Delta\rho_{\text{本棒组的上末端}} + \sum_i \Delta\rho_i + \Delta\rho_{\text{本棒组的下末端}} \tag{7-27}$$

式中，$\sum_i \Delta\rho_i$ 为稀释时待测棒组的各段棒组积分价值之和。

④硼微分价值的计算

在刻棒过程中，堆芯可溶硼的平均微分价值可由如下方法得到。

$$\alpha_B = \frac{\rho}{\Delta C_B} = -\frac{\rho}{|C_{B\text{初}} - C_{B\text{末}}|} \tag{7-28}$$

式中，反应性变化量 ρ 的计算可由与计算棒组价值类似的方法得到。

a. 如果稀释时，该棒组已插入堆底（下一组控制棒组部分插入），则

$$\rho = \sum_i \Delta\rho_i + \Delta\rho_{\text{下一棒组的上末端}} \tag{7-29}$$

b. 如果稀释时，该棒组没有插入堆底，应做本棒组的下末端价值测量。这时待测棒组的积分价值可表示为

$$\rho = \sum_{i} \Delta\rho_i \tag{7-30}$$

4. 动态刻棒法测量控制棒组价值

(1)试验条件(动态刻棒法)

①在任何时候,反应堆中子注量率(功率)的倍增周期不得小于 18 s。

②通过 GCT-C 系统调节并维持反应堆冷却剂系统的平均温度,使其在规定的范围内变化。

③试验过程中,禁止出现反应堆冷却剂的平均温度和硼浓度产生急剧变化的操作。

④试验过程中,如果控制棒组没有按照 72 步/min 从堆顶连续插至 5 步位置,则需重新调整试验状态并重做试验。

⑤试验过程中,为减少电路干扰,动态刻棒反应性仪应尽量使用检修电源。

⑥因动态刻棒法一次引入的负反应性较大,反应堆中子注量率水平可能会下降到源区(即源量程通道自动投入使用)。如果试验过程中触发了 P6 非信号,则应在重新提升反应堆中子注量率水平的过程中密切关注 P6 信号,当 P6 信号触发后,为避免误停堆应及时闭锁源量程通道。同时应注意使用防人因失误的工具。

⑦完成数据采集后提升控制棒组时,应注意控制反应性的引入速度,使反应堆的倍增周期不小于 18 s,直至将待测棒组提升到堆顶。

⑧试验过程中,在由棒控系统(RGL)故障(如控制棒失步、滑步)或其他原因导致控制棒无法进一步按照试验要求动作时,应暂停试验,待故障原因或导致控制棒不能进一步动作的原因查明且故障排除后方可继续进行动态刻棒试验。

⑨试验过程中如触发 +5%FP(报警延时 2 s)停堆信号或其他停堆信号,则停止试验。只有在查明原因且停堆信号消失或故障排除后方可继续进行动态刻棒试验。

⑩试验过程中应注意以下棒位报警:

a. 控制棒组抽出位置高报警。

b. 控制棒组插入低位报警。

c. 控制棒组插入低-低位报警。

⑪建议使待测棒组末端价值在 +60 pcm 左右。

⑫完成动态刻棒反应性仪离线自检工作。

⑬完成动态刻棒相关 SSF、DSF 的计算和输入。

⑭控制棒组的初始棒位如表 7-3 所示。当试验的初始条件满足表 7-3 中的棒位要求时,按 B-D-C-A-S 的顺序测量控制棒组价值。

表 7-3 控制棒组的初始棒位

参数	S/步	A/步	B/步	C/步	D/步
要求值	225	225	225	225	
当前值					

⑮调整并确认控制棒组的手动移动速率为 72 步/min。

⑯设置控制棒组用单个棒组运行。

(2)试验操作(动态刻棒法)

①测量 B 棒组价值

记录堆芯状态参数,将 D 棒组提升至 225 步,然后选择待测棒组为 B 棒组。当将中子注量率水平调整至多普勒发热点附近时,以最大控制棒组插入速度连续将 B 棒组下插到堆底 5 步处。当 B 棒组被插入并达到堆底 5 步处,控制反应堆在次临界状态下的稳定时间(等待反应性仪信号稳定;若不能稳定,等待时间应不超过 30 min)并采集数据,记录修正电流,将该电流作为反应性仪器修正的本底电流。插棒过程中,用反应性仪采集中子注量率和棒位信号数据,并计算控制棒组的反应性。完成数据采集后,提升 B 棒组至 225 步。在提升 B 棒组的过程中要注意:当 P6 信号出现时应闭锁源量程通道。至此,完成 B 棒组的动态刻棒测量。

②测量 D 棒组价值

选择待测棒组为 D 棒组。当将中子注量率水平调整至多普勒发热点附近时,以最大控制棒组插入速度连续将 D 棒组下插到堆底 5 步处。完成数据采集后,提升 D 棒组至 225 步。至此,完成 D 棒组的动态刻棒测量。

③测量 C 棒组价值

选择待测棒组为 C 棒组。当将中子注量率水平调整至多普勒发热点附近时,以最大控制棒组插入速度连续将 C 棒组下插到堆底 5 步处。完成数据采集后,提升 C 棒组至 225 步。至此,完成 C 棒组的动态刻棒测量。

④测量 A 棒组价值

选择待测棒组为 A 棒组。当将中子注量率水平调整至多普勒发热点附近时,以最大控制棒组插入速度连续将 A 棒组下插到堆底 5 步处。完成数据采集后,提升 A 棒组至 225 步。至此,完成 A 棒组的动态刻棒测量。

⑤测量 S 棒组价值

选择待测棒组为 S 棒组。当将中子注量率水平调整至多普勒发热点附近时,以最大控制棒组插入速度连续将 S 棒组下插到堆底 5 步处。完成数据采集后,提升 S 棒组至 225 步。至此,完成 S 棒组的动态刻棒测量。

动态刻棒流程图如图 7-12 所示。

⑥动态刻棒后的状态恢复

恢复 S 棒组到试验前状态。将 D 棒组以单棒运行模式插入堆芯至临界棒位,使堆芯维持在稳定临界状态,控制棒组重新重叠连锁。调整并确认控制棒组的手动移动速率为 48 步/min。

⑦动态刻棒结果的处理

根据动态刻棒计算程序处理结果给出控制棒组积分价值,动态刻棒试验结果如表 7-4 所示。至此,试验结束。

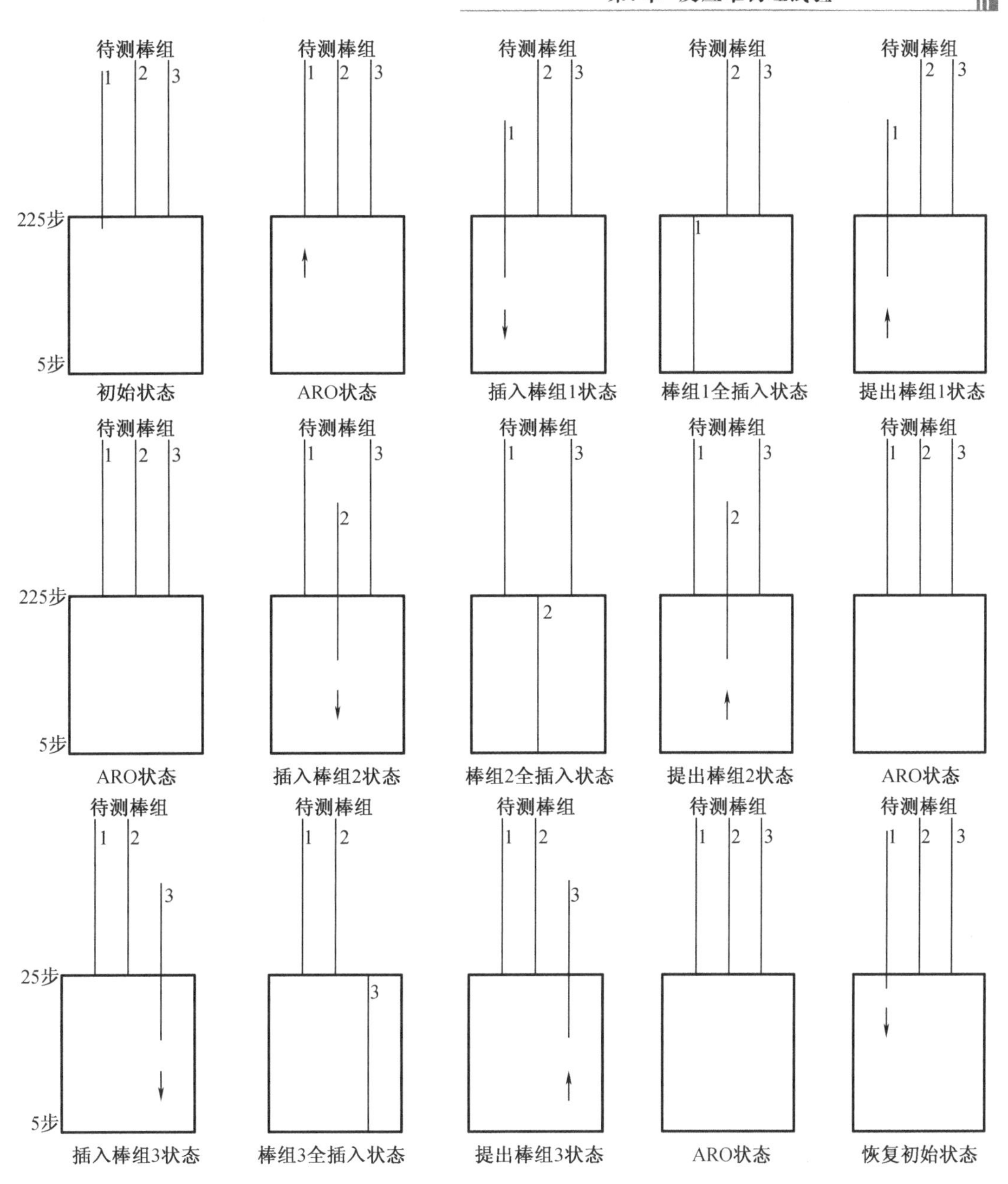

图 7-12 动态刻棒试验流程图

表 7-4 动态刻棒试验结果

棒组	测量值/pcm	理论值/pcm	相对偏差/%	验收准则/%
D				≤10
C				≤10
B				≤10
A				≤10
S				≤10

7.3.6 最小停堆硼浓度的测量

1. 试验目的

在零功率物理试验状态下,测量一束具有最大反应性效应的控制棒束"卡"在堆外时,确保反应堆在热停堆状态下具有1% $\Delta\rho$ 的停堆深度所需要的硼浓度,验证堆芯安全限值要求(净堆时做此相关试验)。

2. 试验原理

最小停堆硼浓度是指当一束具有最大反应性效应的控制棒束"卡"在堆外时,确保反应堆在热停堆时堆芯具有1% $\Delta\rho$ 的停堆深度所需要的硼浓度。

试验方法是:在ARI状态(控制棒全插状态),通过调硼将一束具有最大反应性价值的控制棒束(在秦山第二核电厂1号机组首循环为B棒组的J-07棒束)调到堆顶,然后稀释,将S棒组下插到只有约1 000 pcm的反应性在堆外,测量堆芯临界硼浓度,并比较测量值与理论计算值的偏差。

3. 试验条件

(1)全部调节棒组(A、B、C、D)位于5步插入状态,部分停堆棒组S被插入反应堆内(插入部分对应的反应性小于50 pcm)。

(2)反应性仪可用,量程挡设为±50 pcm。

(3)安全注射系统处于紧急备用状态。

4. 试验操作

(1)将"RGL 001 CC"置于"失步校正1"位置,将"RGL 003 CC"置于"B "位置。

(2)在提升B棒组中的J-07棒束时,要先解除"控制棒位置失步报警"信号。

(3)切断A、C、D棒组提升线圈的电源;切断除J-07棒束以外的B棒组提升线圈的电源。

(4)解除停堆棒组S与B棒组之间的控制连锁,以便在S棒组不被提至堆顶时,B棒组中的J-07棒束也能被提升。

(5)根据棒束的理论值计算硼化量。

(6)进行硼化和提升J-07棒束操作。进行硼化并引起反应性变化,通过逐步提升J-07棒束来补偿反应性。

(7)将J-07全部提出后,通过堆芯冷却剂循环等,使堆芯硼浓度均一,并通过调节S棒组使堆芯稳定在临界状态。

(8)测量S棒组的上末端价值。

(9)根据S棒组的理论价值,计算稀释水量。

(10)稀释并插入S棒组,直至S棒组留在堆外的剩余反应性1% $\Delta\rho$ 与S棒组全插时的反应性相比还差20 pcm时,停止稀释并通过堆芯冷却剂循环等使堆芯硼浓度均一。

(11)测量当前状态下的堆芯临界硼浓度,重复测量3次以上。

(12)恢复至试验初始状态:先采用交替插J-07棒束和提升S棒组的方法使J-07棒束下插至5步处,调整过程中,反应性的变化量应控制在±35 pcm以内。

(13)恢复D、C、B、A棒组的提升电源,恢复停堆棒组S和A棒组之间的控制连锁,恢复B棒组与J-07棒束之间的控制连锁。

(14)通过硼化恢复 S 棒组至试验前状态(末端价值小于 50 pcm)。

7.3.7 最大效率一束控制棒弹棒试验

1.试验目的

在反应堆设计中,除考虑 I 类工况外,还必须对可能出现的异常事件和工况做谨慎分析。在与核设计或安全分析假设相似的条件和状态下,通过物理试验对这些分析或假设条件进行必要的测量,判断各参数是否满足安全限值的要求。

最大效率一束控制棒弹棒试验(即模拟弹棒试验)的目的是:检查最大效率一束控制棒束弹出堆芯时所引起的堆芯热点因子 F_Q、焓升因子 $F_{\Delta H}$的变化,是否满足《秦山第二核电厂最终安全分析报告》中给出的限值。

2.试验原理

先完成一个全堆芯中子注量率图的测绘,然后切断该控制棒组中除弹棒棒束外的其他棒束的提升线圈的供电。按《核设计报告》给出的数据,热态零功率插棒极限状态下,反应性当量最大的一束控制棒束为 D 棒组中的一束。堆芯在稳定临界状态下,按应急加硼方式,以约 300 pcm/h 的反应性添加率进行硼化,用反应性仪进行跟踪测量。在硼化期间逐段提升弹棒棒束,以补偿由加硼引起的反应性变化,相关测量方法与刻棒原理相同。

在该棒束达到全提位置之前的适当位置(距全提位置剩余棒价值约有 50 pcm 时),停止加硼,并充分搅拌以使冷却剂中的硼浓度均一。在加硼和提棒过程中,至少测量 3 次硼浓度。随着搅拌过程中堆芯硼浓度的变化,逐段提升该控制棒棒束,以维持堆芯的临界状态。堆芯硼浓度稳定后,若该控制棒棒束达到全提出位置,反应堆未临界,则用调节棒组 C 来维持堆芯的临界状态;若该控制棒棒束没有被提出堆芯,则调整调节棒组 C 的位置,使该控制棒棒束被提出堆芯。

如果该控制棒棒束被全提出时,调节棒组 C 不在零功率插入极限位置,则采用调硼法使调节棒组 C 回到插入极限位置,并维持堆芯的临界状态。堆芯稳定后,再用堆芯测量系统测量一次全堆芯功率分布。

堆芯功率分布测量完成后,采用稀释插棒的方法将堆芯恢复至试验前的状态,以约 300 pcm/h 的反应性添加速率注入纯水。在稀释过程中,逐段下插该棒束,以补偿由稀释引起的反应性变化,并用反应性仪进行跟踪测量。堆芯硼浓度稳定后,若该棒束不在全插位置,则调整调节棒组 C 的位置,使该棒束达到全插位置,并用调节棒组 C 来维持堆芯的临界状态;若调节棒组 C 不在零功率插入极限位置,则采用调硼法来使调节棒组 C,使其恢复到零功率插入极限位置,并维持堆芯的临界状态,同时恢复 D 棒组线圈的供电。在此期间,堆芯应始终维持在稳定临界状态。

3.试验条件

(1)反应堆在热态零功率插棒极限位置上处于稳定临界状态。

(2)化容系统和 REA 已为硼化和稀释准备好足够的高硼水或除盐水。

(3)堆内核测仪表系统已经处于备用状态。

(4)试验过程中,禁止出现会引起一回路平均温度和硼浓度急剧变化的任何操作。

(5)试验过程中,尽可能保持 T_{avg}稳定,以保持反应堆功率的稳定。

4. 试验操作

(1)试验是在 BOL、HZP 和控制棒组位于零功率插入限值(即在秦山第二核电厂 1 号机组第一循环为 D=5 步,C=107 步,B=A=S=225 步)的状态下,穿插在重叠棒组价值测量试验过程中进行的。

(2)将控制棒组以重叠方式调整至零功率控制棒插入极限 ±3 步棒位。

(3)在进行"模拟弹棒"提升控制棒束之前,完成一个全堆芯功率分布测量,并在功率分布测量过程中记录堆芯状态参数。

(4)采用调硼方法,以 3.5 t/h 的硼化速率将设计文件给出的模拟弹棒的棒束——D 棒组中的 L-07 棒束调整至 225 步。

(5)堆芯稳定后,对该状态下的堆芯功率分布进行测量,在功率分布测量过程中记录堆芯状态参数。

(6)测量完毕后,采用调硼法将堆芯恢复至试验前状态(即将 D 棒组中的 L-07 棒束调整至零功率控制棒插入极限 ±3 步棒位,使控制棒组处于重叠棒组运行方式)。

(7)离线处理试验测量数据,对模拟弹棒试验前后的测量结果进行比较,查看相关结果数据是否满足验收准则。

5. 验收准则

(1)一束反应性当量最大的控制棒被全抽出时,堆芯的热点因子 F_Q 和径向功率峰因子 F_{xy} 的增加必须小于用于安全分析的限值,即:

①相对功率 $P>90\%$ 的组件,试验测量值与设计值之间的最大偏差必须小于 5%。

②相对功率 $P<90\%$ 的组件,试验测量值与设计值之间的最大偏差必须小于 8%。

(2)一束反应性当量最大的控制棒的棒价值为设计值 $\pm 10\%\ \Delta\rho$。

7.4 提升功率阶段的物理试验

7.4.1 目的与内容

1. 提升功率阶段的物理试验的目的概述

在堆芯临界和零功率物理试验后,反应堆将逐级提升功率。在每一功率台阶上都必须进行严格的检查和必要的试验,同时合理地调整仪表的运行参数,确认安全可靠后方可继续提升反应堆功率,直至反应堆满功率稳定运行。提升功率阶段的物理试验主要是通过对反应堆功率分布的测量和对核测仪表系统标定的验证,来确定反应堆内中子注量率的分布、局部表面热通量、线性发热率、偏离泡核沸腾比、径向功率峰因子、轴向功率峰因子、氙振荡和象限功率倾斜等物理参数满足《运行技术规格书》中规定的安全限值要求,以保证反应堆安全运行,并通过物理试验来验证电站设计的安全性和设计裕度。

2. 试验项目和内容

在电站的启动升功率阶段,需要实施的物理试验共 10 项,其中部分试验只在核电厂的首个燃料循环的启动中实施。这些物理试验的具体实施要求见 7.1.1。

①KME 热平衡测量及反应堆冷却剂流量计算试验(7.4.2)。

②堆芯功率分布测量试验(7.4.3)。
③功率系数测量试验(7.4.4)。
④堆外中子注量率测量电离室刻度试验(7.4.5)。
⑤反应性系数测定(7.4.6)。
⑥满功率堆芯稳态性能试验(7.4.7)。
⑦(首循环)模拟落棒试验(7.4.8)。
⑧(首循环)落棒试验(7.4.9)。
⑨(首循环)氙振荡试验(7.4.10)。
⑩(首循环)蒸汽发生器设计裕度试验(7.4.11)。

7.4.2 KME 热平衡测量及反应堆冷却剂流量计算试验

1. 试验目的

本试验主要用于准确测量反应堆的功率水平。当机组在某一功率水平下稳定运行时,核电厂一、二回路系统处于热平衡状态,此时可通过采集二回路热工参数来测定反应堆热功率,以校核反应堆核功率指示值和计算反应堆冷却剂流量。反应堆满功率运行时,本试验可用于验证和调整 KIT 记录的弯管流量计的流量(百分数)、验证电站的设计性能。

2. 试验原理

(1)热平衡测量原理

热平衡是指对一个状态可以自由变化的热力系,如果系统内或系统与外界之间的一切不平衡势(如温差、力差等)都不存在,则热力系的一切可见宏观变化均将停止,系统各处具有均匀一致的温度、压力等参数。此时热力系所处状态即为平衡状态。

反应堆内^{235}U裂变产生的热量由一回路的冷却剂带出堆外,经过一回路系统,在蒸汽发生器内将热量传输给二次侧水(形成蒸汽去汽轮机做功),放热后的冷却剂再由主泵泵回反应堆内加热,如此循环。在一回路系统循环时,还需考虑稳压器的电加热器、冷却剂主泵等带入的热量,一回路的上充、下泄系统引起的热量变化,蒸发器排污和冷却轴封等引起的热量变化及回路系统的散热损失等。在机组稳定运行时,一回路系统内产生的热量和由二回路系统带走的热量相等,一回路系统内的温度、压力等参数处于动态平衡状态,即达到一回路的热平衡(图7-13)。

由于核电厂一回路系统处于高温高压状态,为了提高热功率测量的精度,核电厂通过测量热平衡状态时二回路的热功率来反推一回路的热功率。秦山第二核电厂的 KME 主要就是针对该功能设计的热功率计算试验系统。KME 选取蒸汽发生器作为对象,研究蒸汽发生器的热平衡。

正常情况下,(两台)蒸汽发生器的输入热功率应该等于蒸汽发生器输出热功率,即

$$P_{\text{in}} = P_{\text{out}} \tag{7-31}$$

$$P_{\text{in}} = W_{\text{R}} + W_{\Delta\text{PR}} + \sum_{i=1}^{2} H_{\text{e}_i} Q_{\text{e}_i} \tag{7-32}$$

$$P_{\text{out}} = \sum_{i=1}^{2} [H_{\text{v}}(Q_{\text{e}_i} - Q_{\text{p}_i}) + H_{\text{p}_i} Q_{\text{p}_i}] \tag{7-33}$$

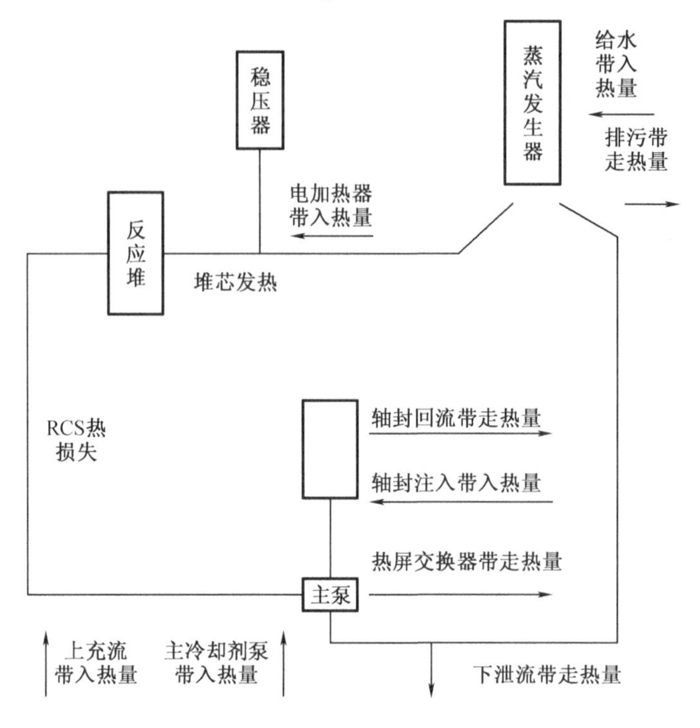

图7－13　一回路热平衡图

从式(7－32)、式(7－33)可得

$$W_{R}+W_{\Delta PR}+\sum_{i=1}^{2}H_{e_i}Q_{e_i}=\sum_{i=1}^{2}\left[H_{v}(Q_{e_i}-Q_{p_i})+H_{p_i}Q_{p_i}\right] \tag{7-34}$$

$$W_{R}=\sum_{i=1}^{2}\left[H_{v}(Q_{e_i}-Q_{p_i})+H_{p_i}Q_{p_i}-H_{e_i}Q_{e_i}\right]-W_{\Delta PR} \tag{7-35}$$

$$W_{\Delta PR}=P_{a}+P_{2}+P_{3}-\sum_{i=1}^{4}P_{Q_i}-C \tag{7-36}$$

式中，W_R 为反应堆堆芯提供的热功率，MW；$W_{\Delta PR}$ 为回路提供热功率，MW；P_a 为主泵输入一回路的热功率，MW；P_2 为稳压器输入一回路的热功率，MW；P_3 为化容系统上充泵输入一回路的热功率，MW；P_{Q_1} 为非再生交换器输出的功率，MW；P_{Q_2}、P_{Q_3}、P_{Q_4} 分别为主泵热屏蔽、密封及电机冷却带走的热功率，MW；C 为一回路管道热损失，MW；H_e 为蒸汽发生器给水焓值；Q_e 为蒸汽发生器给水流量；Q_p 为蒸汽发生器排污流量；H_p 为蒸汽发生器排污水焓值；H_v 为湿蒸汽的热焓。

$$H_{v}=XH_{vs}+(1-X)H_{es} \tag{7-37}$$

式中，X 为蒸汽的干度；H_{vs} 为饱和蒸汽焓值；H_{es} 为饱和水焓值。

由于蒸汽发生器给水焓值与温度有关，饱和蒸汽焓值与蒸汽压力有关，给水流量与温度和压力差有关，因此这些焓值或流量都可以通过对温度、压力(或压差)的测量、计算来获得。在计算机系统中，这些关系可采用多项式来近似计算。如蒸汽发生器给水流量 Q_e(kg/s)为

$$Q_{e}=\alpha\times\Sigma\times\frac{\pi d^{2}}{4}\times\sqrt{2\Delta P\rho} \tag{7-38}$$

式中，α 为流出系数；Σ 为膨胀系数；ρ 为水的密度，是温度的函数 $f(t)$；d 为流量节流孔板直

径；ΔP 为孔板前后压差。

为计算热平衡值，需要测量温度、压力、流量蒸汽干度等。KME 热平衡计算的数据采样、计算和误差分析都由计算机完成。

(2)一回路冷却剂流量计算

在 KME 热平衡计算时，核电厂一、二回路系统都处于热平衡状态，故可以用 KME 计算的二回路的热功率来校算一回路的冷却剂流量，公式如下：

$$W_R(\mathrm{kW}) = F_m \times \frac{h_h - h_c}{3\,600} \tag{7-39}$$

式中，F_m 为回路冷却剂质量流量，kg/h；h_h 为回路冷却剂热段焓，kJ/kg；h_c 为回路冷却剂冷段焓，kJ/kg。

由反应堆堆芯提供的热功率 W_R 可求得 F_m。

(3)利用小温差法测量反应堆热功率

利用小温差法测量反应堆热功率由 KIT 完成：通过安装在一回路系统上的压力、温度及流量的仪表采集热工参数，利用小温差计算公式求出反应堆热功率。由于一回路系统的测量环境条件较差(温度高、压力高、放射性强)，所用仪表的精度也不太高，因此 KIT 计算出的功率的精度略差。但 KIT 是在线功率计算系统，因此仍可作为日常功率指示仪表在主控室中显示。

为保证 KIT 指示的热功率准确性，需用 KME 热平衡测量试验结果定期校核 KIT 热功率指示值。

3. 试验条件

(1)试验开始前，机组已稳定运行至少 2 h 以上，即平均核功率指示、最大平均温度、稳压器压力、水位和蒸汽发生器水位等主要参数的波动在控制系统允许的静态偏差之内。

(2)反应堆达到氙平衡，控制棒 D 棒组处于其调节区域的中间位置。

(3)稳压器与一回路冷却剂系统的硼浓度差在 ±20ppm 以内。

(4)试验期间，应保持机组电功率输出恒定。

(5)试验期间，尽可能停闭蒸汽发生器二次侧排污。

4. 试验操作

(1)进入 KME，确认试验参数已设置正确，进行热平衡测量。

(2)在 KIT 中记录/打印堆芯状态参数。

(3)根据 KME 测量的堆芯热功率和 KIT 冷热端温差，计算一回路冷却剂流量。

7.4.3 堆芯功率分布的测量试验

1. 试验目的

通过电站计算机 KIT、KME 及 RIC 进行测量与数据采集，结合硼浓度测量分析结果，利用 RIC 对测量数据进行在线处理，可得到堆芯功率分布、径向功率峰因子、轴向功率峰因子、热点因子 F_Q^N、线功率密度、焓升因子 $F_{\Delta H}^N$、最大平均面的线功率密度及象限倾斜率等堆芯稳态性能参数，可用以验证堆芯安全准则。

2. 试验原理

在有功功率台阶的堆芯功率分布的测量试验，与零功率水平功率分布的测量的原理一致，见 7.2.7 相关内容。

3. 试验条件

在有功功率台阶的堆芯功率分布的测量试验的条件除 7.3.4 中相关要求外，还应着重考虑以下两点：

(1)反应堆已在该功率台阶稳定运行 24 h 以上。

(2)堆芯已达到氙平衡。

4. 试验结果的处理

在各功率台阶的功率分布的测量试验，是验证反应堆安全的重要试验，在功率分布测量试验的处理结果未满足验收准则前，不得继续提升反应堆功率。而且，应在反应堆继续稳定运行 24 h 后，再次进行试验。

此外，功率分布的测量结果也用于调整 RPN 的功率量程通道的刻度系数 K 和反应堆功率分布监测系统(RPDM)的参考轴向功率偏差 ΔI_{ref}。

7.4.4　功率系数测量试验

1. 试验目的

功率系数测量试验是对随功率变化而产生的反应性变化量进行测量，求出功率系数或/和功率亏损，以确认最终安全分析报告内事故分析部分所用的功率系数是保守的。

2. 试验原理

根据压水堆设计要求，在反应堆功率增加时，堆芯要添加负反应性，这样可以通过对功率增加速率的限制为系统增添一定的安全性。反应堆固有的反应性效应如下：

(1)随着反应堆功率的增加，燃料有效温度系数增加，燃料温度系数向堆芯添加了负反应性。

(2)当慢化剂温度上升时，负的慢化剂温度系数向堆芯添加了负反应性。

(3)堆芯内的泡核沸腾造成的空泡向堆芯添加了负反应性。

由于在有功率阶段，对反应堆的控制是在压力控制模式下进行的，因此采用汽轮发电机组的负荷控制器，使电负荷按 1% P_e/min 的平均速率降低。在负荷变化过程中，为使反应堆功率与电功率保持一致，需要手动调整控制棒的棒位，并控制一回路 $T_{avg} = T_{ref} \pm 0.5$ ℃(不考虑仪表控制死区)。

电功率每降低约 5%，堆芯稳定约 5 min，此时进行热平衡的测量和堆芯状态参数的采集。在数据采集过程中，根据 T_{avg}、T_{ref} 及毒物的变化适当进行控制棒的操作。当反应堆功率下降了 15%P_e(功率在 30%FP 平台)、20%P_e(功率在 50%FP 平台)或 25%P_e(功率在75%FP 和 100%FP 平台)时，停止降负荷操作，进行热平衡的测量和堆芯状态参数的采集，并用调整控制棒的棒位以补偿由氙毒引起的反应性变化。堆芯稳定 15 min 后，再进行一次热平衡的测量和堆芯状态参数的采集(图 7-14)。最后对试验数据进行处理，给出功率台阶上的功率系数和功率亏损。当提升功率物理试验结束后，将各功率台阶上的功率系数和功率亏损分别加起来就是本反应堆的功率系数和功率亏损，即

$$\alpha_R = \frac{\Delta\rho}{\Delta P} = \frac{\sum_i \left(\frac{\Delta\rho}{\Delta P}\right)_i}{n} \tag{7-40}$$

$$\Delta\rho = \sum_i (\Delta\rho)_i \tag{7-41}$$

在功率系数测量试验的实施过程中还可以按图 7 - 15 的方式改变功率,此时功率变化速率仍为 $1\%P_e$/min,然后使堆芯稳定 5 min。

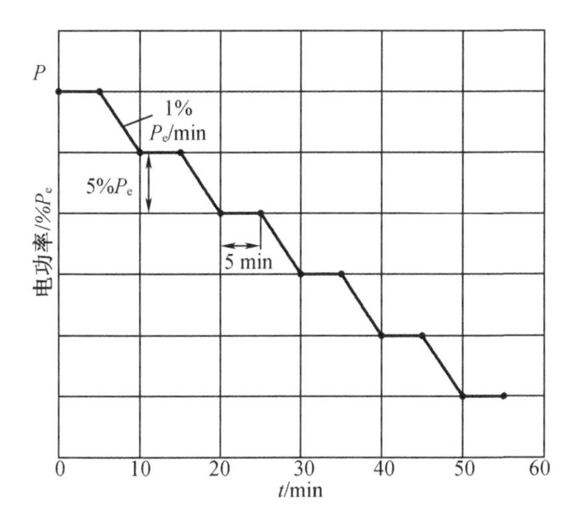

图 7 - 14 功率系数测量试验示意图 1

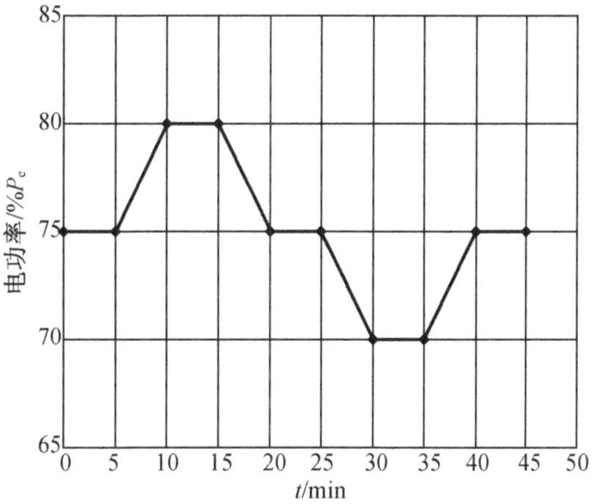

图 7 - 15 功率系数测量试验示意图 2

采用图 7 - 14 所示方法的好处是:不但能测量功率系数,还可以测量功率亏损。特别是在机组首循环启动试验中,在实施了 30%FP、50%FP、75%FP、100%FP 4 个功率台阶的功率系数测量试验后,将它们的结果进行累加可以得到 15%FP ~ 100%FP 之间的功率亏损(当然,需要对数据进行必要的修正)。为得到当前功率点 P 的功率系数,按照图 7 - 15 所示方法使堆芯功率在功率点 P 附近变化较为合适。采用这种方法同样能得到比较准确的功率系数,但是不能得到功率亏损。在换料堆芯中,一般只测量 75%FP 的功率系数,因此可采用图 7 - 15 所示方法。

3. 试验条件

(1)反应堆已在该功率台阶稳定运行 24 h 以上,达到氙平衡。

(2)负荷变化速度不得超过负阶跃变化($10\%P_e$)或线性变化($5\%P_e$/min)。

(3)试验中,容控箱水位处于反应堆系统不进行自动补水的水位。

(4)在进行功率升降变化试验期间,要尽力使 RCP 的硼浓度保持不变,同时也不准进行使 T_{avg} 产生急剧变化的操作。

(5)控制棒的控制方式为手动控制。

(6)注意观测超功率 ΔT 和超温 ΔT 记录仪的记录,要求离整定值有 $10\%\Delta T$ 以上的裕度。

(7)试验前,将 C21 信号闭锁。

4. 试验步骤

(1)方式一

①采用汽轮发电机组的负荷控制器,按图 7 - 15 所示的功率变化改变负荷,即电功率按 $1\%P_e$/min 的平均速率降功率。

②负载变化时，为使反应堆功率与电功率一致，逐段下插 D 棒组来补偿降负荷引起的反应性变化，使 T_{avg} 与 T_{ref} 的偏差控制在 ±0.5 ℃内。注意：在调整控制棒组时，要按照物理试验负责人的命令一次调整到位，即使出现调整过量或不足的情况也不做修正。调整控制棒组后需要等待足够长的时间，以观察记录仪上记录曲线的变化与走势。

③电功率每下降约 5% P_e，暂停使负荷变化的操作，稳定机组运行 5 min，使用 KME 每分钟测量一次热平衡，同时使用试验数据采集和处理系统（KDO）及 KIT 采集堆芯状态参数。

④重复以上操作。

⑤当反应堆功率水平达到试验目标功率水平时，停止降负荷操作，稳定机组运行。

⑥在机组停止负荷变化且稳定运行期间，使用 KME 测量热平衡，同时使用 KDO 和 KIT 采集堆芯状态参数。

（2）方式二

①采用汽轮发电机组的负荷控制器，按图 7－16 所示的功率变化改变负荷，即电功率按 1%P_e/min 的平均速率变化。

②负载变化时，为使反应堆功率与电功率一致，逐段调整 D 棒组的棒位来补偿降负荷引起的反应性变化，使 T_{avg} 与 T_{ref} 的偏差控制在 ±0.5 ℃内。注意：在调整控制棒组时，要按照物理试验负责人的命令一次调整到位，即使出现调整过量或不足的情况也不做修正。调整控制棒组后需要等待足够长的时间，以观察记录仪上记录曲线的变化与走势。

③电功率每升降（负荷变化）5%P_e 后，暂停使负荷变化的操作，稳定机组运行 5 min，使用 KME 每分钟测量一次热平衡，同时使用 KDO 和 KIT 采集堆芯状态参数。

④重复以上操作。

⑤当反应堆功率水平回到试验前的功率水平时，停止使负荷变化的操作，稳定机组运行。

⑥在机组停止负荷变化且稳定运行期间，使用 KME 测量热平衡，同时使用 KDO 和 KIT 采集堆芯状态参数。

5. 数据处理

通过记录介质传输试验中采集的数据，并对数据进行离线处理，方法如下：

$$\int_{Q_0}^{Q_i}\frac{\partial\rho}{\partial T_f}\frac{\mathrm{d}T_f}{\mathrm{d}Q}\mathrm{d}Q+\int_{Q_0}^{Q_i}\frac{\partial\rho}{\partial T_m}\frac{\mathrm{d}T_m}{\mathrm{d}Q}\mathrm{d}Q+\int_{Q_0}^{Q_i}\frac{\partial\rho}{\partial x}\frac{\mathrm{d}x}{\mathrm{d}Q}\mathrm{d}Q+\int_{(T_{avg}-T_{ref})_0}^{(T_{avg}-T_{ref})_i}\frac{\partial\rho}{\partial(T_{avg}-T_{ref})}\mathrm{d}(T_{avg}-T_{ref})+\int_{h_0}^{h_i}\frac{\partial\rho}{\partial h}\mathrm{d}h+\int_{X_0}^{X_i}\frac{\partial\rho}{\partial C_{Xe}}\mathrm{d}C_{Xe} \tag{7-42}$$

式中，ρ 为反应性；Q 为功率；$\Delta T=T_{avg}-T_{ref}$；C_{Xe} 为氙浓度；T_f：燃料温度；T_m 慢化剂温度；h 为棒位。

式（7－42）中，前 3 项之和即为所求功率亏损。由于空泡系数在整个堆芯寿期内几乎为常数，因此空泡效应对总的功率亏损的影响较小，在此可忽略不计。功率亏损为

$$\begin{aligned}\Delta\rho&=\int_{Q_0}^{Q_i}\frac{\partial\rho}{\partial T_f}\frac{\mathrm{d}T_f}{\mathrm{d}Q}\mathrm{d}Q+\int_{Q_0}^{Q_i}\frac{\partial\rho}{\partial T_m}\frac{\mathrm{d}T_m}{\mathrm{d}Q}\mathrm{d}Q\\&=-\left[\int_{h_0}^{h_i}\frac{\partial\rho}{\partial h}\mathrm{d}h+\int_{X_0}^{X_i}\frac{\partial\rho}{\partial C_{Xe}}\mathrm{d}C_{Xe}+\int_{(T_{avg}-T_{ref})_0}^{(T_{avg}-T_{ref})_i}\frac{\partial\rho}{\partial(T_{avg}-T_{ref})}\mathrm{d}(T_{avg}-T_{ref})\right]\end{aligned} \tag{7-43}$$

由式（7－43）可知，功率亏损是通过求解移动控制棒所引起的反应性变化、氙毒变化所

引起的反应性变化及一回路冷却剂平均温度 T_{avg} 与参考温度 T_{ref} 的偏差所引起的反应性变化得到的。试验时，如果 T_{avg} 与 T_{ref} 的偏差大于 0.5 ℃，则应考虑 T_{avg} 偏移 T_{ref} 所引起的反应性变化，否则不对该项做修正。移动控制棒带来的反应性变化可由反应性价值的测量得到。对于氙毒引起的反应性变化 $\Delta\rho_{Xe}$，可依据电站计算机系统 KIT 中的氙毒计算程序计算或由设计院根据试验时的实际功率变化情况求得，并据此对理论值进行氙毒修正。

6. 验收准则

功率系数为负值。

7.4.5 堆外中子注量率测量电离室刻度试验

1. 试验目的

在压水堆核电站的启动过程和功率运行过程中，反应堆的核功率和堆芯轴向功率分布都是通过 RPN 进行有效、连续不断的测量和监视的。RPN 有运行监督和核安全监督两种功能。其中，运行功能为反应堆的临界安全监督及 RPDM 提供有效信息；核安全监督功能主要提供高中子注量率、超温 ΔT 保护、超功率 ΔT 保护、地震情况下的安全保护。因此，RPN 是集测量、控制及保护于一体的在线系统，必须能够实时、正确地反映反应堆的实际功率水平和堆内轴向功率变化的情况。

由于 RPN 探测器的孔道有限，电离室轴向分节数不多，反应堆内中子经慢化、扩散等过程达到堆外探测器时的轴向分布很难与堆内中子的轴向分布完全一致，探测器本身灵敏度的离散性，所用中子探测器物质（^{10}B）的燃耗及系统本身的漂移等，RPN 的精度与 RIC 相比要差一些，因此需要周期性地利用反应堆热功率和堆内中子注量率的测量结果对 RPN 的功率量程通道进行刻度，以保证所测电流与反应堆功率呈线性关系。

因此，本试验除要在反应堆首次启动和换料堆芯启动时实施外，在反应堆正常运行期间也要实施。按照 FASR 第 16 章《运行技术规范》的要求，试验频度为 90 EFPD，或当热平衡计算的热功率 W 与 RPN 指示值 $P_r(k)$ 之间的偏差大于 2%FP 时必须要进行。

2. 试验原理

（1）堆外中子注量率测量电离室刻度试验原理

因为 RPN 是在线进行测量的，并且还要为控制及保护系统提供参数，所以 RPN 必须能时刻正确反映反应堆的实际功率水平，为运行和管理人员提供可靠的信息。在 RPN 中，要想获得反应堆的实际功率水平，需要设置电流－功率转换系数。这个系数是依据当前中子注量率的分布状态进行设置的。但是由于随着燃耗的增长，中子注量率分布状态不断变化，电流－功率转换系数也在变化，因此需要定期确定电流－功率转换系数及其他调节系数。

为保证 RPN 能够时刻正确反映反应堆的功率水平。压水堆 RPN 采用了 3 个相关系统进行对比校验，即 RIC、一回路热平衡（KIT）、二回路热平衡（KME），同时采用两种系数［电流－功率转换系数 K_u、K_1、α（RIC 完成），功率调节系数 G（热平衡完成）］。

这两种系数的相互关系参见式（7－44）～式（7－46）及图 7－16。

$$P_{RPN} = G \times W \tag{7-44}$$

$$W = K_H I_H + K_B I_B \tag{7-45}$$

$$P_{RPN} = G(K_H I_H + K_B I_B) \tag{7-46}$$

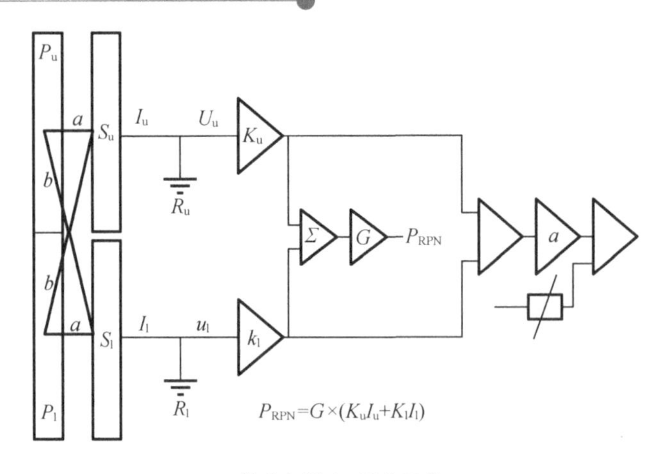

u—堆芯上部;l—堆芯下部。

图7-16 RPN测量及校验原理

①RIC系统校验原理

RIC通过堆内可移动的微型裂变室直接测量反应堆组件的相对功率分布值。该系统先直接测量38个燃料组件的实际活性(核反应率),然后将测量值和理论数据相比较,得出一系列比例系数,再用这些比例系数对原有的理论计算值进行修正,获得全堆的相对中子注量率分布,最后通过3个中子注量率测量处理程序包得出功率分布值及电流-功率转换系数。该测量系统测量精度较高,但测量工作比较复杂,完成一次测量时间较长,测量条件要求较苛刻,因此测量频率较低(约每90 EFPD完成一次校验)。

②KIT热功率校验原理

KIT用于计算一回路系统热工参数。它通过安装在一回路系统上的压力、温度及流量的仪表采集热工参数,然后再利用小温差法计算公式求出反应堆热功率。由于该系统的测量环境条件较差(温度高、压力高、放射性强),所用仪表的精度也不太高,因此KIT计算出的功率的精度略差一些。但KIT是在线功率计算系统,其在测量等使用方面相当方便,因此使用频率仍较高,常用于日常校验。它可通过使用KME热平衡值导出一回路系统流量,用修改流量方法来修改KIT热功率的测量精度。

③KME热平衡校验原理

KME用于计算二回路系统热平衡。它通过安装在二回路系统上的专用高精度的压力、温度、流量等仪表进行测量。由于工作环境较好,可使用精度较高的仪表,因此KME的测量精度较高,可作为判断反应堆热功率测量是否正确的“判据”。该系统的操作比RIC简单,使用频率较高。

④3系统校验过程中相互关系

参与RPN校验的3个系统(RIC、KIT、KME)通过分别调节各自的系数来校验RPN输出的热功率。那么何时、何情况下,使用何系统进行校验呢?这就是下面要讨论的3系统校验过程原理。一般来说,日常调节用KIT热平衡值。当KIT热平衡值与RPN的偏差大于1.5%时,用KME热平衡值与KIT热平衡值进行比较。如果KME热平衡值与KIT热平衡值的偏差大于0.25%,说明KIT热平衡测量值不正确,应该对KIT热平衡值加以修正。显而易见,如果KIT热平衡测量值是正确的,那么RPN的测量值一定是错误的,即RPN与KME热平衡值的偏差一定会大于1.5%,这时可以调节G值。如果G值超过了它的调节范围

(0.95~1.95),则调节 G 值不再有效,此时应该调节 K_u、K_l 及 α 这3个系数。

前文已经讨论了 RPN 的一般校验原理,下面分别对用 RIC、KME 热平衡、KIT 热平衡校验 RPN 的原理进行叙述。

(2)使用 RIC 校验 RPN 的原理

①RPN 核功率计算

RPN 核功率的测量是通过压力壳外围的电离室完成的。一般600 MW 压水堆采用两节电离室(上部及下部),但秦山第二核电厂采用6节电离室(上3节及下3节)。将通过电离室测量出的电流,通过转换系数转换为功率(单位为 MW 或%FP)。为便于计算,图7-17给出了试验数据处理示意图。

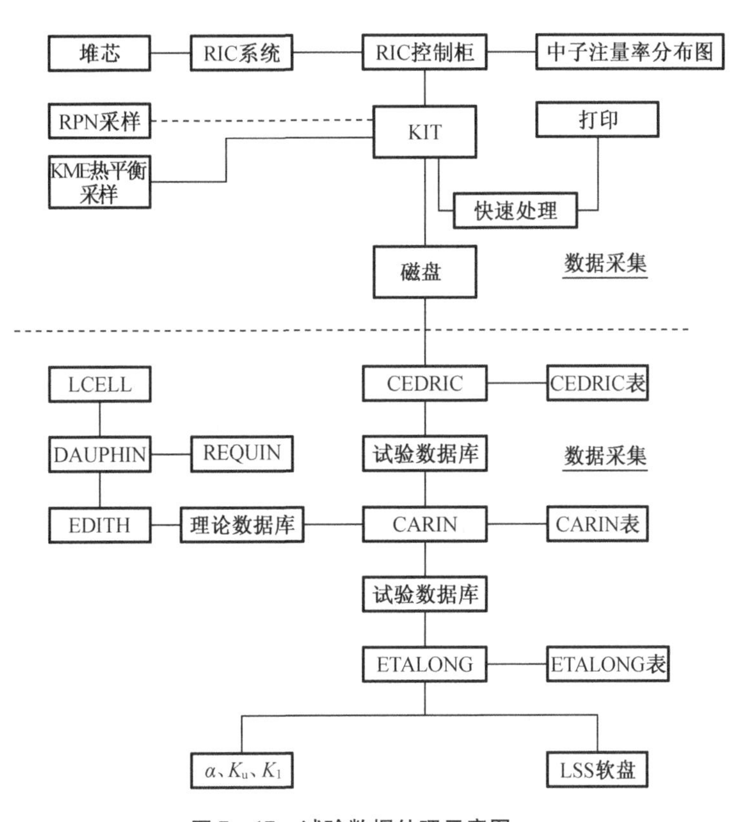

图7-17 试验数据处理示意图

从图7-19可知:

$$I_u = C_u(aP_u + bP_l) \tag{7-47}$$

$$I_l = C_l(aP_l + bP_u) \tag{7-48}$$

$$W = P_u + P_l \tag{7-49}$$

$$\Delta I = \frac{P'_u - P'_l}{P'_u + P'_l}W \tag{7-50}$$

式中,C_u、C_l 分别为反应堆上部和下部的效率系数;a、b 分别为几何转换(电流-功率)因子;P'_u、P'_l分别为反应堆上部和下部的热功率,MW;I_u、I_l 分别为反应堆上部和下部的电流;ΔI 为轴向功率偏差,%FP;W 为反应堆的额定功率,%FP。

$$W=\frac{P'_u+P'_l}{(P'_u+P'_l)_{额定}}=\frac{P'_u}{(P'_u+P'_l)_{额定}}+\frac{P'_l}{(P'_u+P'_l)_{额定}}=P_u+P_l \tag{7-51}$$

式中,W 为反应堆的额定功率,%FP;P_u 为反应堆上部的额定功率,%FP;P_l 为反应堆下部的额定功率,%FP。

从(7－47)和(7－48)可得

$$\frac{I_u}{C_u}=aP_u+bP_l \tag{7-52}$$

$$\frac{I_l}{C_l}=aP_l+bP_u \tag{7-53}$$

(7－52)与(7－53)相加得

$$\frac{I_u}{C_u}+\frac{I_l}{C_l}=(a+b)(P_u+P_l) \tag{7-54}$$

$$W=\frac{I_u}{C_u(a+b)}+\frac{I_l}{C_l(a+b)} \tag{7-55}$$

令

$$\frac{1}{C_u(a+b)}=K_u,\frac{1}{C_l(a+b)}=K_l \tag{7-56}$$

$$W=K_uI_u+K_lI_l \tag{7-57}$$

②轴向功率偏差因子($\Delta\phi$)的计算

轴向功率偏移 AO 的计算式为

$$\mathrm{AO}=\frac{P'_u-P'_l}{P'_u+P'_l} \quad 或 \quad \mathrm{AO}(\%\mathrm{FP})=\frac{P'_u-P'_l}{P'_u+P'_l}\times 100 \tag{7-58}$$

轴向功率偏差因子 $\Delta\phi$ 的计算式为

$$\Delta\phi=\frac{P'_u-P'_l}{(P'_u+P'_l)_{额定}}=\frac{P'_u-P'_l}{P'_u+P'_l}\times\frac{P'_u+P'_l}{(P'_u+P'_l)_{额定}}=\mathrm{AO}\times W \tag{7-59}$$

如果 $\Delta\phi$ 用%FP 表示即为

$$\Delta\phi(\%\mathrm{FP})=\mathrm{AO}\times\frac{W}{100} \tag{7-60}$$

用(7－52)减去(7－53)得

$$\frac{I_u}{C_u}-\frac{I_l}{C_l}=(a-b)(P_u-P_l)=(a-b)\Delta\phi \tag{7-61}$$

$$\Delta\phi=\frac{P'_u-P'_l}{(P'_u+P'_l)_{额定}}=\frac{P'_u}{(P'_u+P'_l)_{额定}}-\frac{P'_l}{(P'_u+P'_l)_{额定}}=P_u-P_l \tag{7-62}$$

由式(7－61)有

$$\Delta\phi=\frac{1}{a-b}\left(\frac{I_u}{C_u}-\frac{I_l}{C_l}\right)=\frac{a+b}{(a+b)(a-b)}\left(\frac{I_u}{C_u}-\frac{I_l}{C_l}\right)=\frac{a+b}{a-b}\left[\frac{I_u}{C_u(a+b)}-\frac{I_l}{C_l(a+b)}\right] \tag{7-63}$$

令

$$\frac{a+b}{a-b}=\alpha,\frac{1}{C_u(a+b)}=K_u,\frac{1}{C_l(a+b)}=K_l \tag{7-64}$$

$$\Delta\phi=\alpha(K_uI_u-K_lI_l) \tag{7-65}$$

③校验系数(α、K_u、K_l)的计算

由 KME 热平衡与 RPN 测得核功率可得一个关系式:

$$I_u + I_l = K \times W \tag{7-66}$$

式中,I_u、I_l 分别为 RPN 测得的电流,μA;W 为 KME 热平衡测得的相对热功率,%;

使用不同功率下的 $I_u + I_l$ 及 W,利用线性回归法可以求出 K 值并确定它的误差。

此外,有下列关系式:

$$\frac{I_u - I_l}{I_u + I_l} \times 100 = A + B \times AO_{in} \tag{7-67}$$

$$AO_{ex} \times 100 = A + B \times AO_{in} \tag{7-68}$$

式中,AO_{ex}为 RPN 测得的功率偏移值;AO_{in}为 RIC 测得的功率偏移值。

为获得 A、B 值,可以做一个轴向功率振荡试验,然后分别利用 RPN 及 RIC 测量 AO,用线性回归法可确定 A、B 因子。

从式(7-60)、(7-66)及(7-68)可得

$$\alpha = \frac{1 - \left(\frac{A}{100}\right)^2}{B} \tag{7-69}$$

$$K_u = \frac{1}{K\left(1 + \frac{A}{100}\right)} \tag{7-70}$$

$$K_l = \frac{1}{K\left(1 - \frac{A}{100}\right)} \tag{7-71}$$

综上所述,式(7-66)及式(7-68)是非常重要的。整个校验原理如下:

a. 通过 RPN 与 KME 热平衡可以确定式(7-66)。

b. 通过 RPN 与 RIC 可以确定式(7-68)。

c. 通过式(7-66)及(7-68)可求出 A、B 及 K。

d. 通过式(7-69)~式(7-71)可求出 α、K_u 及 K_l。

④测量结果有效性的判断标准

一方面,测量过程中可能会出现错误;另一方面,在 RPN 校验过程中,RPN 仍然使用旧的校验系数(K_u、K_l、α),这些系数不能反映实际情况。由于热平衡测量结果与 RPN 测量结果都存在误差。如果误差在下列范围内,仍可认为测量结果是有效的。

$$\left| W - [K_u(K) \times I_u(K) + K_l(K) \times I_l(K)] \right| < 1.5\%\text{FP} \tag{7-72}$$

$$\left| \frac{W_j \times AO_{in_j}}{100} - \alpha(K_u I_{u_j} - K_l I_{l_j}) \right| < 3\%\text{FP} \tag{7-73}$$

式中,W_j 为 KME 热平衡测得的核功率;$\alpha(K_u I_{u_j} - K_l I_{l_j})$ 为 RPN 测得的反应堆热功率;$\frac{W_j \times AO_{in_j}}{100}$为 KME 与 RIC 测得的 $\Delta\phi$;$\alpha(K_u I_{u_j} - K_l I_{l_j})$ 为 RPN 测得的 $\Delta\phi$;$j = 1,2,3,\cdots,10$,共计 10 个实验点;$K = 1,2,3,4$。

⑤RPN 校验试验

RPN 校验试验主要包括数据采集与数据处理两部分。

a. 数据采集

整个试验的数据采集包括 RIC 采样、RPN 采样、KME 热平衡采样。

• RIC 采样

RIC 采样由微型裂变室及 KIT 完成。对于每一个轴向功率偏差因子 $\Delta\phi$，RIC 中的 4 个微型裂变室都完成 3 次 1/8 堆芯组测量孔道(12 个)的采样。每次采样中，微型裂变室在活性区高度(365.76 cm)上每 8 mm 采一次数据，对每 8 个 8 mm(64 mm)的数据取一个平均值。活性区高度上可取点(64 mm)约为 57 个。RIC 的数据采集系统可对 KIT 和 RIC 采集的数据进行预处理。该系统有两个设定水平：水平 -1 及水平 -2。水平 -1 完成数据的采集并将结果传送到水平 -2。水平 -2 将水平 -1 的数据进行模数转换，并采集其他与校验有关的核电站特性参数，最后将这些数据储存在计算机硬盘或磁带上以供数据的离线处理使用。

• RPN 采样

RPN 采样是由压力壳周围的 4 个核功率测量孔道完成的。它采集的是 I_u 及 I_l。

• KME 热平衡采样

试验专设传感器将有关二回路的压力、温度、流量信号从机器厂房传送到电器厂房的 W604 房间。利用微计算机系统采样对这些信号进行采样，并通过相关计算机程序完成热平衡计算。

b. 数据处理

数据处理由计算机程序 CEDRIC、CARIN 和 KHKBA(由 FRAMATOME 公司提供)完成。

CEDRIC 程序的功能是读值、解码、数据生效处理及产生一个实验数据库，共分 3 步。

第一步：读取存储的数据.

第二步：解码、数据生效处理并产生一个试验数据库。

第三步：将试验数据库转入一个供 CARIN 程序使用的临时数据库中。

CARIN 程序的功能是修正实验数据(包括本底修正、功率漂移修正及测量启动修正)，理论活性值与实测活性值比较[如$(V_{实测}-V_{理论})/V_{理论}<25\%$]，产生一个 CARIN 数据库。

KHKBA 程序的功能是确定 RPN 核功率测量系数 K_u、K_l 及 α，原理如图 7-18 所示。

c. 功率振荡控制

前面已述，要确定 K_u、K_l 及 α 就必须知道 A、B、K，因此就必须确定两条直线(在直角坐标中)。要确定一条直线，就必须获得许多试验点，即要求轴向功率有一个振荡，进而从这个振荡中获得不同的 AO 值。轴向功率振荡试验采用在插棒中伴随稀释操作(在提棒中伴随加硼操作)进行。轴向功率振荡用 $\Delta\phi-\Delta\phi_{ref}$来描述，幅值为 $-4\%\sim+6\%$(图 7-19)。

为确定 $AO_{ex}-AO_{in}$的线性关系，常取 6~8 个实验点，每个试验点处作 3 次中子注量率图，每次测量 4 个孔道，因此每个试验点处要完成 12 个孔道测量，通常将该中子注量率图称为 1/8 中子注量率图。3 次中子注量率图分别称为 PASS1、PASS2 和 PASS3。每个 PASS 前都需要采集一些特性参数(3 个电离室的电流值和调节棒的位置)以作为 IN-CORE 处理的参考。

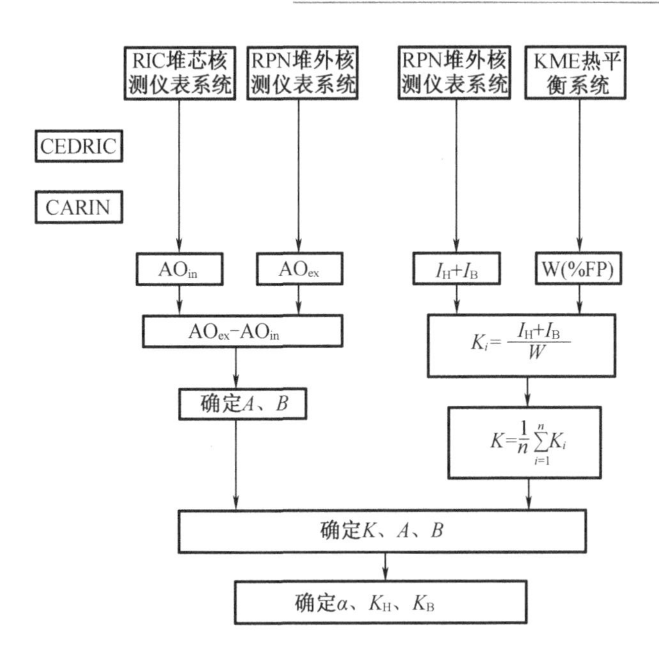

图 7-18 KHKBA 程序计算原理图

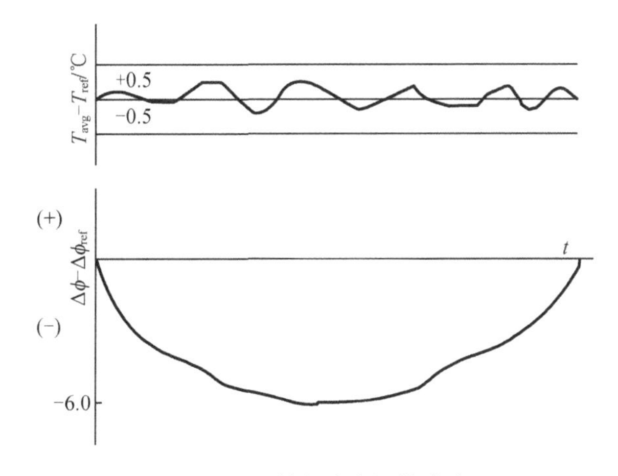

图 7-19 轴向功率振荡试验

d. 氙毒控制

为使反应堆功率在试验前 48 h 保持稳定,还需有效控制氙振荡。有两种有效控制氙振荡的方法可以采用(图 7-20)。

方法一:控制棒法。

控制棒法是利用调节棒 D 控制氙振荡。在氙振荡达到其最大值以前的 1.5 h(即 $\Delta\phi-\Delta\phi_{ref}=+\Sigma$),将控制棒插入确定的深度,并保持其棒位不变,当 $\Delta\phi-\Delta\phi_{ref}=-\Sigma$ 时,提起调节棒到原位置。可以重复上述步骤直到 $\Delta\phi-\Delta\phi_{ref}$ 为零。

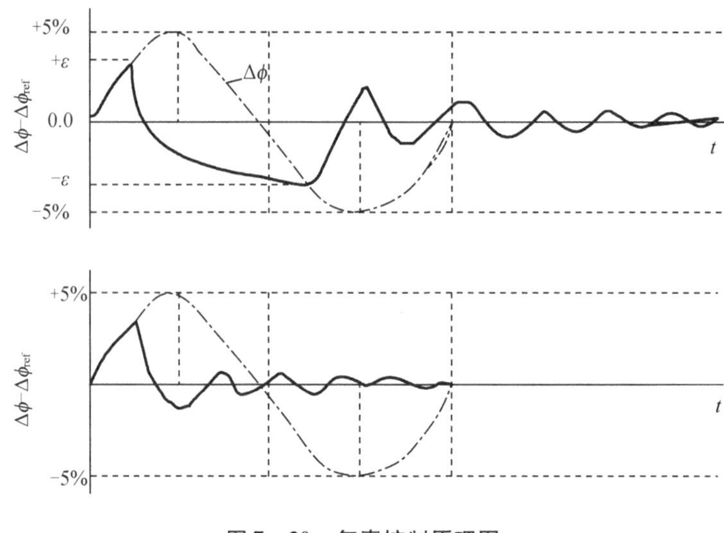

图 7-20 氙毒控制原理图

方法二：控制棒和加硼法。

在氙振荡达到最大以前插入调节棒，使 $\Delta\phi-\Delta\phi_{ref}$ 为零，然后加硼，并保持 $\Delta\phi-\Delta\phi_{ref}$ 为零，同时逐步提出调节棒。

目前，广东大亚湾核电站采用方法一进行氙毒控制。

(3)使用 KME 热平衡校验 RPN 的原理

KME 热平衡测量仪表精度高，计算热功率较准确，通常用于校验 RPN 及判断二回路系统的故障。

(4)用 KIT 热平衡校验 RPN 的原理

KIT 热平衡计算主要是在一回路系统中完成的。从热平衡的角度看，反应堆热功率应等于 2 个环路的输出热功率，即

$$P_{th}=\sum_{i=1}^{2}P_i \tag{7-74}$$

$$P_i=Q_{Vi}\times\rho_i\times\frac{\Omega}{\Omega_0}\times[H_h(T)-H_c(T)]\times\frac{10^{-6}}{3.6} \tag{7-75}$$

式中，P_i 为某一环路热功率，MW；Q_{Vi} 为某一环路体积流量，m^3/h；ρ_i 为流体密度，kg/m^3；$H_h(T)$ 为某一环路出口焓值，kJ/kg；$H_c(T)$ 为某一环路进口焓值，kJ/kg；Ω/Ω_0 为主泵实际转速与额定转速之比（额定转速为 1 485 r/min）；$\frac{10^{-6}}{3.6}$ 为转换因子 P，$P=\frac{m}{h}\times\frac{KG}{m}\times\frac{KJ}{KG}=\frac{KJ}{h}=\frac{10^{-6}}{3.6}$ MW。

$$H_h(T)=1\,285.3-5.075\times T+175\times10^4\times T^2 \tag{7-76}$$

$$H_c(T)=559.3-0.255\times T+95\times10^4\times T^2 \tag{7-77}$$

这些关系式都可用一个多项式近似计算：

$$\rho(T)=603.511-288\,364\times10^{-5}\times T-824\,347\times10^{-8}\times T^2 \tag{7-78}$$

要确定式(7-78)，就必须知道流体密度 ρ_i 与温度的函数关系，以及流体进口焓值与出口焓值的函数关系。

KIT 热平衡是由核电站过程计算机 KIT 完成的，包括数据采集和热平衡计算。

(5) α、K_u、K_l 的计算

有式(7－79)~式(7－81)：

$$\Delta\phi = AO_{in}\frac{W}{100} \tag{7-79}$$

$$100 \times \frac{I_u - I_l}{I_u + I_l} = A + B \times AO_{in} \tag{7-80}$$

$$I_u + I_l = KW \tag{7-81}$$

从式(7－80)中提取：

$$AO_{in} = \frac{100 \times \frac{I_u - I_l}{I_u + I_l} - A}{B} \tag{7-82}$$

从式(7－81)中提取：

$$W = \frac{1}{K}(I_u + I_l) \tag{7-83}$$

将式(7.82)、式(7.83)代入式(7.79)得

$$\begin{aligned}
\Delta\phi &= \frac{100 \times \frac{I_u - I_l}{I_u + I_l} - A}{B} \times \frac{I_u + I_l}{100K} \\
&= \frac{1}{100K} \times \frac{100(I_u - I_l) - A(I_u + I_l)}{B(I_u + I_l)} \times (I_u + I_l) \\
&= \frac{1}{BK}\left[I_u\left(1 - \frac{A}{100}\right) - I_l\left(1 + \frac{A}{100}\right)\right] \\
&= \frac{\left(1 - \frac{A}{100}\right)\left(1 + \frac{A}{100}\right)}{B}\left[\frac{I_u}{K\left(1 + \frac{A}{100}\right)} - \frac{I_l}{K\left(1 - \frac{A}{100}\right)}\right] \\
&= \frac{1}{BK} \times \frac{100(I_u - I_l) - A(I_u + I_l)}{I_u + I_l} \\
&= \frac{1}{BK} \times \left(I_u - I_l - \frac{A}{100}I_u - \frac{A}{100}I_l\right)
\end{aligned}$$

所以，α、K_u、K_l 为

$$\alpha = \frac{1 - \left(\frac{A}{100}\right)^2}{B} \tag{7-84}$$

$$K_u = \frac{1}{K\left(1 + \frac{A}{100}\right)} \tag{7-85}$$

$$K_l = \frac{1}{K\left(1 - \frac{A}{100}\right)} \tag{7-86}$$

3. 试验条件

(1) 堆芯已连续稳定运行 24 h 以上，达氙平衡。

(2) RIC、KME、KIT、RPN 系统均正常可用。

(3) RPN 的功率量程保护定值设置准确。

(4) 除控制棒组 D 位于咬量位置下插(12 ±3)步外,其余棒组均处于堆顶。

(5) 在绘制中子注量率图的过程中,特别是在采集试验数据期间,必须保持控制棒组的棒位不变,同时也必须将反应堆冷却剂平均温度控制在参考温度 ±0.5 ℃内。必要时,在探头不处在测量数据采集过程中时,可通过移动 D 棒组来调整温度,D 棒组的移动不应超过初始棒位 ±3 步范围。

(6) 在绘制中子注量率图的过程中,应禁止任何可能引起反应堆冷却剂平均温度变化的操作。

(7) 在绘制中子注量率图的过程中,反应堆功率变化应小于 ±2%。要求在进行每一步测量操作时,反应堆功率变化应小于 ±1%。

4. 试验操作

(1) 做 KME 热平衡测量试验,测绘全堆芯中子注量率图。

(2) 在调整 ΔI 前,闭锁 C21 信号。

(3) 维持反应堆功率稳定,通过调整控制棒来使 ΔI 改变约 1%FP。

(4) 在 ΔI 改变约 1%FP 后,测绘堆芯部分中子注量率图。

(5) 继续多次改变 ΔI(每次约 1%FP),完成 4 ~ 6 个堆芯部分中子注量率图的测绘。

(6) 测绘全堆芯中子注量率图。

(7) 进行本试验时,应尽可能将 ΔI 控制在 ΔI_{ref} ±5% FP 运行带内。

(8) 在测绘中子注量率图的过程中,应记录相关参数:KIT 和 KME 的热功率指示值;RPN 功率量程核功率及各节电离室电流信号;一回路硼浓度;电厂状态参数如棒位、温度、压力;堆芯平均燃耗;堆芯热电偶温度。

(9) IN – CORE 数据处理。

(10) 将程序计算的新刻度系数 K_H、K_B、α 发送给仪控工程师,由仪控工程师调整 RPN 功率量程实际刻度系数 K_H、K_B、K。

5. 验收准则

(1) 设计准则

当堆芯功率小于 50%FP 时:

对相对功率(P_i)≥0.9 的燃料组件,$|P_{cal} - P_{mes}| < 10\%$;

对相对功率(P_i)<0.9 的燃料组件,$|P_{cal} - P_{mes}| < 15\%$。

当堆芯功率大于 50% FP 时:

对相对功率(P_i)≥0.9 的燃料组件,$|P_{cal} - P_{mes}| < 5\%$;

对相对功率(P_i)<0.9 的燃料组件,$|P_{cal} - P_{mes}| < 8\%$。

式中,P 为每一燃料组件的功率,%FP。

(2) 校验准则

通过试验测量和计算,我们可以分别对每个通道进行计算:

$$\Delta_1(k) = W - P_r(k) = W - [K_H(k) \times I_H(k) + K_B(k) \times I_B(k)]$$

$$\Delta_2(k) = \Delta\phi_{in} - \Delta\phi(k) = \Delta\phi_{in} - \alpha(k) \times [K_H(k) \times I_H(k) - K_B(k) \times I_B(k)]$$

式中,W 为热平衡测量得到的反应堆热功率,%FP;P_r 为通过 RPN 测得的反应堆功率,%FP;$\Delta\phi_{in}$为通过 RIC 测得的轴向偏差,%FP;$\Delta\phi$ 为通过 RPN 测得的轴向偏差,%FP;k 为 RPN 测量通道号,$k=1,2,3,4$。

验收准则是:

$|\Delta_1(k)|<1\%$,这是反应堆高通量停堆定值中包含的误差。

$|\Delta_2(k)|<3\%$,这是超温 ΔT 保护和超功率 ΔT 保护整定值中的 $f(\Delta\varphi)$ 函数所包含的误差(详见最终安全分析报告)。

6. 方家山核电站“一点法”堆外中子注量率测量电离室刻度试验方法

不同于秦山第二核电厂采用人为方式向堆芯引入扰动来获得不同的堆芯轴向功率偏差(ΔI),然后在 ΔI 不同的工况下多次测量堆内中子注量率分布完成试验的方法,方家山核电站采用“一点法”来进行堆外中子注量率测量电离室刻度试验。

传统的试验方法容易诱发堆芯轴向氙振荡,并且可能导致 ΔI 超出目标运行带(尤其在堆芯寿期末),额外增加了机组运行风险及核电厂运行人员操控反应堆的难度。同时,由于传统试验过程需调节堆芯硼浓度以补偿由控制棒组动作引入的反应性,因此还会产生大量的放射性废液。

“一点法”是一种理论计算与现场试验相结合的进行堆外中子注量率测量电离室刻度试验的方法,其基本思想是将原本需要在真实反应堆上通过实际操作来获得的不同堆芯功率分布状态改由具有堆芯核设计级精度的软件的数值模拟来产生。它首先利用反应堆堆芯核设计软件构造出不同的堆芯功率分布,并结合屏蔽计算软件计算的探测器响应函数产生与功率分布相对应的探测器电流;其次用一张实测的中子注量率图完成对探测器效率的校刻和数值模拟电流的归一化;最后采用和传统试验方法相同的数据拟合方法产生校刻系数。

在“一点法”中,一个堆芯状态点的堆内、外测量结果将用于两个过程:一是对功率量程各节探测器的灵敏性进行刻度;二是对数值模拟计算的电流进行归一。具体实施过程如下:

第一步:数值模拟试验。

数值模拟试验在核设计阶段完成。在一个燃料循环内,每隔 90 EFPD,通过移动控制棒或氙振荡的方式进行数值模拟试验,得到堆内 AO_{ink} 和堆内三维功率分布 $P_k(x,y,z)$,并计算探测器响应电流。

$$\int w_j(z)\times P_k(x,y,z)\mathrm{d}x\mathrm{d}y\mathrm{d}z=I_{i,j,k} \tag{7-87}$$

式中,k 为数值试验的方案,$k=1,2,3,\cdots$;$w_j(z)$ 为探测器响应函数。

第二步:对探测器灵敏性进行刻度。

当需要刻度时,利用某个堆芯状态堆内探测器测量的轴向功率分布和堆外探测器测量的电流,对功率量程各通道的各节探测器的灵敏性进行刻度。

$$S_{i,j}\times\int w_j(z)\times P_i(z)\mathrm{d}z=I_{i,j} \tag{7-88}$$

式中,i 为功率量程通道,$i=1,2,3,4$;j 为功率量程内的各节探测器,$j=1,2,\cdots,6$;$W_j(z)$ 为第 j 个探测器的轴向响应函数(此处认为探测器的偏差和象限无关,安装上的偏差在电离室灵敏性系数上加以体现);$P(z)$ 为测量的轴向功率分布;$I_{i,j}$ 为测量的电流信号。

由式(7-88)可得灵敏性系数(矩阵)$S_{i,j}$。

第三步:利用探测器的灵敏性系数对数值模拟电流进行修正。

$$I_{i,j,k}^{c} = S_{i,j} \times I_{i,j,k} \tag{7-89}$$

并计算探测器上、下部电流：

$$I_{i,k,u}^{c} = \sum_{j=4,6} I_{i,j,k}^{c} \tag{7-90}$$

$$I_{i,k,u}^{c} = \sum_{j=1,3} I_{i,j,k}^{c} \tag{7-91}$$

第四步：通过线性拟合并产生刻度系数。

有了探测器电流后，就可采用拟合方法来产生刻度系数。对于各个象限，通过最小二乘方法进行线性拟合，得到刻度系数轴向偏差增益系数 α。（以下省略象限下标）

$$I_u = b_u \times AO_{in} + a_u \tag{7-92}$$

$$I_l = b_l \times AO_{in} + a_l \tag{7-93}$$

$$\alpha = \frac{1}{50 \times \frac{b_u}{a_u} - 50 \times \frac{b_l}{a_l}} \tag{7-94}$$

通过归一，得到上、下部探测器的电流转换系数 K_u 和 K_l。

式(7-92)和式(7-93)已经确定了 a 和 b。将测量的堆内 AO_{in}（即 $AO_{in,mes}$）分别代入式(7-92)和式(7-93)，得到 $I_{u,cal}$ 和 $I_{l,cal}$。计算归一化系数：

$$K_{norm} = \frac{I_{u,mes} + I_{l,mes}}{I_{u,cal} + I_{l,cal}} \tag{7-95}$$

并计算

$$K_u = \frac{50}{a_u \times K_{norm}} \tag{7-96}$$

$$K_l = \frac{50}{a_l \times K_{norm}} \tag{7-97}$$

上述过程中，$AO_{in,mes}$、$I_{u,mes}$ 和 $I_{l,mes}$ 均为测量数据。其中，$I_{u,mes}$ 和 $I_{l,mes}$ 均需归一到满功率水平。

式(7-94)、式(7-96)和式(7-97)分别确定了最终的刻度系数 α、K_u 和 K_l。

7.4.6 反应性系数的测定

1. 试验目的

反应性系数是指反应堆堆芯的反应性随某个特定参数改变的变化率。影响反应性变化的因素很多，主要有温度、压力、空泡、功率等，相关系数有温度系数、压力系数、空泡系数、功率系数等。反应性系数是反应堆提升功率阶段试验中测定的一个物理量，为等温温度系数(α_{iso})与多普勒功率系数(α_P)的比值。测得该比值后，如果已知其中一个系数，即可求出另一个系数。

2. 试验原理

(1)反应性系数

反应堆的各种反应性系数基本上确定了堆芯的动力学特性。堆芯的动力学特性则决定了核电厂在运行条件发生变化时的堆芯响应能力，及在非正常或事故过渡工况下的堆芯响应能力。

对反应堆具有重要意义的反应性系数主要有燃料温度系数、慢化剂温度系数和功率系数等。其中，关于慢化剂温度系数和功率系数有相应的物理试验。

多普勒功率系数是主要的堆物理动态参数之一，可帮助反应堆运行和管理人员掌握反应堆瞬变过程、制定和修改安全运行规程、校核理论计算、检查反应堆的自稳性等，对反应堆的稳定运行有重要的意义。但是，由于在测量过程中存在很强的功率－温度反馈，无法对多普勒功率系数进行直接测量，因此只能通过对功率、一回路冷却剂平均温度、参考温度和硼浓度的测量，得到等温温度系数，再通过测得等温温度系数与多普勒功率系数的比值，实现对多普勒功率系数的间接测量。

(2)反应性系数的测定

当汽轮机功率发生负阶跃变化时，反应堆的堆芯功率 P、一回路冷却剂平均温度 T_{avg} 和反应性 ρ 也将发生相应变化。如果考虑氙毒反应性效应，那么在任何给定的时刻，堆芯内的反应性平衡可写成式(7－98)。

$$\rho(t)=\alpha_P[P(t)-P_0]+\alpha_{iso}[T_{avg}(t)-T_{avg}(0)]+\Delta\rho_{Xe}(t) \tag{7-98}$$

式中，P_0、$P(t)$ 分别为初始时刻和 t 时刻的堆芯功率，%FP；$T_{avg}(0)$、$T_{avg}(t)$ 分别为反应堆冷却剂在初始时刻和 t 时刻的平均温度，℃；$\Delta\rho_{Xe}(t)$ 为氙浓度变化所引起的反应性变化量，pcm；α_P 为多普勒功率系数，pcm/%FP；α_{iso} 为等温温度系数，pcm/℃。

瞬态期间，氙毒反应性效应的变化率为

$$\frac{\mathrm{d}}{\mathrm{d}t}[\Delta\rho_{Xe}(t)]=K[P(t)-P_0] \tag{7-99}$$

因此，式(7－98)可写为

$$\rho(t)=\alpha_P[P(t)-P_0]+\alpha_{iso}[T_{avg}(t)-T_{avg}(0)]+K\int_0^t[P(t)-P_0]\mathrm{d}t \tag{7-100}$$

瞬态开始几分钟后，堆芯功率开始稳定。在此情况下，对式(7－100)进行微分，整理后得

$$\left(\frac{\alpha_{iso}}{\alpha_P}\right)_t=-\frac{\Delta P(t)}{\Delta T_{avg}(t)-\dfrac{D_\infty}{\Delta P_\infty}\displaystyle\int_0^t\Delta P(t)\mathrm{d}t} \tag{7-101}$$

式中，$\Delta T_{avg}(t)=T_{avg}(t)-T_{avg}(0)$；$\Delta P_\infty$ 为堆芯功率水平总变化，%FP，$\Delta P_\infty=P_\infty-P_0$；$P_\infty$ 为最终功率水平，%FP；$\Delta P(t)=P(t)-P_0$；D_∞ 为最终汽轮机功率水平下，反应堆冷却剂平均温度变化率，℃/min。

$$D_\infty=\left[\frac{\mathrm{d}T_{avg}(t)}{\mathrm{d}t}\right]_{t=\infty} \tag{7-102}$$

在降负荷 10 min 后，有

$$\int_0^t\Delta P(t)\mathrm{d}t=\Delta P_\infty(t-t_1) \tag{7-103}$$

式中，t_1 为平均温度变化到峰值温度所用的时间。故式(7－101)可写为

$$\left(\frac{\alpha_{iso}}{\alpha_P}\right)_t=-\frac{\Delta P(t)}{\Delta T_{avg}(t)-D_\infty(t-t_1)} \tag{7-104}$$

3. 试验条件

(1)堆芯处于氙平衡状态并稳定运行 24 h 后开始本试验。

(2)控制棒组 D 在运行区域，且其调节方式被设置为“自动”。

(3)稳压器、化容系统均投入自动运行。

(4)试验前应检查容控箱水位，需要时可在试验前向容控箱补水，确保试验过程中不需

要向容控箱自动补水。

(5)一回路冷却剂中的硼浓度保持不变。

4. 试验步骤

(1)利用热平衡试验测定反应堆初始状态的热功率。

(2)利用汽轮机控制系统,以 50 MW(e)[1]/min 的速率将汽轮机负荷降低 30 MW(e),之后将汽轮机控制设置为“自动负荷控制”。

(3)在降负荷过程中,用多笔记录仪、电站 KIT、KDO 同时记录一回路冷却剂平均温度、参考温度、反应堆冷却剂进出口最大温差及堆芯功率等有关参数,记录时间为 30 min。

(4)停止降负荷,并将机组恢复到试验前的初始状态。

(5)处理试验数据。

5. 验收准则

反应性系数的实测值与理论值的偏差在 20% 之内。

7.4.7 满功率堆芯稳态性能试验

1. 试验目的

在反应堆首次到达稳态满功率运行时需对其堆芯稳态性能做一次评定,因为在核设计过程中往往把满功率运行下的一些核参数作为设计的基本目标之一,只有达到此目标,在此基础上的一些瞬态或事件的分析才能通过。因此,堆芯的满功率稳态特性对反应堆安全运行而言是非常重要的,它必须小于反应堆的满功率稳态设计限值。可将堆芯稳态性能试验的目的总结为 3 点:

(1)确认反应堆堆芯在满功率氙平衡状态下的临界硼浓度与核设计相符。

(2)对稳态特性的一些参数如 F_Q^N、$F_{\Delta H}$、DNBR 进行测量。

(3)检验控制棒组 D 在咬量位置下的微分反应性当量。

2. 试验原理

(1)满功率氙平衡状态下的临界硼浓度的测量

满功率氙平衡状态下的临界硼浓度表示了反应堆后备反应性的大小,该浓度的值与循环的寿期有关。核设计报告中给出的是标准状态下的临界硼浓度,其中,标准状态的含义是满功率、氙平衡、ARO、$T_{avg}=T_{ref}$。但是在试验中是在测量条件下得到临界硼浓度的,测量状态与标准状态之间存在一些差异,因此需要对实测的临界硼浓度进行修正。可以用类似于 MEDOR 的程序或用人工计算对实测的临界硼浓度进行修正。

将实测的临界硼浓度修正到 HFP、ARO 标准状态下的临界硼浓度的计算公式如下:

$$C_B^{修正} = C_B^M + (\Delta\rho_{power} + \Delta\rho_{Xe} + \Delta\rho_{Sm} + \Delta\rho_{rods} + \Delta\rho_{temp})/DBW + \Delta C_{B,burnup} + \Delta ppm_{HZP} \tag{7-105}$$

式中,C_B^M 为反应堆满功率稳定运行下(D 棒组接近 ARO 状态)测得的临界硼浓度;$\Delta\rho_{power}$ 为功率修正;$\Delta\rho_{Xe}$ 为氙修正;$\Delta\rho_{Sm}$ 为钐修正;$\Delta\rho_{rods}$ 为棒位修正;$\Delta\rho_{temp}$ 为温度修正;$\Delta C_{B,burnup}$ 为燃耗修正;$\Delta C_{B,burnup}$ 为硼微分价值,ppm/pcm;Δppm_{HZP} 为 $C_{B,HZP}^C$(ARO)修正。各修正均指相对于标准状态(150 MWd/tU、ARO、EQ. Xe、HFP)的修正。

---

[1] MW(e)表示兆瓦(电),(e)表示此功率为电功率。

(2)稳态特性的一些参数的确定

DNBR是用来表示堆芯上任何一点的临界热流密度(q_{DNB})除以实际热流密度的最小局部数值,在电站调试期间可通过试验对它进行检查,并将其与堆芯热工水力设计中确定的数据进行比较。如果这个比较暴露出设计值与实际参数之间有矛盾,那么就可确定系统的实际安全裕度,据此也可以对反应堆保护系统和控制系统的整定值进行适当调整。这样,电站将有更强的灵活性。稳定额定工况下,DNBR一般取1.8~2.2,这样就为动态工况留有足够的安全裕度。秦山第二核电厂稳定额定工况下,DNBR为2.16。DNBR的计算方法是综合方法WRB-1公式。

为计算DNBR数值,一般需要获取如下参数:冷却剂总流量;冷却剂焓升;燃料棒轴向归一化的功率分布;径向核功率不均匀系数;象限核功率不均匀系数;局部核功率峰值因子;水力模拟试验系数;冷却剂流量交混因子;焓升工程热管因子 $F_{\Delta H}^{E}$;热/通量热管因子 F_{q}^{E};冷却剂出口、入口的温度和压力。因此在试验期间可通过测量堆芯功率分布、热功率和流量来得到这些参数。可使用离线程序进行计算,得到以下参数:F_{xy}、F_{Q}^{N}、$F_{\Delta H}$、QPTR、DNBR、最大平均面的线发热率、平均线功率密度、最大线功率密度。

(3)控制棒组D在咬量位置的微分反应性当量的测量

在反应堆满功率稳定运行时,一般将主调节棒组放在咬量位置上,该咬量位置是核设计推荐的棒位。在这一位置上,主调节棒组仍有适当的微分价值,核设计推荐棒位通常为2.5 pcm/步。在咬量位置上,控制棒仍具有适当的温度控制能力。当突然出现快速的负荷变化时,这样的微分反应性价值对控制系统的正常响应来说是合适的。

本试验的目的是检查咬量位置上的控制棒的微分价值是否达到核设计预期目标。在热态零功率物理试验期间已经对主调节棒的微分和积分价值做了测量,但是在满功率状态下,棒价值有了明显变化(一般增加约20%)。用反应性仪测量棒价值时,一般需要在多普勒温度反馈效应可以忽略不计的场合下才能得到正确结果,这是因为反应性仪的实时计算模型中没有考虑多普勒温度反馈效应,因此在有功率情况下用这种反应性仪测量棒价值时,需要对所得结果做一定的处理,这样才能得到较为合理的结果。常用的处理方法是:根据记录仪走纸上的反应性轨迹用外推的方法来得到反应性的修正值,具体方法如图7-21所示。

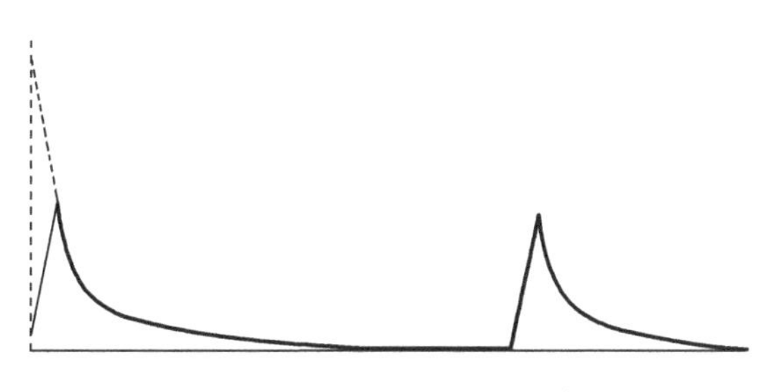

图7-21 反应性轨迹的外推

为使外推的结果较为合理,测量时需注意以下几点:

①走纸速度要与多普勒温度反馈效应相匹配,以得到合适的反应性轨迹。

②棒组移动速度要快,步子要小,以便尽可能地得到近似阶跃的小反应性变化。一般每次移动一步或半步(即一个子组的一步)。

③每次移棒结束后应该等待适当的时间,待多普勒温度反馈效应完全结束且反应性再次稳定后方可再次移棒,以使反馈的累积效应最小。

④反应性仪的时间常数或滤波系数要适中,以得到合适的反应性轨迹。

3. 试验条件

(1)试验期间,容控箱不允许自动补水。

(2)蒸汽发生器水位应稳定在指定值(对应于负载)。

(3)反应堆的冷却剂平均温度、压力、热功率和轴向功率偏差应尽可能接近参考值。

(4)控制棒组 D 位于咬量位置附近。

(5)堆内测量系统和堆芯热电偶系统均处于可运行状态。

4. 试验操作

(1)化学分析人员每隔半小时对一回路和稳压器进行硼浓度采样分析。

(2)控制棒组 D 的控制方式为手动控制。

(3)反应性仪量程设置在 ±20 pcm 挡。

(4)将多笔记录仪走纸速度改成约 6 cm/min。

(5)将控制棒组 D 下插一步,待反应性稳定后再将控制棒组 D 提升一步,重复约 3 次。

(6)实施 KME 热平衡测量试验和全堆芯功率分测量试验。

(7)处理试验结果,验证其是否符合验收准则。

5. 验收准则

(1)$F_{\Delta H}$、F_Q^N、F_{xy}^{rod}、QPTR、DNBR、最大线功率密度、平均线功率密均小于稳态设计值。

(2)控制棒组 D 在咬量位置上的微分反应性当量与设计值之间的偏差小于 ±15%。

(3)临界硼浓度的测量值(ARO、HFP、150 MWd/tU)与设计值之间偏差小于 ±50ppm。

7.4.8 (首循环)模拟落棒试验

1. 试验目的

模拟单束控制棒组件落入堆芯(如因机械故障或电气控制故障)而引起堆芯热点因子 F_Q(或 F_{xy})的改变,以提供用于安全分析或作为设计改进的原始数据,或者供类似事件决策分析使用。

2. 试验原理

当反应堆运行在 50%FP 功率台阶上时,堆芯状态如下:D 棒组的棒位应在满功率提升极限上,其余控制棒组均提到堆顶(225 步),将属于 B 棒组的 J-09 棒束插入堆芯。插棒过程中,通过调硼保持堆芯反应性保持不变。

在 J-09 棒束下插到 5 步位置时测绘全堆芯中子注量率图。测绘完毕后,用硼化方式将 J-09 棒束提升至全提位置(225 步)。

3. 试验条件

(1)反应堆在 50%FP 功率台阶上至少稳定运行 48 h,达到氙平衡状态。

(2)汽轮机处于自动控制模式。

(3)D 棒组的棒位应在满功率提升极限上,其余控制棒组全部提至堆顶。

(4)为防止棒控系统(RGL)出现任何故障,使主调节棒组 D 保持在自动运行状态,试验棒束组件 J-09 的移动处于“校正 1”模式下。

(5)在测绘中子注量率图的过程中,应采用调硼控制,使反应堆的冷却剂平均温度控制

在参考温度 ±0.5 ℃变化范围内。

4. 试验操作

(1)记录堆芯状态参数(棒位、硼浓度、平均温度等)。

(2)实施堆芯功率分布测量试验和 KME 热平衡测量试验。

(3)在测绘中子注量率图的过程中,应避免出现任何可能引起反应堆冷却剂平均温度变化的操作。

(4)由仪控队完成以下准备工作:试验选定棒束为 B 棒组的 J-09。要求该束控制棒能够通过手动方式提升或下插,而 B 棒组的其余棒束不动作。

(5)将 B 棒组的所有失步校正开关设置为“闭锁”状态,J-09 棒束除外。

(6)在主控室:

①将“失步校正”有效键“RGL 001 CV”打到“开”位置。

②将选择开关“RGL 001 CC”打到“失步校正 1”位置。

③将选择开关“RGL 003 CC”打到“B”位置。

④将失步计数器“RGL 015 QM”复位到零。

(7)通过调硼法将试验选定的 J-09 棒束逐步插入堆芯。在移动 J-09 棒束的过程中,4 个功率量程通道会有不同的响应,这可用试验 J-09 棒束与 4 个功率量程通道的位置不同来解释。

(8)调整反应堆一回路冷却剂硼浓度,使 J-09 棒束插到堆底。

(9)在试验棒束全插入堆芯时进行全堆芯功率分布的测量。

(10)记录堆芯状态参数(棒位、硼浓度、平均温度等)。

(11)通过调硼法将 B 棒组的 J-09 棒束从堆芯提出,将其提升到全提位置。

(12)重新恢复 B 棒组中所有棒束组件的正常供电。

7.4.9 (首循环)落棒试验

1. 试验目的

反应堆保护系统设有“功率量程通道中子注量率正/负变化率高”停堆信号,该信号由 4 个功率量程通道提供。为防止单个通道有可能产生误信号,逻辑上采取“四取二”原则,即 4 个通道必须同时有两个通道发出此信号,保护系统才执行停堆功能。落棒试验就是通过落棒引发“功率量程中子注量率正/负变化率高”信号,进而使反应堆自动停堆,来验证此保护功能的完备性、可靠性。

2. 试验原理

核电厂反应堆在高功率运行时,如果有两束或两束以上的控制棒由于某种原因(如机械故障或电气失控等)突然掉入堆底,则会产生两方面效应:一方面,堆芯功率分布会形成很大的畸变,使堆芯的热点因子 F_Q^N 急剧增加,将远超安全限制;另一方面,掉棒后引入的负反应性将使堆芯功率水平快速下降,若此时不及时停堆,即不急速将其余控制棒下插停堆,则由堆芯功率水平下降及平均温度降低引入的正反应性,不仅可能抵消掉棒引入的负反应性,而且可能使反应堆重超临界,功率可能会达到或趋于新的功率水平。

显然,在热点因子 F_Q^N 很大时,反应堆继续在高功率上运行是十分危险的,极易造成燃料元件的烧毁。因此,核电厂反应堆保护系统中设有“功率量程通道中子注量率正/负变化率高”的停堆信号。反应堆保护系统功率量程通道停堆逻辑如图 7-22 所示。

本试验在 50%FP 功率水平下进行。为完整地分析功率量程通道的响应,本试验不能受保护通道触发反应堆紧急停堆的影响。因此,在试验前应禁止紧急停堆,在落棒 5 s 后若反应堆不能自动停堆则执行“手动紧急停堆”,以保证堆芯安全。

3. 试验条件

(1)反应堆在(50 ±0.5)%FP 上稳定运行。汽轮机处于自动控制模式。控制棒 D 棒组处于咬量位置下插(12 ±6)步范围内,其余控制棒提升到 225 步。

(2)一回路冷却剂平均温度 $T_{avg} = T_{ref} \pm 1$ ℃,并维持在既定温度 ±0.5 ℃的范围内。

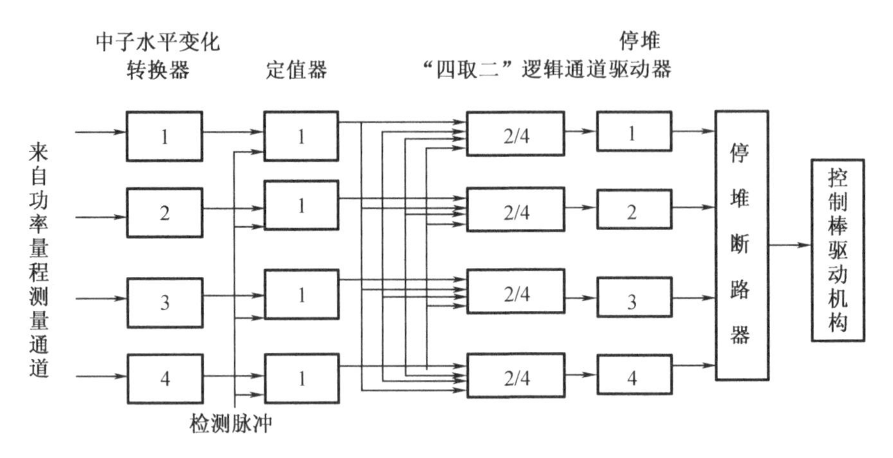

图 7-22　功率量程通道停堆逻辑

(3)稳压器与一回路冷却剂系统的硼浓度差在 ±20ppm 以内。

(4)一回路冷却剂压力为 $15.5^{+0}_{-0.2}$ MPa,并维持在(既定压力 ±0.1)MPa 的范围内。

(5)稳压器液位、压力控制投入“自动”状态。

(6)轴向功率偏差变化应小于 1.0 %FP/h。

4. 试验操作

(1)根据理论计算,选取落棒棒束为 A 棒组的 H02、M08。

(2)记录 4 个 RPN 柜上所有功率量程通道的读数,记录堆芯功率分布监测系统与本试验相关的读数。

(3)由仪控队负责完成落棒试验选定棒束的准备工作。

(4)在棒控系统间,抽出“RGL 004 AR”机柜上对应 H02 棒束、M08 棒束的 2 号、8 号传递机柜的定值插件。

(5)在控制室,用现场内部广播系统执行从 10 s 到 0 s 的倒计数。

①倒计数到“5 s”时,启动数据采集系统和高速记录仪(设定记录速度为 100 mm/s)。

②倒计数到“0 s”时,在棒控系统间的“RGL 004 AR”机柜上,抽出对应 H02 棒束、M08 棒束的 3 号、9 号保持机箱的定值插件,使其保持线圈断电状态。

(6)试验选定棒束 H02、M08 将迅速落入堆芯。

(7)观察“功率量程通道中子注量率正/负变化率高”信号报警,反应堆自动停堆。否则,在落棒棒束下落后 5 s,执行“手动紧急停堆”。

(8)观察并记录反应堆冷却剂平均温度与参考温度之间的偏差或核仪表系统的径向功率倾斜报警。

(9)停止数据采集系统和高速记录仪。

(10)遵照相关运行操作规程实施反应堆停堆后操作。

5. 验收准则

根据高速条形图记录仪记录的落棒过程曲线确认与停堆保护设定值有关的4个功率量程通道继电器中至少有两个被打开。

7.4.10 (首循环)氙振荡试验

1. 试验目的

本试验通过手动操作控制棒的移动,使堆芯强制性地产生轴向氙振荡,以此来确定反应堆的轴向氙振荡是收敛的或是可通过D棒组进行抑制的特性,并验证其满足核设计和安全准则。

2. 试验原理

氙-135是所有裂变产物中最重要的一种同位素,因为它有非常大的热中子吸收截面,在热能范围内约为3×10^{6} b。

在铀-235核裂变时,氙-135的直接产额仅为0.002 28,而绝大多数氙-135是由碘-135经β衰变产生的。以单群为例,可以写出碘-135和氙-135的核密度随时间变化的方程式。

$$\left.\begin{aligned}\frac{\mathrm{d}N_{\mathrm{I}}(t)}{\mathrm{d}(t)}&=\gamma_{\mathrm{I}}\Sigma_{\mathrm{f}}\phi-\gamma_{\mathrm{I}}N_{\mathrm{I}}(t)\\\frac{\mathrm{d}N_{\mathrm{Xe}}(t)}{\mathrm{d}(t)}&=\gamma_{\mathrm{Xe}}\Sigma_{\mathrm{f}}\phi+\gamma_{\mathrm{I}}N_{\mathrm{I}}(t)-(\lambda_{\mathrm{Xe}}+\sigma_{\mathrm{a}}^{\mathrm{Xe}}\phi)N_{\mathrm{Xe}}(t)\end{aligned}\right\}\tag{7-106}$$

式中,γ_{I}、γ_{Xe}分别为碘-135和氙-135的裂变产额;λ_{I}、λ_{Xe}分别为碘-135和氙-135的衰变常数。

氙振荡只有在大型和高中子注量率的热中子反应堆中才可能发生。一般当堆芯的尺寸超过30倍中子徙动长度和热中子注量率大于10^{13} n/(cm^{2}·s)时,氙振荡才成为一个值得考虑的问题。

在大型热中子反应堆中,局部区域内中子注量率的变化会引起局部区域的氙-135浓度的变化。反过来,后者的变化也会引起前者的变化。这两者之间的相互作用就有可能使堆芯中氙-135浓度和中子注量率分布产生空间振荡现象。

反应堆堆芯在某一功率水平上稳定运行,堆内已建立了氙平衡浓度。在堆芯内某一区域中,某种扰动使功率密度降低,若要保持反应堆总功率不变,堆芯内另一区域的功率密度就必然要提高,这就使反应堆内中子注量率分布或功率密度分布发生变化。

在功率密度降低的区域中,中子注量率也相应降低,氙-135的消耗也随之减小,但是原来在高中子注量率的情况下生成的碘-135仍在继续衰变成氙-135,所以氙-135的浓度仍会逐渐增加,这就使该区域的增殖因子减小,从而使中子注量率和功率密度进一步降低。与此同时,在功率密度升高的区域中,中子注量率相应升高,氙-135的消耗变大,因而氙-135的浓度逐渐减小,这就导致该区域的增殖因子增大,从而使功率密度和中子注量率进一步升高。

基于以上分析,本试验采用插入部分控制棒的方式向堆芯引入一个扰动,从而在堆芯产生一个氙振荡,并在控制棒的下插过程中通过测绘数个部分中子注量率图来测量氙振荡。

3. 试验条件

(1)反应堆在75%FP功率台阶上至少稳定运行48 h,达到氙平衡状态。

(2)D棒组在其调节带内,其余控制棒棒组处于全提位置。

(3)一回路平均温度控制并稳定在(290.8 ±1)℃,且维持在既定温度 ±0.5 ℃的范围内。

(4)一回路冷却剂压力控制并稳定在$15.5^{+0}_{-0.5}$ MPa,且维持在既定压力 ±0.1 MPa范围内。

(5)稳压器与一回路系统的硼浓度之差小于20ppm。

(6)控制棒控制方式为手动控制。

(7)在硼化或稀释开始时,应投入两个下泄孔板和稳压器的备用电加热器。

4. 试验操作

(1)测绘一次全堆芯中子注量率图。

(2)采用慢速稀释方式,逐段下插D棒组,以补偿稀释所引起的反应性变化。

(3)每当ΔI变化约1%FP时,停止稀释和插棒操作,使堆芯稳定5 min后,测绘一次部分中子注量率图,并记录下列参数。

①堆芯状态参数。

②堆外核测仪表系统的指示值。

③热平衡测量值和硼浓度测量值。

④堆芯出口温度分布测量值。

(4)继续稀释,逐步下插D棒组,当ΔI变化约 -1.5%FP时,停止稀释和插棒操作,使堆芯均匀,使D棒组正好落入需要插入的运行带中间并进行部分中子注量率图的测绘。在整个稀释和插棒过程中共做3~4次部分中子注量率图的测绘。

(5)保持D棒组的棒位和反应堆的其他条件6 h不变,只允许由氙振荡引起的ΔI向负方向变化 -1%FP~ -3%FP。

(6)采用慢速硼化的方式来提升控制棒,使ΔI向正的方向变化,每变化约1.0%FP就停止硼化,使堆芯稳定5 min后,进行一次部分中子注量率图的测绘,并记录如下参数。

①堆芯状态参数。

②堆外核测仪表系统的指示值。

③热平衡测量值和硼浓度测量值。

④堆芯出口温度分布测量值。

(7)在整个提棒和硼化操作过程中共做3~4次部分中子注量率图的测绘。

(8)当完成部分中子注量率图的测绘以后,插入D棒组,使ΔI回到其初始值 ±1%的范围内时,停止插棒;然后,通过调硼(稀释)来补偿反应堆一回路平均温度的变化,并逐步将D棒组提回到其(初始棒位 ±2)步的范围内。恢复系统的正常运行。

(9)进行一次全堆芯功率图的测绘。

5. 数据处理

每结束一次中子注量率图的测绘后,RIC和KIT将试验采集的数据送入RIC的在线计算机系统进行数据存盘。试验结束后,RIC在线计算机系统将试验数据调出,由CEDRIC、CARIN和KHKBA计算机程序对数据进行处理和分析。同时,也可将试验数据通过记录介质的传输,利用燃料管理计算机系统进行离线处理。

6. 验收准则

氙致功率振荡(即 AO 随时间的振荡)是收敛的,或者说是可通过 D 棒组进行抑制的,结果如图 7-23 所示。

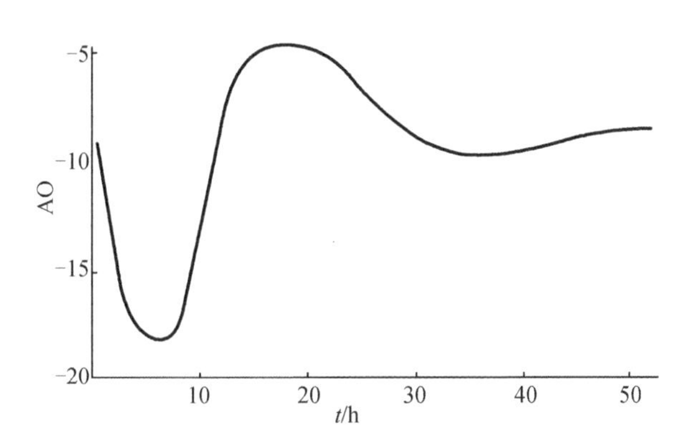

图 7-23 氙振荡试验的 AO 变化图

7.4.11 (首循环)蒸汽发生器设计裕度试验

1. 试验目的

通过试验收集各种参数,以确定蒸汽发生器的设计裕度,并提供蒸汽发生器在堵管条件下的热输出能力。

试验时,假设约有 10% 的蒸汽发生器传热管发生堵管,污垢因子为 0.000 013 4 $m^2 \cdot ℃/W$(无堵管情况时)。

2. 试验原理

蒸汽发生器设计裕度试验是在热平衡试验的基础上进行的。试验时,假设约有 10% 的蒸汽发生器传热管发生堵管,污垢因子不变,即取无堵管情况时的污垢因子(0.000 013 4 $m^2 \cdot ℃/W$)。此时蒸汽发生器的传热面积减小,引起蒸汽发生器出口的蒸汽压力下降。将试验得到的蒸汽发生器出口的蒸汽压力和有关热工参数与设计预见值进行比较,来确定蒸汽发生器的设计裕度。

假设污垢因子为 0.000 013 4 $m^2 \cdot ℃/W$ 时,约有 10% 的蒸汽发生器传热管发生堵管,那么估算平均温度的降低量(ΔT_{avg})的方法如下。

(1)符号说明

T_{sat} 为 U 形弯头上的蒸汽饱和温度;P_{vap} 为出口喷嘴的蒸汽压力;A 为传热面积;U 为传热系数;T_{hot} 为主系统的热段温度;T_{cold} 为主系统的冷段温度;h 为焓;T_{avg} 为主系统的平均温度;Q 为主系统的流量;Q_{vol} 为主系统体积流量;W 为功率;ρ 为蒸汽密度;L_{MTD} 为平均温度偏差对数。

对堵管和结垢条件而言:

$$L_{MTD} = \frac{T_{hot} - T_{cold}}{\ln \dfrac{T_{hot} - T_{sat}}{T_{cold} - T_{sat}}} \tag{7-107}$$

(2)UA 估算

通过 P_{vap} 估算 T_{sat}，再通过 T_{sat}、T_{hot}、T_{cold} 计算出 L_{MTD} 和 T_{avg}。可由 L_{MTD} 和 W 得到 UA。

$$\mathrm{UA} = \frac{W}{L_{MTD}} \tag{7-108}$$

(3)L'_{MTD} 估算

当蒸汽发生器发生 10% 的堵管时，传热面积变为 A'，$A' = 0.9A$。在发生 10% 的堵管和污垢因子为 0.000 013 4 $m^2 \cdot ℃/W$ 时，考虑一次侧和二次侧的传热面积变化，可通过计算得到变化后的传热系数 U'。由 W、U' 和 A' 得到 L'_{MTD}。

$$L'_{MTD} = \frac{W}{U'A'} \tag{7-109}$$

(4)L'_{avg} 的估算

假设主系统的体积流量为常数，按下列条件即可得到蒸汽发生器发生 10% 的堵管时的 T'_{hot} 和 T'_{cold}。

$$Q_M = Q_{vol} \times \rho(T'_{cold}) \tag{7-110}$$

$$W = \frac{Q_M[h(T'_{hot}) - h(T'_{cold})]}{3\ 600} \tag{7-111}$$

$$L_{MTD}[T'_{hot}, T'_{cold}, T_{sat}] = L'_{MTD} \tag{7-112}$$

由 T'_{hot}、T'_{cold} 可计算出 T'_{avg}。

$$T'_{avg} = \frac{1}{2}(T'_{hot} + T'_{cold}) \tag{7-113}$$

(5)模拟 10% 堵管，假设污垢因子为 0.000 013 4 $m^2 \cdot ℃/W$ 时，则平均温度的降低量 ΔT_{avg} 如下：

$$\Delta T_{avg} = -T'_{avg} + T_{avg} \tag{7-114}$$

3. 试验条件

(1)电站在 100%FP 功率水平上已稳定运行 24 h。

(2)一回路 $T_{avg} = T_{ref} \pm 1.0$ ℃。

(3)一回路 $P = (15.5 \pm 0.2)$ MPa。

(4)电源频率变化范围：49.5 Hz $\leqslant f \leqslant$ 50.5 Hz。

(5)汽轮机高压缸入口压力处于压力控制模式。

(6)蒸汽发生器水位控制投入自动。

(7)蒸汽发生器排污切除。

(8)稳压器的压力和水位投入自动控制。

(9)控制棒投入自动控制。

(10)RCP 的电压运行范围 $0.94U_n \leqslant U \leqslant 1.06U_n$。

(11)反应堆冷却剂平均温度控制在死区范围内。

(12)所有再热器投入运行，旁路管线隔离。

4. 试验操作

(1)计算蒸汽发生器出口蒸汽压力，确定平均温度的减少量 ΔT_{avg}。

(2)进行热平衡测量。

(3)禁止 C22、C21。

(4)将 D 棒组选择开关打至“手动”挡。

(5)手动插入 D 棒组,插棒过程中,密切注意 T_{avg} 的变化。

(6)当蒸汽发生器的母管压力达到 6.56 MPa(绝对压力)时,停止插入 D 棒组。

(7)检验蒸汽压力和电站的功率变化,并记录数据。

(8)试验过程中密切监视 ΔT 的变化,避免负荷减少。

(9)机组稳定 10 ~ 20 min 后,监视反应堆状态参数和蒸汽压力参数的稳定性,并进行热平衡测量。

7.5 正常运行期间的堆芯监督和物理试验

7.5.1 日常堆芯监督

在反应堆正常运行期间,物理人员需及时跟踪监测堆芯的运行,了解反应堆的运行状态,以便在第一时间处理反应堆运行中出现的异常和/并帮助运行人员控制反应堆运行。物理人员每天至少监测堆芯参数一次,并了解最近一天内与堆芯相关的运行操作、检修操作及异常情况。堆芯监督参数表如表 7 - 5 所示。

表 7 - 5 堆芯监督参数表

年 月 日

值长		记录人		审核人	
机组号		燃料循环号		核功率	

一回路热功率		MW	电功率		MW
一回路平均温度		℃	一回路压力		MPa

硼浓度	一回路 CBloop		ppm	燃耗		MWd/tU
	稳压器 CBPRZ					EFPD
	硼表 CBloop			乏燃料水池		ppm
	__REA00__BA			__REA00__BA		ppm
	__PTR00__BA			__RIS00__BA		ppm

D 棒位/步	C 棒位/步	B 棒位/步	A 棒位/步	S 棒位/步
RPNt 通道	P. R. C1	P. R. C2	P. R. C3	P. R. C4
PN/%FP				
ΔI/%FP				

发电量/亿度		上网电量/亿度	
一回路泄漏率/(l/h)		发电机漏氢量/(m^3/d)	

7.5.2 堆芯定期监督试验

1. 试验目的

堆芯定期监督试验是周期性的物理试验，是维持和保证核电机组安全运行的重要手段。在反应堆正常运行过程中，为保证系统、设备的可用性和正确的功能特性，以及能够有效地掌握堆芯运行状态，必须进行定期物理试验。

定期试验主要是进行热平衡试验、堆内功率分布的测量、堆内外核测仪表系统的校验以及修改某些系统运行参数的设定值，以保证反应堆的安全、有效地运行。核电厂《运行技术规格书》中明确规定了周期性物理试验的内容、周期和安全限值。《定期物理试验大纲》(TR/OPT/004)依据《运行技术规格书》规定了秦山第二核电厂定期试验实施的内容、频率、验收准则等(详见7.1.2)。

2. 定期物理试验的管理

为保证试验方法、结果处理和分析的一致性和可信性，必须对定期物理试验进行管理，为此编制了一系列管理文件，主要包括：

(1)《定期物理试验大纲》。

(2)《定期物理试验规程》。

(3)定期物理试验支持性的管理规程、技术规程和参考文件。

(4)定期物理试验结果处理、分析的程序和文件。

(5)定期物理试验负责人及试验人员的职责。

(6)试验和测量手段(仪器、仪表、工具和备品备件等)的管理制度。

3.《定期物理试验大纲》

根据《核电站运行总则》(GOR)第9章、FSAR第16章及经验反馈，为确定具体的试验项目、周期，以便合理地分配、安排和跟踪定期物理试验及其实施的情况而编制了《定期物理试验大纲》。《定期物理试验大纲》必须明确试验的机组号、系统、设备、项目和内容、周期、来源，以及与核安全相关等信息。

4. 定期物理试验的实施

定期物理试验是在反应堆以正常功率运行的过程中进行的。定期物理试验的试验内容、试验周期、试验条件及试验准则必须满足《核电站运行总则》的要求，并且满足25%的周期裕度。试验必须在规定期限完成(除非在特殊情况下，充分证明了即使不满足25%的裕度，对核安全水平也没有影响)。如果定期物理试验条件不满足标准，或者超过了规定期限仍未进行，则必须使用《运行技术规格书》中的安全期限，同时还要进行安全分析，确保核安全。

根据《定期物理试验大纲》具体安排试验项目。在进行定期物理试验前，反应堆需要稳定功率运行至少48 h以上，堆内的氙毒已达到平衡状态。核测系统的保护整定值依照满功率运行时的整定值设置。

(1)在每次提升功率到一个新台阶前，要重新设置功率量程高通量报警整定值。一般整定在比新功率水平高15%(最大不超过103%额定功率)。

(2)在每次提升功率到一个新台阶前，要重新设置功率量程停堆高整定值。一般整定在比新功率水平高20%(最大不超过109%额定功率)。

试验由试验主管统一领导、指挥、安排，具体试验项目由指定的试验负责人负责指挥。

7.5.3 热平衡测量试验

根据《定期物理试验大纲》要求，每周(7 d)进行 KME 热平衡测量，以验证 RPN 指示的核功率、KIT 热功率表指示的堆芯热功率。当 KIT 热功率与 KME 热功率相差 1%FP、RPN 核功率与 KME 热功率相差 1.5%FP 时，应调整相应的指示值。

KME 热平衡测量试验的规定如下：

(1)机组已经稳定运行 24 h 以上。

(2)尽可能关闭蒸汽发生器的排污系统。

(3)KME 中的试验结果应取“平均值”。

(4)在进行试验的同时，在 KIT 中记录热功率、RPN 核功率及其他相关计算参数，如系统压力、一回路平均温度、冷热端温度、冷却剂流量、控制棒的棒位、堆芯热电偶温度等。

(5)根据试验结果，如果有需要，可调整 RPN 功率量程系数 K、KIT 热功率表 RCP009VE 的系数 K。

7.5.4 堆芯功率分布测量试验

堆芯功率分布测量试验的实施周期为 30 EFPD，但最长不超过 60 日历日。其实施方法与升功率阶段的功率分布测量试验基本一致。

(1)在试验前至少 1 周检查控制棒组的状态，并将控制棒组尽可能调整到[咬量(−12 ± 6)步]附近，调整控制棒组时可适当调整 ΔI_{ref}。

(2)机组连续稳定运行 24 h 以上。

(3)如果运行允许，尽可能关闭蒸汽发生器的排污系统。

(4)由仪控人员执行全堆芯中子注量率图的测绘，由物理人员进行 KME 热平衡测量和记录堆芯参数。

(5)测绘中子注量率图期间，要求控制棒不能移动(如果必须移动控制棒，则应在 RIC 的探测器抽出堆芯活性区期间进行，且动棒不能超过 3 步)。

(6)用 IN−CORE 程序进行数据处理，拓展计算全堆芯功率分布和参考轴向功率偏差 ΔI_{ref}。程序处理时，应注意对理论数据库和理论数据库中数据段的选取。

(7)在中子注量率图的处理结果中，根据轴向 57 个分段对 F_{xy} 参数的选取原则如下：

①顶部点 1 ~4、底部点 54 ~57 的值不取。

②格架位置及相邻的上、下各一个值不取。

③控制棒插入段及插入点下的各一个值不取。

(8)在中子注量率图的处理结果中，测量功率与理论功率偏差的选取原则是：只考虑探测器实际测量通道，不考虑 CARIN 程序拓展通道。

(9)如果需要，通知 MC 调整 RPN 的刻度系数 K 和在 RPDM 的参考轴向功率偏差 ΔI_{ref}。

(10)若试验未能满足验收准则，反应堆将继续稳定 24 h，之后重新进行该功率台阶上的功率分布测量。

7.5.5 堆外中子注量率测量电离室刻度试验

堆外中子注量率测量电离室刻度试验的实施周期为 90 EFPD，试验方法和要求与启动阶段 75%FP 堆外中子注量率测量电离室刻度试验基本一致。

试验测量结果数据用 IN－CORE 程序处理，计算 RPN 的刻度系数 K_H、K_B、α。

7.5.6 反应堆正常运行期间硼浓度及运行参数的跟踪校核

硼浓度的跟踪校核由 MEDOR 程序完成。该程序根据给出的控制棒微分和积分价值、硼微分价值、多普勒亏损、氙平衡亏损、慢化剂温度系数等参数，和采集电站系统的控制棒的棒位、一回路硼浓度、一回路平均温度、反应堆功率等信号，修正并给出反应堆冷却剂硼浓度的日常监督测量数据，并将修正值与参考值做比较，以便监视反应堆的运行状况。如果计算得到硼浓度的修正值与参考值相差较大，则以修正值来修正参考值。

一回路硼浓度的参考值是基于两维燃耗、满功率、控制棒在咬量位置和氙平衡的条件，通过 NARVAL 程序计算得到的。

MEDOR 程序的当前版本为 UNIX 系统服务器版本，相关人员在使用该程序前必须先熟悉各个人计算机（PC）终端与服务器的连接和文件传输功能，并能运用一些基本的 UNIX 命令。MEDOR 程序的相关操作如下：

（1）从 KIT 获取反应堆稳定运行期间每日 10 点左右的参数，包括化学取样硼浓度、堆芯燃耗、堆芯热功率、控制棒的棒位、一回路平均温度等，作为程序的输入数据（卡片），将参数编辑并添加到 MEDOR 程序的输入文件中。

（2）以上监督数据有较大波动时，应忽略该组数据。

（3）为方便编辑，可在 PC 中修改输入文件后再用 FTP 命令将其上传至服务器。

（4）编辑可执行文件（如 exec2. sh），指定输入文件和输出文件，并执行该可执行文件。

（5）查看程序结果，注意修正硼浓度与理论硼浓度之间的偏差。

（6）由该程序同时外推循环燃耗：若外推结果与理论设计值相差较大（±10 EFPD），应分析、确认外推结果可信，并分析产生偏差的原因及该偏差对后续循环换料设计的影响。

（7）在堆芯监督月报中给出硼浓度和堆芯运行参数的监督结果。

7.5.7 燃耗统计和停堆日期预测

1. 堆芯平均燃耗统计

（1）堆芯平均燃耗统计的通过采集 KIT 记录的 RPN 核功率计算得到的。为保证统计结果的有效性，RPN 指示功率必须与 KME 测量的热功率一致（偏差不大于 1.5%FP）。

（2）由于电子设备等原因，KIT 记录的数据可能存在坏值，进行燃耗统计时应对这些坏值修正，修正原则如下：

①若坏值存在的时间段很短，则取相邻时间点的值填充。

②若坏值存在的时间段较长，且反应堆运行稳定，则取坏值时间段前后各 10 min 的平均值填充。

③若在坏值存在期间堆芯功率有扰动，则应考虑功率变化，采用内插法修正。

（3）堆芯平均燃耗统计结果也用于燃料循环寿期的外推，其结果与硼浓度外推结果相差较大时，应分析原因。

2. 组件燃耗统计

各个组件的累计燃耗由 CETACE 程序处理得到。CETACE 程序主要用于在堆芯于正常功率运行的状态下，对堆芯功率分布和燃耗分布的计算、跟踪和监督。该程序能根据堆芯核设计报告所提供的燃料循环寿期末燃耗的设计值，按照堆芯运行燃耗统计的计算结果、该燃耗下的堆芯功率分布测量结果和燃料组件在堆芯的布置情况，计算出当前堆芯燃耗情况下堆芯 121 组组件的燃耗分布；同时，也可在此燃耗状态下，根据燃料循环寿期末燃耗的理论值，估算出燃料循环寿期末堆芯燃耗的分布情况。

根据秦山第二核电厂《运行技术规格书》的要求，各组件的当前累计燃耗、设计寿期末的卸出组件的最大累计燃耗均不能超出限值：AFA－2G 组件为 42 000 MWd/tU，AFA－3G 组件为 46 000 MWd/tU。

CETACE 程序为 UNIX 系统服务器版本，相关人员在使用该程序前必须先熟悉各个 PC 终端与服务器的连接和文件传输功能，并能运用一些基本的 UNIX 命令。在每个循环中使用 CETACE 前，相关人员应先完成程序的数据准备工作，包括给出寿期末的预计燃耗、给出各组件的当前累计燃耗（即截至上循环末的各组件的累计燃耗）等。

CETACE 程序需要使用堆芯功率测量结果，故一般在每月堆芯功率分布测量试验后实施跟踪计算；此外，在机组燃料循环末期，在停堆换料前实施最后一次堆芯功率分布测量，以准确统计组件燃耗。该程序的操作如下：

（1）通过 FTP 命令将 CARIN 计算得到的二进制文件拷贝到服务器中 CETACE 程序目录下的“dbk”子目录。

（2）编辑可执行文件（exec_carin. sh）和参数文件（cetace. dec），将 CARIN 结果作为输入卡片添加到可执行文件中，并执行程序以进行运算。

（3）用 FTP 命令导出计算结果。

（4）分析堆芯各个组件的当前组件燃耗和外推燃耗，保证其满足《运行技术规格书》的要求。

复 习 题

1. 填空题

（1）秦山第二核电厂 2 台机组首次堆芯装料都采用了一次中子源（　　）和二次中子源（　　）；在后续循环的堆芯装料中（　　）（填“采用”或“不采用”）一次中子源。

（2）反应堆内装入中子源的目的是（　　　　　　　　　　　　）。

（3）使两个相同的反应堆都达到“刚好临界”水平。若反应堆 A 的棒速为 10 步/min，而反应堆 B 的棒速为 5 步/min（假定连续提棒），则达临界时反应堆（　　）（填“A”“B”或“A 和 B 一样”）的中子注量率水平较高；反应堆 A 和 B 的临界棒位的关系是（　　）（填“A”“B”或“一样”）。

（4）用计数率倒数曲线来监督临界的基本公式是（　　　　　　　　）。

（5）请给出秦山第二核电厂一回路硼化量和稀释水量的计算公式。

硼化量的计算公式：（　　　　　　　　　　　　　　　　　　　）；

稀释水量的计算公式：（　　　　　　　　　　　　　　　　　　）。

（6）根据《运行技术规格书》要求，秦山第二核电厂定期物理试验的实施频率：KME 热平衡测量试验为（　　），堆芯功率分布测量试验为（　　），堆外中子注量率测量电离室刻度试验为（　　）。

（7）为保证反应堆安全，在堆芯首次临界等物理试验中，堆芯中子注量率增加的周期不得短于（　　）s，即倍增周期不得短于（　　）s。

(8)秦山第二核电厂堆芯装卸料操作都在换料冷停堆状态下实施,其次临界度应始终大于(　　)pcm。

(9)在堆芯装卸料过程中,为保证反应堆临界安全,应在 RPN 中设置源量程保护定值:高通量紧急停堆报警为(　　);停堆整定值为(　　)。

(10)秦山第二核电厂的堆内核测仪表系统装置有(　　)个测量燃料组件出口温度的热电偶和4 个堆内可移动式中子探测器、(　　)个测量通道组成。4 个探测器在测量中采用(　　)备用方式。

(11)最小停堆硼浓度是指(　　　　　　　　　　　　)。

(12)在堆芯燃耗统计中有两个常用的燃耗单位,它们的换算关系是:1 EFPD = (　　)。

(13)氙振荡只有在大型的和高中子注量率的热中子反应堆中才可能发生,即堆芯的尺寸超过(　　)和热中子注量率大于(　　)。

(14)在零功率物理试验阶段,反应性仪输入的是功率量程的(　　)信号;在有功功率试验阶段,反应性仪输入的是(　　)信号。

2. 选择题

(1)从核安全考虑,为了不使反应堆发生瞬发临界,在改变 PWR 反应性的控制操作中,一次引入的反应性不得大于　(　　)

A. 缓发中子总份额 β　　B. 调节棒的总价值

C. 安全(停堆)棒的总价值　　D. 控制棒的总价值

(2)在反应堆恢复临界时,临界估算一般是在反应性平衡计算基础上进行的,此时需要考虑的反应性有　(　　)

A. 控制棒的棒位变化引起的反应性变化

B. 功率变化引起的反应性变化

C. 硼浓度变化引起的反应性变化

D. 氙(^{135}Xe)浓度变化引起的反应性变化

(3)校验核仪表系统(RPN)的方法有　(　　)

A. 一回路热平衡方法

B. 二回路热平衡方法

C. 堆内核测量方法

(4)在利用 MEDOR 程序对堆芯硼浓度进行跟踪的过程中,下列参数中,硼浓度修正时需要的是　(　　)

A. 堆芯燃耗　　B. 堆功率

C. 平均温度　　D. 控制棒的棒位

(5)首次装料时,下列因素中对中子探测器的计数有影响的是　(　　)

A. 中子源在堆芯内的位置

B. 中子源强度

C. 中子探测器的位置

D. 冷却剂硼浓度

E. 燃料组件在堆芯位置顺序

(6)在核电站堆芯装/卸料过程中,一般采用倒计数率曲线进行装料监督,下列因素中对“倒数”曲线有影响的是　(　　)

A. 中子源在堆芯内位置
B. 中子源强度
C. 中子探测器(包括堆内、堆外)的位置
D. 燃料组件在堆芯内的位置顺序
E. 冷却剂的硼浓度

第8章　堆芯监督与反应性管理

8.1　堆芯监督管理

8.1.1　运行物理参数日常监督

核电厂《运行技术规格书》规定了核电厂机组的9个标准运行状态，对堆芯相关运行参数的运行条件做了明确规定，堆芯物理监督人员必须严格遵守和执行《运行技术规格书》的规定和要求。

本章主要描述在反应堆功率运行状态下的日常堆芯监督内容和要求。其他8个运行状态是在机组大修期间才会出现，这里不做介绍，堆芯物理监督人员可参考《运行技术规格书》要求执行。

在反应堆的各种运行过程中，随着运行状态的变化、燃料的消耗、重同位素和裂变产物的积累、堆芯温度与冷却剂密度的变化及控制手段的变化等，堆芯反应性不断发生变化。因此，需要对堆芯反应性的变化加以监督、跟踪和控制。堆芯监督主要是监督那些影响或可能影响堆芯反应性变化的反应堆物理和热工水力参数，如反应堆功率水平、冷却剂平均温度和压力、控制棒的棒位、硼浓度及次临界度等，并及时发现堆芯参数的异常变化，分析其原因和并处理异常。

以650 MW(e)机组为例，值班人员每天参加生产早会，并在主控制室KIT(方家山是KIC,30万千瓦机组是XXX)中记录当天堆芯的相关重要参数。650 MW(e)机组堆芯监督日志如图8-1所示，给出了日常监督重要参数。

象限功率倾斜根据每月定期功率分布测量试验的结果获得；硼降速率、硼降曲线、最大硼浓度偏差可通过专用软件MEDOR计算获得；组件燃耗分布可通过CETACE软件计算获得；燃料可靠性指标(FRI)是世界核电运营者协会(WANO)考核指标，每周根据化学分析数据计算FRI，核实燃料组件的完整性。如发现上述参数出现异常，如ΔI、核功率、中间量程电流异常波动、象限功率倾斜闪发报警等，需要物理人员关注并处理。

除了关注上述参数外，物理人员要特别注意1、2号机组的氙毒实时数据和变化趋势，必要时应更新氙毒相关的核数据，保证氙毒反应性计算的精确性。

随着电厂信息系统(PI系统)和堆芯平台系统的推广应用，对机组重要参数组态后，利用这两个系统可以随时监督机组的运行状态、查询异常参数的历史趋势，为物理人员提供了极大的便利。

中核核电运行管理有限公司 CNNC Nuclear Power Operations Management Co., Ltd.				2020年12月31日		星期四	
机组	1	循环	16	标准运行状态	功率运行		
堆芯热功率	1882.11		MW	堆芯燃耗	13545.51		MWd/tU
核功率	97.40		%FP		388.99		EFPD
电功率	670.03		MW	中间量程电流	3.06E-04	3.23E-04	A
一回路压力	15.49		MPa	中间量程系数	3.10E-04	3.26E-04	A
一回路平均温度	309.87		℃	平均轴向功率偏差	-0.70		%FP
	309.30		℃	参考轴向功率偏差	-1.00		%FP
一回路流量	98.89	98.74	%	D棒组棒位	208.00		step
一回路硼表	369.19		ppm	咬量设置	220.00		step
堆芯氙毒	2495.66		pcm	乏燃料水池温度	15.85		℃
象限功率倾斜	1.0074		////	海水温度	8.79	8.27	℃
RPN功率量程	P.R.C1		P.R.C2		P.R.C3		P.R.C4
PN(%FP)	97.52		98.12		96.62		97.32
ΔI(%FP)	-0.85		-0.94		-0.73		-0.40

图8-1 650 MW(e)机组堆芯监督日志[①]

8.1.2 参数调整

以650 MW(e)机组为例,根据定期物理试验结果,可定期校准 ΔI、更新功率量程刻度系数 K、K_H、K_B。由于仪表指示值会发生漂移,因此需利用KME热功率校准RPN核功率(更新功率量程刻度系数)、KIT热功率(更新KIT热功率刻度系数)、中间量程电流值(更新中间量程刻度系数)。

另外,根据核设计报告要求和当前机组的实际运行情况,需要不定期地调整控制棒咬量和 ΔI_{ref}。

由于RPN涉及机组保护,如果刻度系数调整不当可能会触发报警甚至停堆,因此每次编制参数调整单时都需要经过严格的编、校、审、批流程。由物理值班人员填写缺陷单;由仪控人员现场调整参数并做好监护,完工后签字,并扫描存档。

8.1.3 硼降

硼降是指一回路硼浓度随反应堆功率运行而下降的现象。硼降速率能反映出堆芯反应性的变化情况,且能用于预测反应堆停堆日期。通常每月计算一次硼降速率,如果有临时需要也可以立即计算。硼降速率基于修正硼浓度与燃耗(EFPD)计算得出,其中修正硼浓度是指在考虑机组实际运行工况的情况下,利用MEDOR程序对化学分析硼浓度进行修正计算得到的结果。

MEDOR程序为UNIX系统服务器版本,相关人员在使用该程序前必须先熟悉各个PC终端与服务器的连接和文件传输功能,并能运用一些基本的UNIX命令。在每个循环中使

① 此图为机组堆芯监督日志截图,为便于读者在实际工作中进行参考对照,此图不做修正。图中step即为单位"步"。

用 MEDOR 前,应先根据《硼跟踪报告》完成该循环的初始数据(dat 文件)编辑。

使用 MEDOR 程序计算修正硼浓度时需要化学分析硼浓度、功率、棒位、一回路温度等值。该程序的操作如下:

(1)编辑上述数据并将其加入包含初始数据的 dat 文件,形成新的 dat 文件。

(2)通过 FTP 命令将上述 dat 文件拷贝到服务器中 MEDOR 程序内相应机组循环下的文件夹。

(3)读取 dat 文件并执行程序以进行运算。

(4)用 FTP 命令导出计算结果(out 文件)。

利用 Excel 等软件对 out 文件进行编辑,可以提取出修正硼浓度,进而可以利用式(8-1)得到某段时间内的硼降速率(ppm/EFPD)。

$$\text{某段时间内的硼降速率} = \frac{\text{初始修正硼浓度} - \text{最终修正硼浓度}}{\text{最终燃耗} - \text{初始燃耗} } \tag{8-1}$$

8.1.4 组件燃耗

各个组件的累计燃耗由 CETACE 程序处理得到。CETACE 程序主要用于在堆芯处于正常功率运行状态下,堆芯功率分布和燃耗分布的计算、跟踪和监督。该软件能根据堆芯核设计报告所提供的燃料循环寿期末燃耗的设计值,按照堆芯运行燃耗统计的计算结果、该燃耗下的堆芯功率分布测量结果和燃料组件在堆芯的布置情况,计算出当前堆芯燃耗情况下堆芯组件燃耗分布。同时也可在此燃耗状态下,根据寿期末燃耗的理论值,估算出燃料循环寿期末堆芯燃耗的分布情况。

CETACE 程序为 UNIX 系统服务器版本,相关人员在使用该程序前必须先熟悉各个 PC 终端与服务器的连接和文件传输功能,并能运用一些基本的 UNIX 命令。在每个循环中使用 CETACE 前,相关人员应先完成程序的数据准备工作,包括给出寿期末的预计燃耗、各组件的当前累计燃耗(即截至上循环末的各组件的累计燃耗)等。

CETACE 程序需要使用堆芯功率测量结果,故一般在每月堆芯功率分布测量试验后实施跟踪计算;此外,在机组燃料循环末期,在停堆换料前实施最后一次堆芯功率分布测量,以准确统计组件燃耗。该程序的操作如下:

(1)通过 FTP 命令将 CARIN 计算得到的二进制文件拷贝到服务器中 CETACE 程序目录下的"dbk"子目录。

(2)编辑可执行文件(cetace. sh)和包含参数的 dat 文件。将 CARIN 结果作为输入卡片添加到可执行文件中,并执行程序以进行运算。

(3)用 FTP 命令导出计算结果。

(4)分析堆芯各个组件的当前组件燃耗和外推燃耗,保证其满足《运行技术规格书》的要求。

8.1.5 月报

按照《堆芯监督管理大纲》的要求,相关人员应每月编制一份反应堆运行数据跟踪月报,对该月的反应堆运行数据进行跟踪汇总。以 650 MW(e)机组为例,月报应主要包括以下内容:

(1)机组运行概述,简述机组本月的运行情况、升降功率史等。

(2)运行物理参数监督,包括平均热功率、堆芯释热量、机组毛效率、平均线功率密度、硼降速率、硼浓度偏差、FRI 及组件燃耗等,其中的部分数据如功率史、硼降曲线等还可以附件的形式列于月报后。

(3)热平衡试验结果。

(4)堆芯燃耗与循环外推。

(5)反应堆运行参数调整史。

(6)异常情况说明。

数据主要来源于电站计算机系统(KIT、KIC)、热平衡系统(KME)、PI 系统、CETACE、MEDOR 及试验报告等。月报编写完成后,应有其他物理人员对其进行独立校核并及时完成审批生效流程。

8.2 反应性管理

8.2.1 轴向功率偏差的控制

轴向功率偏差是描述轴向功率分布的运行物理量,定义如下:

$$\Delta I = \frac{P_T - P_B}{(P_T + P_B)_{额定}} \times 100\%$$

式中,P_T 和 P_B 分别表示堆芯上半部、下半部的功率份额。

轴向功率偏移 AO 是轴向中子注量率或轴向功率分布的形状因子,其定义如式(5-5)所示,即 $AO = \frac{P_T - P_B}{P_T + P_B} \times 100\%$。

因此可得 ΔI 的计算式如式(5-6)所示,即

$$\Delta I = \frac{P_T - P_B}{(P_T + P_B)_{额定}} \times 100\% = \frac{P_T - P_B}{P_T + P_B} \times \frac{P_T + P_B}{(P_T + P_B)_{额定}} \times 100\% = AO \times P_i\%$$

式中,P_i为相对功率。在满功率 $P_i = 100\%FP$ 时,$AO = \Delta I$。

在反应堆功率稳定运行过程和升降功率过程中,必须使 ΔI 保持在一个合适的运行带中,确保轴向功率分布比较均匀,防止在堆芯的上部或下部产生超过许可的功率峰。

梯形图是表示 ΔI 的允许值与相对反应堆功率关系的控制图,是监督和控制反应堆运行的主要依据之一。

反应堆升降功率过程中的 ΔI 控制是一个重要的工作。在反应堆功率变化过程中,影响 ΔI 的主要因素有反应堆功率、控制棒的棒位和氙毒等。

1. 反应堆功率

反应堆功率对 ΔI 的影响主要是因为冷却剂温度的变化。由于冷却剂温度沿堆芯轴向逐渐升高,因此在功率变化过程中,冷却剂温度的轴向变化是不同的,这使得沿堆芯轴向引入的反应性不同,进而导致 ΔI 发生变化。

一般来说,在降功率过程中,功率因素使 AO 趋于正方向;在升功率过程中,功率因素使 AO 趋于负方向。考虑 ΔI 和 AO 的关系,在升降功率的过程中,功率和 ΔI 之间呈抛物线关

系:只考虑功率因素,在开始降功率时,ΔI 趋于正方向;当降到某一功率水平后,ΔI 趋于负方向;当功率趋于零时,ΔI 也趋于零。升功率过程与此相反。

2. 控制棒的棒位

控制棒对 ΔI 的影响与控制棒的位置有关。对于一组单棒,当控制棒的棒位位于堆芯上部时,控制棒动作对堆芯上部的中子注量率的影响较大,提棒使 ΔI 趋于正方向,插棒使 ΔI 趋于负方向;当控制棒的棒位位于堆芯下部时,控制棒动作对堆芯下部的中子注量率的影响较大,提棒使 ΔI 趋于负方向,插棒使 ΔI 趋于正方向;当控制棒的棒位位于堆芯中部时,控制棒动作对 ΔI 的影响比较弱。

当控制棒处于叠棒运行时,控制棒对于 ΔI 的影响与两组棒的价值有关。当一组棒位于堆芯下部而另一组棒位于堆芯上部时,若位于堆芯上部的控制棒的动作引入的价值大于位于堆芯下部的控制棒的动作引入的价值,插棒使 ΔI 趋于负方向,提棒使 ΔI 趋于正方向;若位于堆芯上部的控制棒的动作引入的价值小于位于堆芯下部的控制棒的动作引入的价值,则效应与此相反。

因此,堆芯监督人员和反应堆操纵员应清楚了解堆芯控制棒对 ΔI 的影响,在进行反应堆技术支持和控制时给出合适的控制棒动作建议及操作。

3. 氙毒

氙毒是一个对 ΔI 影响较大的因素。当反应堆处于稳态运行时,如果发生氙振荡,会使 ΔI 发生周期性变化。在反应堆功率变化过程中,氙毒对 ΔI 的影响机理与氙振荡的机理是类似的。具体而言,氙毒对 ΔI 的影响与功率变化前的氙毒轴向分布和功率变化过程中的 ΔI 控制有关。这一过程较为复杂,需要进行详细计算才能明确给出功率变化过程中氙毒对 ΔI 的具体影响。

4. 其他因素

一些其他因素也会对 ΔI 的变化产生影响。例如,燃耗对 ΔI 有缓慢的影响。当反应堆满功率运行时,需要根据燃耗对 ΔI_{ref} 进行调整。在功率变化过程中,如在寿期初、寿期中和寿期末,ΔI 的变化也有所不同。另外,硼酸浓度变化也会对 ΔI 产生影响,这是由堆芯上、下部冷却剂的密度不同导致的硼微分价值不同造成的,但是由于这种影响较小,因此在反应堆的实际运行中可忽略硼酸浓度变化对 ΔI 产生的影响。

总之,在反应堆功率变化过程中,有多种因素会导致 ΔI 的变化,堆芯监督人员应综合考虑这些因素,给出恰当的控制建议,使 ΔI 满足《运行技术规格书》的要求。

8.2.2 节假日调峰和调门试验

根据节假日调峰或调门试验的机组运行需求,采用堆芯计算软件对升降功率期间的堆芯氙毒、功率亏损、ΔI、控制棒运行位置、硼浓度变化量、总反应性变化等进行计算,并编制反应性计算报告,供运行人员参考。

为保证给出的反应性报告具有实际参考价值,反应性计算结果应保证满足以下条件。

(1)计算 ΔI 与 ΔI_{ref} 偏离 ±5%FP 在 12 h 内的累计时间,不超过 1 h。

(2)硼浓度变化量应尽量保持单向变化,即升功率或降功率期间,保持一直稀释或硼化。

(3)压水堆反应性计算的流程如下:

①生产计划部门或运行部门根据机组实际运行需求,给出功率变化计划。

②堆芯监督人员根据功率变化计划编制反应性计算报告。

③堆芯监督人员校核反应性计算报告。

④堆芯物理科科长审核反应性计算报告。

⑤堆芯燃料处处长批准反应性计算报告。

⑥堆芯监督人员将生效后的反应性报告提供给运行人员,供其参考。

8.2.3 日常定期反应性计算

除节假日调峰和调门试验外,堆芯监督人员还应每间隔 2 000 MWd/tU 燃耗,编制一次日常定期反应性计算报告,供运行人员在机组突发紧急情况下使用。该报告内容应包括 3 MW/min、5 MW/min、10 MW/min 这 3 种降功率速率下,降功率期间的堆芯氙毒、ΔI、控制棒运行位置、硼浓度变化量等。对反应性计算流程和结果的要求与 8.2.2 基本一致。

复 习 题

1. 填空题

(1)组件燃耗分布可通过(　　)计算获得,(　　)是 WANO 考核指标,每周根据化学分析数据计算 FRI,核实燃料组件的完整性。

(2)由于 RPN 涉及机组保护,如果刻度系数调整不当可能会触发(　　)甚至(　　),因此每次编制参数调整单都需要经过严格的编、校、审、批流程。

(3)(　　)是指在考虑机组实际运行工况的情况下,利用 MEDOR 程序对化学分析硼浓度进行修正计算得到的结果。

(4)各个组件的累计燃耗由(　　)处理得到,该程序主要用于堆芯处于正常功率运行状态下,对堆芯功率分布和燃耗分布的计算、跟踪和监督。

(5)轴向功率偏差是描述轴向功率分布的运行物理量,其定义如下:(　　　　　　　　)。

(6)(　　)是表示 ΔI 的允许值与相对堆功率关系的控制图,是监督和控制反应堆运行的主要依据之一。

(7)除节假日调峰和调门试验外,堆芯监督人员还应每间隔(　　)燃耗,编制一次日常定期反应性计算报告,供运行人员在机组突发紧急情况下使用。

2. 选择题

(1)象限功率倾斜通过每月定期(　　)的结果获得,硼降速率、硼降曲线、最大硼浓度偏差可通过(　　)获得。　　(　　)

A. 功率分布测量试验

B. 专用软件 MEDOR

C. 专用软件 CETACE

D. 堆内、堆外中子注量率测量电离室刻度试验

(2)使用 MEDOR 程序计算修正硼浓度时需要化学分析(　　)等值。　　(　　)

A. 化学分析硼浓度

B. 功率

C. 棒位

D. 一回路温度

(3)在反应堆功率变化过程中,影响 ΔI 的主要因素有(　　)等。 (　　)

A. 反应堆功率

B. 控制棒的棒位

C. 氙毒

D. 燃耗

(4)日常定期反应性计算报告,应包括(　　)这 3 种降功率速率下,降功率期间的堆芯氙毒、ΔI、控制棒运行位置、硼浓度变化量等。 (　　)

A. 2 MW/min

B. 3 MW/min

C. 5 MW/min

D. 10 MW/min

第9章 堆芯设计

9.1 堆芯设计概述

9.1.1 堆芯物理设计

堆芯物理设计的主要任务通常可归纳为3个方面,即堆芯栅格和功率分布的设计、反应性控制设计、燃料分析和堆芯内的燃料管理。

1. 堆芯栅格和功率分布的设计

堆芯物理设计中最常见的分析工作是计算堆芯的中子增殖系数和中子注量率(功率)分布。其中,核工程师最关心的就是堆芯的功率分布,因为功率分布对热工设计分析、堆芯燃耗分析及堆芯燃料管理而言都十分重要。例如,人们希望设计的堆芯能够在整个堆芯寿期内具有平坦的径向功率分布和轴向功率分布,并具有足够的后备反应性,以便在反应堆正常运行条件下达到设计的燃耗深度。同时,堆芯功率分布的计算结果会随各种参数[如堆芯燃料富集度、慢化剂-燃料体积比(水铀比)、堆芯几何条件、反应性控制方式及燃料组件的设计等]的变化而变化。由于在堆芯寿期内裂变核素不断消耗,新核素不断产生与积累,因此反应堆的功率密度也将随空间与时间而变化。

堆芯热工设计工程师最感兴趣的参数是堆芯功率密度的峰值与平均值之比(即所谓的"热管因子"或"功率分布不均匀系数"),由此比值可以确定堆芯设计是否超出热工限制范围。要获得热管因子,必须计算堆芯的功率分布。

堆芯物理设计中还必须确定保证堆芯在所要求的寿期内保持临界状态所需要的燃料装载量。这就要求燃料装载量还能够补偿由燃料的消耗、温度效应及裂变产物的积累引起的反应性效应。这将涉及栅元设计的各种参量,如水铀比、燃料元件的尺寸和形状,以及燃料富集度等。

2. 反应性控制设计

为补偿初装核燃料所具有的剩余反应性,以及保证反应堆运行的灵活性和安全性,必须进行反应性控制设计和堆芯动态特性设计。为此,有必要对各种控制手段进行反应性分配,包括可移动的控制棒、冷却剂内的可溶化学补偿毒物(硼溶液)及在堆芯第一循环内的固体可燃毒物,并对控制棒的布置方式与反应堆运行时控制棒的动作(插拔)顺序(提棒程序设计)进行详细设计。

在反应性控制设计中还必须计算各种反应性反馈系数,如慢化剂的温度系数、燃料的反应性温度系数(即燃料温度系数),以及裂变产物积累所引起的反应性效应等。

3.燃料分析和堆芯内的燃料管理

在反应堆运行过程中，随着裂变核素的消耗和裂变产物的产生与积累，燃料中的成分将发生变化。核工程师必须在整个堆芯寿期内监督和确定这些变化过程，这就要求其将几个主要核素（如铀-235、铀-238、铀-233、钍-232）的燃耗和产生链与堆芯中子动态方程联系起来进行研究。由于堆芯成分不断变化，因此对堆芯的中子增殖系数和功率分布的计算在整个堆芯运行寿期内必须多次进行。这种关于堆芯功率分布与随时间变化的堆芯核素的产生和消耗之间的相互关系的研究，通常称为燃耗分析。它可能是核反应堆物理分析中最花费时间和金钱的部分，但同时也是十分重要的部分，因为它将直接影响核电厂的经济效益。

堆芯燃料管理的目标是：在反应堆运行所规定的设计限制（如安全极限）内，使堆芯燃料装载、布置和换料方案最佳，以便最经济地生产电能。

9.1.2 堆芯热工水力设计

核电厂反应堆设计的目的是安全、可靠、经济地产生核裂变热量，并通过冷却剂将此热量带出堆芯，再通过相应的蒸汽热力循环系统及发电设备产生电能。因此，堆芯热工水力设计的任务是：保证反应堆堆芯在各种运行条件下有足够的冷却，以确保其在正常的稳态运行、预期的动态运行及异常状态下的核安全。

从设计目标来看，堆芯热工设计工程师一般希望堆芯功率密度高一些，这样可以利用较小的堆芯体积产生所要求的热功率。此外，为减少所需要的燃料装载量，堆芯热工设计工程师也希望燃料比功率（单位质量的燃料产生的功率）高一些。同时，堆芯热工设计工程师还希望冷却剂的出口温度较高，因为这不仅能提高反应堆的热力学效率，而且能够产生较高温度的蒸汽，从而降低对汽轮机设计的要求。但是，堆芯热工设计工程师必须清醒地认识到，这些目标的实现将受到许多堆芯热工性能限制条件即堆芯热工水力设计准则的约束。堆芯热工性能限制条件主要有：避免燃料中心发生熔化；使热流密度低于冷却剂条件所允许的最大值；限制由裂变气体的释放、燃料的肿胀和温度梯度对包壳造成的过高的应力。这些条件限制了燃料元件的表面热流密度、线功率密度和体积功率密度。换句话说，对上述参数的选取并不是越高越好，而是要在综合考虑安全性、可靠性和经济性后选取恰当的数值。

在堆芯热工水力设计中，堆芯热工设计工程师要先根据设计准则确定一回路冷却剂系统允许的堆芯功率密度。通常以最小 DNBR 来规定堆芯允许的最大热流密度，然后调整燃料元件的直径，以便在线功率密度和功率密度之间取得最佳方案，并依据安全分析结果进行调整。一旦确定了功率密度，堆芯热工设计工程师即可根据要求的反应堆热功率的输出来确定堆芯的大小。由此可以看出，反应堆堆芯几何条件的总特征是由热工水力设计分析确定的。

在确定堆芯几何条件的同时，堆芯热工设计工程师要根据堆芯裂变热量必须由冷却剂载出的原则，及其对冷却剂温度的限制（如在压水堆内要求冷却剂的整体温度低于它的饱和温度，以免发生体积沸腾），确定堆芯冷却剂的进、出口温度，以及压力和流量等。

在确定了堆芯几何条件和冷却剂热工水力参数后，堆芯热工设计工程师再根据由堆芯物理计算提供的堆芯功率分布进行堆芯热工水力分析计算，进而确定整个堆芯的温度分布，并检查其是否满足热工水力设计准则的要求。

9.1.3 堆芯结构设计

选择合理的堆芯结构部件和合适的材料，使其能够经受核反应堆堆芯的高温、高压和辐照的运行条件是非常重要的。

首先，必须考虑能够承受相当高的机械应力的燃料元件结构的设计。例如，在燃料通过裂变反应产生能量的同时，也会产生裂变气体。这些气体积聚在燃料-包壳的间隙中，对包壳产生相当大的压力。在典型情况下，应该力求使这种压力低于冷却剂的设计压力。然而，燃料元件内部的气体压力又不能太低，否则外部冷却剂的压力可能会引起包壳的失稳。燃料中发生的裂变反应还将引起燃料芯块产生一定量的肿胀，这也会对包壳施加作用力。此外，结构上还有附加的应力。综上所述，燃料元件结构的设计是相当复杂的。

其次，必须考虑堆芯其他部件的机械设计。例如，支承燃料组件的各种堆内构件、控制棒组件等的设计都必须能够承受反应堆内的恶劣环境条件。当然，反应堆压力容器的设计本身就是一个难度很大的机械设计问题，因为该压力容器必须在反应堆的整个寿期内（一般为40年）承受高温、高压和强烈的辐照

最后，必须始终考虑反应堆内各种部件的造价和维修便利性（特别要注意控制棒组件和换料操作的便利性）。

在堆芯结构设计中，特别要注意的是快中子注量对堆芯材料的影响，因为该注量会显著地改变材料的性质，如金属材料脆性转变温度提高、极限强度增加、延伸率降低等。因此，设计人员必须十分细心地预先考虑到这种辐照损伤效应，在设计中留有足够的余地，以防因对强辐照条件下材料特性改变的认识不足而导致出现意外。在日益成熟的现代核反应堆工程中，这种辐照对反应堆材料的影响变得特别重要。为达到尽可能低的发电成本，必须尽量延长核燃料组件在反应堆内的使用时间及提高燃料的燃耗深度。实际上，提高燃料的燃耗深度的主要限制并不在于铀-235或钚-239的裂变损耗，而在于反应堆材料（包括燃料和包壳）所能承受的裂变损伤。

在燃料组件结构设计中，必须考虑的主要辐照响应如下：

(1)燃料组件的蠕变和肿胀、裂变气体的释放、空穴的迁移、化学补偿毒物的变化，以及径向和轴向功率密度分布的变化。

(2)包壳的机械性能、空穴引起的肿胀及腐蚀。

(3)燃料棒的径向传热和温度分布、燃料和包壳之间机械的和化学的相互作用、燃料棒的肿胀和弯曲。

(4)燃料棒束部件几何尺寸的变化和燃料棒与定位格架间的相互作用。

(5)冷却剂流体力学和装换燃料对燃料组件的影响。

(6)压水堆压力容器必须根据一定的规范进行设计。目前国际上比较流行的标准规范有美国机械工程师协会（ASME）的锅炉和压力容器规范，以及压力容器的相关标准；法国的RCC-M标准。这些标准和规范为压力容器的设计和制造的共同标准。秦山第二核电厂的压力容器、蒸汽发生器等反应堆中的大部分设备是根据法国RCC-M93标准设计制造的。

9.1.4 安全评价与经济分析

确保安全是工程设计中的一个重要方面,而且事故的后果越严重,在设计中就越要重视安全问题。因此,在核电厂反应堆设计中必须采取异常严格的安全措施,以确保核电厂工作人员及公众的安全。

一般来说,反应堆安全的目标在于减小发生核电厂向外泄漏放射性物质的事故的概率,并在万一发生此种事故时限制放射性物质的危害范围。为达到这一目标,可采取的主要方法如下:

(1)在反应堆设计中遵循能现实地(或合理地)达到尽可能安全的原则(即在提高安全裕度与采取经济上合理可行的技术措施之间折中),使反应堆能适应运行过程中的各种干扰而不致损坏核电厂的设施或危及公众的安全。

(2)设置多层屏障以阻止放射性物质外泄,如设置燃料组件的包壳、一回路冷却剂的压力边界和安全壳这3道屏障。

(3)对各种可能发生的事故进行详尽分析,以便评价反应堆系统的安全性(由此分析演化出一些重要的安全措施)。

(4)设置安全装置或系统,以保证公众安全并使核电厂不会因操作人员的失误、设备的失效或误动作、自然灾害等产生损害。

(5)核电厂在安全方面的设计思想为“纵深防御”,通常设有3道安全防线:

第一道安全防线是使反应堆及其他部件的设计具有极高的运行可靠性,使其发生故障的概率极低。尽管精心的设计与施工可以确保工程的质量和运行的安全,但是仍然必须要预见到在核电厂整个寿期内,不能完全排除发生意外或故障的可能性。

第二道安全防线的设计目的在于预先准备好防止或应付意外事故的必要措施。为此设置了反应堆的安全保护系统(如事故停堆保护系统、事故停堆冷却系统等),可以在各种可预见的异常工况下保证反应堆的安全。

第三道安全防线是前面两道防线的补充,由专设安全设施构成。它可以在极不可能发生的假想事故万一发生后进一步保护公众,使其免遭危害。

在进行安全评价时,通常把偏离正常运行工况的瞬态过程按发生概率不同分成如下4类:

第Ⅰ类工况为正常工况。它包括在正常的运行、更换燃料或维护过程中经常发生的工况,如负荷的改变等。这就要求把堆芯设计成在所有这些工况范围内都无须停堆。

第Ⅱ类工况为常规事故工况。它包括在反应堆正常运行期间预计不会发生,但在某一特定装置的寿期有可能发生的所有常规事故工况。反应堆系统设备(如主循环泵)或控制系统的电源丧失等是这类工况的实例。装置的设计必须保证这类事故不会引起其他更为严重的故障,或使燃料棒的损伤超过在一个快速停堆中可能出现的损伤。

第Ⅲ类为稀有事故工况。它包括那些在任何一个特定的循环中预计不会发生的,但是在整个核电厂40年寿期内由于误操作及设备故障等原因有可能发生的不正常工况。例如,一回路冷却剂的少量丧失、二回路蒸汽管道的小破口或硼异常稀释等事故工况。对于这些事故工况,要求由故障产生的后果没有必要中断或限制公众在核电厂附近地区的正常活动,并且公众仍然可以照常接近这些地区。

第Ⅳ类工况为极限事故工况。它包括所谓的设计基准事故,由一些在整个核动力工业中也不易发生的事故组成。这些事故的后果包含产生严重危害或损伤公众的可能性。尽管它们发生的概率很低,也必须采取严格的防护措施。这一类事故工况包括一回路或二回路系统的大破口事故、一束价值最大的控制棒束的弹出等。对于这类极端情况,允许堆芯遭到严重的损坏,但是要求堆芯仍应保持在可冷却状态。依据对核电厂外放射性剂量的保守计算,该剂量水平不得超过国家有关管理法规规定的限值。

设计人员必须对所有的事故工况进行安全分析与评价,以确保反应堆的设计能够使所有事故工况的后果对应的限值在国家法规的规定之内。

核电厂只有在经济上能够和常规电厂相竞争,才能够证明它是有生命力的。发电成本包括核电厂的投资成本,运行和维护、维修成本,燃料成本,以及核电厂退役后的维护成本。建造核电厂所需的基本建设投资通常比常规电厂高,但是核电的主要优点在于燃料成本较低。所以,好的堆芯设计可使核电厂的燃料成本尽可能的低,进而使核电厂获得更高的经济效益。

9.2 堆芯设计准则

堆芯设计准则指的是堆芯设计所必须遵守的某些约束条件和技术规范。确定堆芯设计准则的总原则是:按这些准则要求所设计的堆芯能够保证反应堆在预期的运行工况(正常工况或规定的超功率工况)下安全、经济地运行,在事故工况下可减轻事故的后果。

9.2.1 堆芯物理设计准则

1. 反应性温度系数

燃料的反应性温度系数是负值,慢化剂温度系数不应出现正值,从而提供一定的固有安全性。

2. 最大可控反应性的引入速率

控制棒束的抽出或硼溶液的稀释所引起的反应性的引入的最大速率必须小于某一规定值。单个控制棒组件的最大价值(反应性当量)应低于某一规定的限值,这样一旦发生弹棒事故或硼稀释事故时,不会发生超临界事故。

3. 停堆裕度

反应堆从运行工况进入热停堆或冷停堆时,必须有一个最小停堆裕度。如果是紧急停堆,必须假定一束价值最大的控制棒卡在反应堆外时,还能满足停堆裕度的要求(即所谓的卡棒准则)。

4. 燃耗

燃料棒的平均燃耗深度能达到某一设计的规定值,同时燃耗最大的燃料棒的燃耗深度必须小于规定的极限值。

5. 堆芯稳定性

当反应堆功率输出保持为常数时，如果堆芯发生功率的空间振荡，则该振荡应该能够被测出，并可加以抑制或实行保护停堆（如大型反应堆的氙振荡）。

9.2.2 堆芯热工设计准则

1. 燃料温度的限制

对堆芯功率密度的主要限制之一是防止堆芯内任何位置上的燃料温度超过其熔点。大多数压水堆采用的陶瓷燃料芯块的熔点是极高的，如 UO_2燃料的熔点约为 2 800 ℃。但要注意到，燃料熔点对燃料的辐照深度是比较敏感的，如 UO_2 每燃耗 10 000 MWd/tU，其熔点约降低 32 ℃。

燃料元件因温度过高致中心熔化（最高温度一般发生在燃料元件的中心线上）而发生破损的概率颇高（此处的“破损”是指燃料元件由于物理性能的变化而丧失其基本功能）。尽管堆芯有少数燃料元件在短时间内超过中心熔化温度并不会导致重大事故，但相关工作人员仍应十分关注不使堆芯在正常运行工况下超过此极限。

燃料所能达到的最高温度并不主要取决于燃料棒直径的大小，而主要取决于燃料的热导率（导热系数）和燃料棒的线功率密度。

2. 包壳的热工极限

包壳是防止燃料内放射性裂变产物泄漏到冷却剂中的第一道安全屏障。在压水堆中，由包壳传向冷却剂的热流密度受到严苛的限制。当热流密度大于某一数值时，燃料元件包壳的外表面上会形成一层蒸汽膜，使燃料向冷却剂的传热恶化，此部位的包壳温度将急剧上升并会导致包壳损坏。这个热流密度的极限值称为临界热流密度。

在堆芯热工设计中，对设计的超功率及所有预期的瞬态过程，计算出的 DNBR 必须大于限值，使包壳不会因发生 DNB 而产生损坏。

3. 冷却剂温度的极限

在许多类型的反应堆中，为得到合适的冷却性能，设计人员希望限制冷却剂温度。例如，在压水堆内要求冷却剂主流量温度低于它的饱和温度，以不使冷却剂发生体积沸腾。

9.3 堆芯方案设计流程

由于核反应堆设计的复杂性，要求描述核反应堆特性的各种理论都采用适于数字计算的形式。经过多年的发展，已形成可以帮助堆芯热工设计工程师进行核反应堆各方面计算和分析的计算程序。图 9－1 为堆芯物理、热工水力设计计算流程，展示了相应的组合程序（程序包）。由图 9－1 可以看出，一个完整的堆芯设计过程包括哪些主要的部分（程序模块），每一部分主要解决哪些问题，以及这些部分之间有哪些关系。

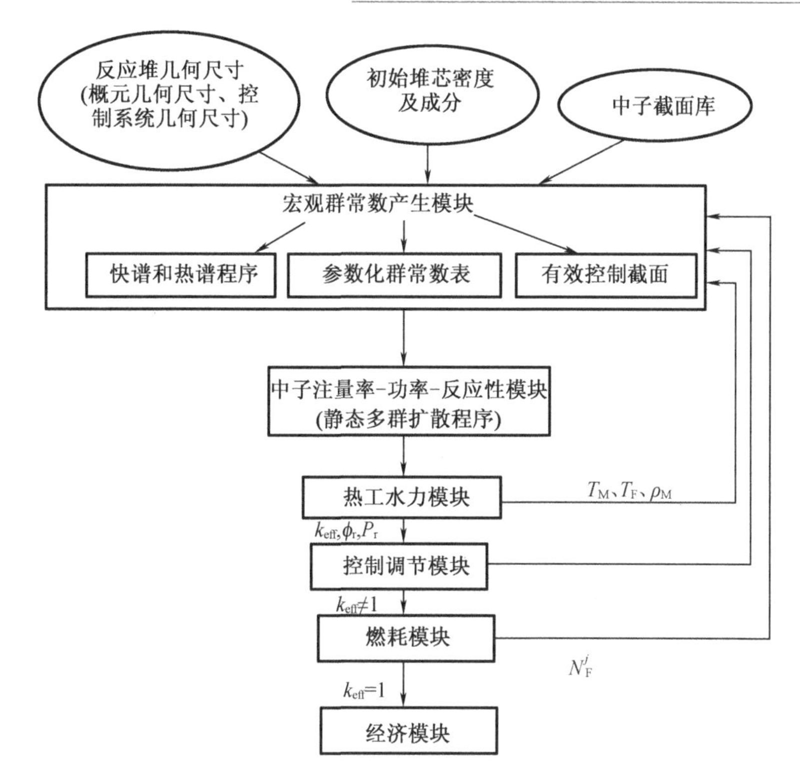

ϕ_r—径向中子注量率密度;P_r—相对功率水平;N_F^j—燃料中第 j 种核素的核子密度;

T_M—慢化剂温度;T_F—燃料温度;ρ_M—慢化剂密度。

图 9-1 堆芯物理、热工水力设计计算流程

1. 堆芯总体方案设计模块

从图 9-1 中可以看出,第一步是由设计方案得出一组关于反应堆内材料的成分和密度,反应堆内燃料元件、控制棒元件和结构部件的几何尺寸,以及堆芯冷却剂的压力、流量、温度的初始系统参数。

2. 宏观群常数模块

中子截面库即中子截面核参数库,是进行堆芯物理计算不可缺少的资料。现代堆芯物理计算所使用的中子截面核参数库基本上都出自 ENDF/B 文件。但 ENDF/B 提供的是各种核素逐个能点的各种核反应的微观截面。宏观群常数模块的任务是计算堆芯的中子能谱分布,用中子能谱分布对中子截面核参数库的数据进行平均,求出宏观群常数。在计算中子能谱时,还必须考虑各种材料在堆芯中的非均匀布置对中子能谱的影响。也就是说,不仅需要知道中子注量率随能量变化的关系,还需要知道其随空间变化的关系。

由于反应堆内材料的密度和温度变化对中子能谱的计算有直接的影响,因此反应堆内热工水力的计算分析和宏观群常数的计算有密切的耦合关系。反应堆内材料的核子密度随燃耗加深而变化,如易裂变核数随燃耗加深而减少,同时还会生成裂变产物(如氙和钐)。因此,宏观群常数的计算和燃耗的计算有着密切的关系。

总之,在计算宏观群常数时,堆芯热工设计工程师必须要考虑反应堆内成分不同的每一个区域、不同的运行工况和不同的燃耗状态等诸多因素。因此,在堆芯设计计算中,对宏观群常数的计算要反复进行多次。

3. 中子注量率－功率－反应性模块

该模块的主要任务是用静态设计程序来计算反应堆内中子注量率的空间依赖关系。中子注量率分布是精确预测堆芯的燃料装量、功率分布（这是热工－水力设计模块的输入量）、反应性温度系数、剩余反应性、停堆裕度和屏蔽设计要求等所必需的。此模块通常为多群扩散程序，利用上一模块计算出的宏观群常数，可确定所研究的堆芯的中子增殖系数和中子注量率分布。然而，有时也需要用输运方程来确定强吸收体和空腔附近的中子注量率分布。

4. 热工水力模块

将上一模块提供的功率分布作为输入量，进行本模块的堆芯温度分布和热流密度分布的计算，以保证它们不超过堆芯热工性能的限制。所求出的堆芯温度分布和冷却剂密度分布又被送回到宏观群常数模块，重新计算宏观群常数（第一次宏观群常数的计算是针对堆芯的初始参数进行的）。在第 2～4 模块之间进行若干次迭代计算，直到堆芯温度分布和冷却剂密度分布收敛为止。收敛后的堆芯温度分布、冷却剂密度分布、中子注量率分布和 k_{eff} 可作为下一模块的输入量。

5. 控制调节模块

一般来说，前面计算出的 k_{eff} 并不等于 1，这就需要调节反应堆内控制棒组的布置和冷却剂中的硼浓度，使反应堆回到临界状态。在堆芯物理设计计算中，控制元件的控制量是以控制元件的宏观群常数出现的，后者被适当地加到控制元件所在的堆芯区域的宏观群常数上。控制模块把新的控制方案送回到宏观群常数模块，以便进行下一轮的计算。因此，这个过程也需要迭代计算。当这个计算过程完成后，就可获知在一定的堆芯状态下，控制棒组件在反应堆内的布置与插入深度（一般和初始位置不同），以及冷却剂中的硼浓度等。

6. 燃耗模块

当控制调节模块的计算完成时，堆芯就返回临界状态。设计计算转到燃耗模块。燃耗模块以反应堆内中子注量率分布为输入量，求解描述反应堆运行时堆芯同位素成分变化的方程。在燃耗计算中，时间步长的选择原则是使步长内堆芯中子注量率的空间分布随时间的变化可忽略不计。一个燃耗步长计算结束后，反应堆内易裂变同位素的核子密度、裂变产物的核子密度、可燃毒物核素的核子密度、冷却剂中硼的核子密度等都发生了变化。将求出的反应堆内各种成分的新的核子密度返回宏观群常数模块并开始下一个燃耗步长内的一系列计算。这样，就可以把从堆芯寿期初到堆芯寿期末的一个完整的燃料循环周期分成若干个时间步长，并进行计算，从而可以得到一系列时间间隔内的堆芯的有关参数和特性。例如，堆芯功率分布和温度分布、冷却剂密度分布、反应性变化（确定各时刻反应堆内控制元件的布置，得到控制运行方案）、反应堆内各种材料成分的变化、堆芯燃料的平均燃耗或燃耗分布，以及堆芯运行周期等详细资料。

7. 经济模块

经济模块即燃耗经济分析模块，可利用一个循环周期内反应堆产生的总能量、裂变材料的消耗量和新生成的易裂变材料量（如钚－239）等来计算反应堆内燃料循环的成本。

至此,一个完整的堆芯方案设计的计算过程结束。根据堆芯设计准则及安全和经济分析评价来检查堆芯设计是否满足预定要求,如果不满足,则需要进行调整并重新计算。对不同的设计方案进行上述设计计算以从中选出最佳方案。

9.4 堆芯主要参数的确定

堆芯方案设计的实质是确定一组合理的堆芯参数。选择一组合理的堆芯参数有助于堆芯热工设计工程师进行工程设计,可以加快设计进程,减少迭代次数,节省设计和计算费用。堆芯方案设计中的很多具体内容是反应堆设备制造厂商的专利,这里不做讨论。本节只简略地讨论堆芯方案设计的任务,以及确定堆芯主要参数的方法和应考虑的因素。

9.4.1 堆芯方案设计的任务

堆芯方案设计的任务是在给定的运行工况下,确定能满足对堆芯的可靠性、经济性和安全性要求的堆芯各种参数。

1. 功率参数

热功率、电功率、比功率和功率密度。

2. 堆芯大小参数

堆芯高度、堆芯等效直径。

3. 燃料参数

燃料材料类型、燃料富集度、燃料元件直径、燃料芯块直径、包壳材料及其厚度、棒栅距及支承结构、水铀比、每个燃料组件中燃料元件的数量与排列、反应堆内燃料组件数、燃料的平均燃耗深度及最大燃耗深度。

4. 堆芯反应性控制参数

堆芯总的后备反应性、可燃毒物棒的材料及其几何尺寸、可燃毒物棒的包壳材料及其几何尺寸。

5. 热工水力学参数

冷却剂的压力,进、出口温度,流量;燃料元件的线功率密度、表面热流密度。

6. 堆芯结构参数

每个燃料组件的定位格架数、定位格架及夹紧弹簧的材料;定位格架的高度和厚度。

7. 堆芯燃料管理参数

富集度不同的燃料组件在反应堆内的布置方案,以及换料周期和换料方案的预测。

9.4.2 堆芯大小参数的确定

堆芯几何尺寸通常是由热工方面的考虑确定的,参数的选择和确定必须遵循堆芯设计准则。

1. 最大线功率密度

根据稳态和瞬态两种工况,确定反应堆内热通道中的最大允许功率水平。通常用线功率密度的最大允许值 q'_{max} 表示。

燃料元件内的温差和线功率密度的关系可用式(9－1)表示。

$$q' = \frac{2\pi(T_{cl} - T_{cs})}{\left(\frac{1}{2k_f} + \frac{1}{Rh_g} + \frac{\delta_c}{k_c R}\right)} \tag{9-1}$$

式中,q'为燃料元件的线功率密度,W/cm;T_{cl}为燃料中心温度,℃;T_{cs}为燃料元件包壳表面温度,℃;k_f 为燃料的平均热导率,W/(cm·K);h_g 为有效气隙传热系数,W/(cm^2·K);k_c为包壳的热导率,W/(cm·K);δ_c 为包壳的厚度,cm;R 为燃料棒半径,cm。

2. 平均线功率密度

前面介绍了确定热通道中的最大允许线功率密度的方法。提出热通道概念是基于这样一个设计思想:只要保证热通道的运行工况能很好地满足堆芯设计准则的要求,那么堆芯其余通道的运行状况就都能满足堆芯设计准则的要求。但是,我们不能以热通道的最大允许线功率密度来确定堆芯的几何尺寸,必须求出堆芯燃料元件的平均线功率密度[式(9－2)]。

$$\bar{q}' = \frac{q'_{max}}{F_Q} \tag{9-2}$$

式中,F_Q 为总热管因子,即堆芯总的功率分布不均匀系数。

3. 反应堆内燃料元件总数

如果设计的核电厂反应堆的总热功率是 N_T,那么由反应堆内燃料释放的总热功率为

$$N_F = F_\mu N_T$$

式中,F_μ 为燃料释放的功率占堆芯总功率的份额。堆芯释放的总能量包括反应堆内燃料释放的全部能量加上结构部件、冷却剂、慢化剂和其他材料吸收辐射后放出的能量。在热中子反应堆中,慢化剂也会释放出一些能量。用 H 表示每根燃料棒的发热长度,则反应堆内燃料元件的总数 N 为

$$N = \frac{N_F}{\bar{q}' H} = \frac{F_\mu N_T F_Q}{q'_{max} H}$$

4. 堆芯等效直径和高度

堆芯的等效直径 D_{eq}可由式(9－3)决定。

$$\frac{\pi D_{eq}^2}{4} = \frac{F_\mu N_T F_Q}{q'_{max} H} A \tag{9-3}$$

式中,A 为单位燃料栅元的横截面积。若要确定 A,必须先确定燃料棒直径、包壳厚度、燃料棒和包壳管之间的间隙,以及慢化剂与燃料的体积比等。此外,还应考虑控制元件(可燃毒物棒和控制棒)及测量导管所占的空间。这样,实际的堆芯等效直径略大于由式(9－3)计算出来的值。若要求解式(9－3),必须事先确定堆芯的高度和等效直径之比。秦山第二核电厂施工报告给出堆芯的高度和等效直径之比为 1.37,它主要考虑了中子的泄漏、压力容器等设备的制造成本和反应堆内冷却剂的压降等因素。

9.4.3 堆芯燃料参数的确定

堆芯燃料参数的设计包括选择和确定以下参数:燃料富集度、燃料棒直径、包壳材料和

厚度、慢化剂和燃料的体积比[即水铀体积比(V_{H_2O}/V_{UO_2})]。

1. 燃料富集度

以轻水为慢化剂的反应堆必须使用稍加浓缩的燃料,最佳浓缩度(即富集度)的确定涉及许多因素,如堆芯尺寸、堆芯的热功率要求、燃料和慢化剂的体积比、包壳材料吸收中子的性质、预期的燃料燃耗及燃料循环的成本等。秦山第二核电厂施工设计首炉堆芯燃料富集度为1.9%、2.6%和3.1%。

2. 包壳材料和厚度

选择包壳材料时必须考虑如下因素:包壳材料和冷却剂之间的化学反应、包壳材料对中子的俘获截面、包壳材料的价格和强度、包壳材料的辐照性能等。锆合金在现代压水堆中被广泛用作包壳材料,因为锆的热中子吸收截面非常小,而且有很好的抗腐蚀能力和抗氢脆性能,因而增加了燃料元件的使用寿命。

包壳的厚度对堆芯的核特性的影响不大,在设计中主要从结构强度和腐蚀的角度来确定其大小。

3. 燃料棒直径

在选择和确定燃料棒直径时需要考虑核和热工两方面的因素。

从核方面来看,棒径变细,铀-238对中子的逃脱共振俘获概率减小,使堆芯的有效增殖系数减小。但同时,铀-238对中子的共振吸收增加使转换比增加。

从热工方面来看,如果维持堆芯内燃料元件线功率密度不变,棒径变细意味着燃料元件的表面热流密度变大,这会导致DNBR变小,使燃料元件的包壳因传热的恶化而损坏的危险性增大。反过来,如果从满足DNBR的限制条件出发,保持燃料元件的表面热流密度不变,那么棒径变细意味着必须减小线功率密度,这样会导致燃料元件总数增加,增加了燃料元件的费用。秦山第二核电厂采用的燃料组件为17×17的排列,这种燃料组件的元件总数比过去(15×15)增加了。但是由于燃料棒直径减小,整个燃料组件的外形尺寸保持不变,栅格中的水铀体积比也不变,因此在保证整个燃料组件输出功率不变的情况下,降低了燃料元件的线功率密度和表面热流密度,燃料中心温度和包壳温度也相应降低,从而使热工裕度增大,也就更加安全。根据计算,当反应堆内发生失水事故时,燃料包壳的最高温度将比15×15排列时相应的值低278 ℃左右,使燃料元件烧毁的可能性降低。此外,在燃料元件正常运行时,由于线功率密度降低,燃料芯块中放出的裂变气体减少、包壳的蠕变减小,因此元件的破损概率也降低了。

另外,由于线功率密度和燃料内平均温度的降低,燃料的反应性温度效应减小了,这一点在某种程度上补偿了由燃料棒变细引起的堆芯反应性的降低。

4. 慢化剂与燃料的体积比

在反应堆堆芯设计中,慢化剂与燃料的体积比(水铀体积比)是一个非常重要的参数,它对堆芯的核特性、热工水力特性和经济性等均有影响。如果已经确定燃料棒直径,再确定水铀体积比,就可以确定基本燃料栅元的几何尺寸。

典型压水堆燃料栅元的无限增殖系数k_∞与水铀体积比的关系:开始时,k_∞随水铀体积比的增加而增加,在达到极大值后转为减小。在水铀体积比相同的情况下,燃料棒直径减小时，k_∞略有减小。如在水中加入可溶毒物硼，k_∞在达到最大值后会随水铀体积比的增加而迅速减小（与未加硼时的同种情况相比）。由此可见，冷却剂水中可溶毒物硼的浓度对k_∞的变化有重要影响。

在堆芯燃料栅元设计中，需要考虑上述情况。如果单从堆芯的有效增殖系数来考虑，则应该选择k_∞达到最大值时所对应的水铀体积比。但是，较大的水铀体积比意味着堆芯功率密度的减小。同时，还应该考虑慢化剂温度系数，确保设计准则规定的在运行参数下的慢化剂温度系数不出现正值。

9.4.4 反应性控制参数

反应堆内燃料组件的几何尺寸和组件的总数目，是由反应性控制要求和所需要的燃料元件的总数决定的。

1. 堆芯反应性控制要求

核反应堆初始的燃料装载量必须比维持临界状态所需的燃料装载量多得多。这是因为在堆芯运行时，由于燃料的燃耗和裂变产物的积累等过程，堆芯的有效增殖系数发生了变化，同时还需要提供足够的剩余反应性来补偿由温度及功率等引起的反应性亏损。因此，为了使反应堆在预期的燃料循环寿期内满功率运行，必须确保所设计的燃料装载量和燃料富集度能够提供足够的剩余反应性。

为了补偿堆芯的剩余反应性，必须在堆芯内引入适量的可随意调节或控制的负反应性。这些受控负反应性既可用于补偿堆芯长期运行所需要的剩余反应性，也可用于调节反应堆的功率水平，包括提升功率、负荷跟踪和停堆。最常用的控制堆芯反应性的方式是向堆芯引入或抽出中子的强吸收体。通常采用的控制手段有可溶硼控制及吸收体棒（控制棒和可燃毒物棒）控制。

剩余反应性（ρ_{ex}）的定义为在将所有控制元件从堆芯取出后，反应堆内具有的反应性。ρ_{ex}是运行时间和温度的函数，ρ_{ex}越大表明堆芯寿期越长，但这需要以更高的控制要求和更低的中子利用率为代价（因为反应堆内控制的反应性越大，中子被控制材料吸收得越多）。

停堆裕度（ρ_{sm}）的定义为当所有控制元件被插入堆芯时，堆芯内具有的负反应性。ρ_{sm}也是运行时间和温度的函数。确定ρ_{sm}的准则是：即使一束价值最大的控制棒组件被完全卡在反应堆外时（即卡棒准则），在冷态无中毒工况下，其ρ_{sm}仍应大于1%。ρ_{sm}不仅表征了停堆状态下堆芯的增殖特性，而且表征了事故停堆或紧急停堆时，反应堆功率水平下降的速率。

控制元件总反应性当量（$\Delta\rho$）定义为剩余反应性与停堆裕度之和，即

$$\Delta\rho = \rho_{ex} + \rho_{sm}$$

控制元件的反应性当量（价值）$\Delta\rho_i$的定义为该控制元件被投入堆芯后引起的反应性变化。

2. 反应性控制方案设计

核反应堆堆芯设计的一个十分重要的方面是确定需要控制的反应性当量和在各种类型的控制元件之间的反应性分配。

9.4.5 堆芯热工水力参数的确定

1. 热工水力设计的任务

反应堆热工水力设计在整个反应堆设计中占有极其重要的地位。它不仅与反应堆堆物理、堆结构、堆材料和堆控制等的设计有关，而且还与一、二回路系统的设计有密切的联系。反应堆堆芯热工水力设计的总任务是提供一组与堆芯功率分布相一致的热传输参数，使之满足设计准则并能够充分地导出堆芯热量。因此，热工水力设计中应确定的内容是：反应堆热工水力特性参数；反应堆额定运行点；为保护系统设计所确定的反应堆运行图；预期瞬态的堆芯热工水力状态。

2. 热工设计基础

反应堆在整个运行寿期内，不论是处于稳态工况下，还是处于预期的事故工况下，其热工参数都必须满足一定的设计基础（也称设计准则）。反应堆的热工水力设计准则不仅是热工水力设计的依据，而且也是安全保护系统设计的原始条件。此外，这些设计准则还是制定运行规程和事故处理规程的依据。具体内容如下。

（1）偏离泡核沸腾

偏离泡核沸腾是一种水力学和热力学的组合现象。当燃料棒以很高的热流密度加热流动中的冷却剂时，将使棒包壳表面的温度超过冷却剂的饱和温度，形成泡核沸腾。当热流密度高到某一值时，局部流动状况恶化，棒表面被汽膜覆盖，传热恶化，进而使棒表面温度急剧上升，产生偏离泡核沸腾。

发生偏离泡核沸腾时，很高的棒表面温度将导致氧化作用和锆水反应，使燃料棒包壳损坏，甚至造成包壳材料熔化。

在反应堆正常运行、运行瞬态及中等频率事故工况（即工况Ⅰ和工况Ⅱ）下，受限于燃料棒表面温度，堆芯在95%的置信水平上，至少有95%的概率不发生偏离泡核沸腾。在秦山第二核电厂施工设计中，偏离泡核沸腾计算采用 WRB－1 关系式模型，偏离泡核沸腾比的限值为1.17。该模型应用在最大区燃耗（33 000 MWd/tU）上，在满流量事故分析的偏离泡核沸腾比亏损因子为4.2%时，偏离泡核沸腾比的限值为1.22；在失流事故分析的偏离泡核沸腾比亏损因子为5.1%时，偏离泡核沸腾比的限值为1.23。

（2）燃料温度

在Ⅰ、Ⅱ类工况下，堆芯具有峰值线功率密度的燃料棒，在95%的置信水平上，至少有95%的概率不导致燃料棒中心熔化。应避免 UO_2 熔化对元件包壳产生不利的影响，以保持燃料棒的几何形状。未辐照的 UO_2 的熔点为2 800 ℃，每燃耗1 000 MW(e)/tU，UO_2 的熔点下降32 ℃。为防止 UO_2 熔化，以其作为超功率保护的依据，要求燃料棒中心温度不得超过2 590 ℃。为确保燃料棒中心温度不超过该限值，保守地规定在最大超功率事故（Ⅱ类工况）下，堆芯热点处的最大线功率密度必须小于590 W/cm。

（3）堆芯流量

热工水力设计采用的流量为热工设计流量（最小流量），堆芯总旁通流量的设计限值为6.5%，设计值为5.36%。它包括堆芯控制棒导向管的冷却剂流量、上封头冷却剂的流量、围板与吊篮之间的泄漏，以及压力容器管嘴的泄漏等。

(4)堆芯水力学稳定性

在Ⅰ、Ⅱ类工况下,不会发生堆芯水力学的不稳定。

(5)反应堆运行的物理限值

在Ⅰ、Ⅱ类工况下,利用超温 ΔT 保护通道来保证堆芯不发生偏离泡核沸腾。

超温 ΔT 保护系统根据一定的保护函数进行在线保护。这个保护函数是通过对偏离泡核沸腾事件敏感的堆芯轴向功率分布和径向功率分布的研究分析确定的。堆芯运行控制的模式是堆芯功率分布的决定因素。

(6)工程热管因子

总的热流密度热管因子和总的焓升热管因子的定义分别为堆芯中热流密度和焓升的最大值与平均值之比。每个总热管因子为核热管因子和工程热管因子的乘积。

总的热流密度热管因子考虑的是线功率密度的局部最大点值,故可确定热点状态。而总的焓升热管因子考虑的是沿通道的最大积分值,故可确定热通道状态。

工程热管因子用于考虑燃料棒和燃料组件的材料和几何尺寸的制造偏差,该因子包括两种类型——F_Q^E(工程热流密度因子)和 $F_{\Delta H}^E$(工程焓升因子)。

(7)堆芯燃料棒温场计算

堆芯燃料棒温场的计算分析依据以下假设:

①轴向功率分布取具有典型峰值($F_{ZN}=1.55$)的截尾余弦。

②径向功率分布和下腔室的流量分配采用特定的假设条件值。

(8)堆芯冷却剂流量和焓分布

堆芯冷却剂流量和焓分布的分析确定依据以下假设:

①额定工况。

②轴向功率分布取具有典型峰值($F_{ZN}=1.55$)的截尾余弦。

③特定的径向功率分布。

④焓升因子 $F_{\Delta H}^N=1.55$。

⑤下腔室流量分配。反应堆中心热组件入口流量为堆芯组件平均值的0.95倍,即下腔室流量分配因子 $\delta=5\%$。

3.反应堆水力学设计

反应堆压力容器和堆芯流量分配的目的:一是确定设计准则中所要求的堆芯流量;二是对反应堆冷却剂的流量定义加以说明,并为事故分析和反应堆冷却剂系统的设计提供必需的堆芯和压力容器的压降;三是校核反应堆堆芯热工水力分析中所使用的设计假设(即堆芯入口流量的分配)。

(1)反应堆堆芯和压力容器的压降

反应堆压降是由流体对容器壁面的摩擦或流道几何形状变化引起的。

堆芯和压力容器的压降是确定反应堆冷却剂系统流量的主要因素。为计算该压降,假定冷却剂是不可压缩的单相湍流流动的流体。因为堆芯平均空泡份额可忽略不计,故不考虑两相流动的情况。

①冷却剂在反应堆内的流动

可将冷却剂在反应堆内的流动分为7部分。

a. 入口接管。

b. 反应堆压力容器、热屏蔽和堆芯吊篮之间的环形下降段。

c. 堆芯下腔室。

d. 下支承板。

e. 堆芯(下堆芯板、燃料组件、上堆芯板)。

f. 堆芯上腔室。

g. 出口接管。

②计算压降时需要用到的主要参数

a. 压力容器入口温度。

b. 冷却剂总流量和堆芯旁流量。

c. 堆芯热功率。

d. 反应堆压力容器和反应堆内构件的几何尺寸。

e. 流道几何形状突变点的阻力系数。

(2)反应堆冷却剂流量的定义

冷却剂流量设计中考虑了如下3种流量值:

①热工设计流量:在堆芯设计中确定热工水力特性时,用到的可预期的最小流量。

②最佳估算流量:反应堆运行工况下最可能出现的流量。

③机械设计流量:反应堆内构件和燃料组件机械设计中使用的最大流量。

(3)反应堆冷却剂的旁流

反应堆冷却剂的流动过程为:从压力容器进口接管流入反应堆,然后转弯向下流入压力容器和吊篮形成的环形下降段,在下腔室转而向上进入堆芯,再经过上腔室从压力容器出口接管离开反应堆。

冷却剂进入反应堆后,有少量冷却剂并未流经燃料组件,对燃料组件冷却无效的这部分流量称为旁流。反应堆冷却剂的旁流可分为如下5部分。

①压力容器上封头冷却流量

为冷却上封头,在吊篮法兰周围等距离设置24个喷嘴,使压力容器上封头内冷却剂温度与冷段冷却剂温度相同。喷嘴分两部分:一部分是在吊篮法兰上均匀分布的24个直径为27.5 mm的孔;另一部分是从这些孔上引出的内径相同的喷管。冷却剂旁流从堆芯入口环腔经过24个喷管进入上封头和上支承板之间的空间(上封头腔室),然后通过驱动棒与上部导向筒之间的间隙进入反应堆上腔室。通过调整位于上支承板和吊篮法兰上的喷管孔径的大小来确定该流量的大小(即由堆芯入口环腔与上腔室之间的压差决定该流量的大小,这个压差包括喷管内的摩擦、截面变化和离开喷嘴时的射流,以及导向管内的截面变化)。在额定运行工况下,通过24个喷管的旁流流量为反应堆入口流量的1.83%,考虑到计算的不确定性,其最大值为2.07%。

②出口接管漏流

从进口接管来的冷却剂经过吊篮出口与压力容器出口之间的间隙直接漏到压力容器出口。该旁流流量的大小是由压力容器进口环形空间上端的压力与出口接管内侧压力的压差(这个压差包括吊篮与压力容器出口之间的间隙进口形阻压降、该间隙内的摩擦压降和该间隙出口形阻压降)决定的。考虑到制造公差和正常运行工况下压力容器和堆芯的变形,吊篮与出口接管的间隙的最佳估算旁流流量、最大旁流流量和最小旁流流量分别为反应堆进口流量的0.2%、0.88%和0.0%。

③堆芯围板和吊篮之间的旁流

该旁流在围板与吊篮之间的环形空间向上流动,以冷却其接触的部件,但对堆芯的冷却是无效的。其流动过程是:从下堆芯板与围板下端之间宽38 mm的间隙进入围板和吊篮之间的近似环形的腔室,通过成形板上的开孔向上流动,再经过围板上端与上堆芯板之间宽27 mm的间隙流到堆芯出口,与主流汇合。吊篮-围板间旁流流量的大小是由堆芯进、出口之间的压差决定的。在额定运行工况下,这个旁流流量的最佳估算值为反应堆进口流量的0.49%。考虑到阻力系数计算的不确定度,其最大值和最小值分别为反应堆进口流量的0.56%和0.43%。

④外围空隙旁流

外围空隙旁流是围板与堆芯外围燃料组件间空隙中的旁流,也是无效旁流。其流量的大小是由堆芯进、出口之间的压差决定的。外围空隙旁流流量的最佳估算值为反应堆进口流量的0.22%,最大值和最小值分别为反应堆进口流量的0.44%和0.05%。

⑤导向管旁流

导向管旁流是流进导向管、仪表管的,用以冷却控制棒、可溶毒物或中子源组件的旁流。该旁流对燃料组件的冷却是无效的。其流量的大小取决于燃料组件下管座和上管座之间的静压差。导向管旁流流量的最佳估算值为反应堆进口流量的1.41%。

堆芯旁流是对燃料组件冷却无效的流量。比较设计计算结果与实测数据,结果表明在反应堆热工水力设计中使用6.5%的旁流是保守的。

4. 堆芯进口流量的分配

反应堆水力模拟试验中实测的各燃料组件入口的流量分配结果表明,热组件进口流量与平均值相比,减少量不超过5%。用热工水力分析程序FLICA Ⅲ-F程序进行敏感性分析,结果表明冷却剂进入堆芯后流量的分配进行得很快,在距离堆芯入口约1/3的高度上,各子通道的质量流速已很接近,热通道的偏离泡核沸腾比实际上不受堆芯进口流量分布的影响。

5. 堆芯水力学稳定性

反应堆热工-流体动力学不稳定性会导致临界热流密度的降低或出现核电厂运行和管理中不希望出现的堆内设备的受迫振动。在热工水力分析中必须考虑两种类型的水力学流动不稳定性:一是静态不稳定性(流量漂移型);二是动态不稳定性(密度波型)。

9.5 堆芯设计和燃料管理软件包

9.5.1 SCIENCE 核程序包概述

SCIENCE核程序包是法国法马通公司(原法国阿海珐集团)于1995年开发的用于

NSSS 核设计和后续堆芯换料设计的集成工具平台，目前秦山第二核电厂、方家山核电站机组的堆芯物理设计均采用 SCIENCE Ⅶ程序包开展，其核心程序包括 APOLLO2－F、SMART 和 SQUALE 这 3 个模块。

1. APOLLO2－F

APOLLO2－F 程序是组件计算程序，由法国替代能源和原子能委员会（CEA）研制，经法马通公司工业化开发而成。

APOLLO2－F 程序采用碰撞概率的方法进行组件输运计算。对于一个燃料组件，该程序求解 99 群输运方程，并为 SMART 程序提供两群均匀化的截面。采用 6 群均匀化的二维耦合计算模型及多栅元计算，可在计算精度和计算费用之间找到最佳平衡点。该程序所具有的输运和输运等效特性可以确保耦合模型的正确性。

利用该程序可对具有不同边界条件和不同几何对称性的堆芯组件（1/8 堆芯、1/4 堆芯）进行计算。采用临界曲率搜索进行中子注量率计算。为正确处理共振，对截面采用改进的自屏模型。利用 APOLLO2－F 程序还可对燃料元件的燃耗进行计算。径向和轴向反射层常数的生成可通过激活 SN 选项（离散坐标法），利用 APOLLO2－F 程序的一维计算来实现。

2. SMART

SMART 是一个三维两群堆芯扩散－燃耗计算程序，采用先进的节块技术，可以对所有类型的压水堆的稳态和瞬态工况进行计算。

SMART 程序采用节点展开法和 PIN－POWER 再构造的方法，求解与时间无关的两群稳态中子扩散方程，结合多参数数据库进行反馈修正。对于空间的离散采用二阶多项式或二阶多项式与双曲项的组合，以表示横向积分中子注量率。横向泄漏中子注量率用一个二阶多项式来表示。堆芯不连续因子对由组件参数均匀化造成的偏差进行修正。谱效应和燃耗效应用燃料的微观燃耗模型来表征。SMART 程序对主要的重原子核和主要的裂变产物链都做了处理。

3. SQUALE

SQUALE 程序用于处理堆芯测量数据，由 GenThe、Traitement_activites、Compar_calculs_measures、Puissance_estime、Epuisement_estime、Recal_bu 等程序组成。

GenThe 程序用于根据反应堆内实测数据中的电站运行参数，形成理论数据库。Traitement_activites 程序用于对堆芯实测数据进行处理。Compar_calculs_measures 程序用于对理论计算数据和电站实测数据进行比较。Puissance_estime 程序使用堆芯测量数据的扩展计算方法，由堆芯少数测点活度数据和三维理论计算的功率分布、活度数据，扩展计算出全堆三维功率分布及表征堆芯功率分布特性的峰值因子（热管因子、焓升因子、轴向功率偏移、功率倾斜等）。Epuisement_estime 程序用于对燃耗循环期间的三维燃耗分布进行积分。Recal_bu 程序用于根据从实验得到的燃耗分布来调整 SMART 三维理论模型的燃耗。

9.5.2 ORIENT 核程序包概述

ORIENT 核程序包即 ORIENT 软件系统，是一套可供中核核电运行管理有限公司（CNNO）针对其所管理的 320 MW(e)、650 MW(e)及 1 000 MW(e)级核电厂压水反应堆开展日常堆芯状态跟踪、堆芯运行技术支持、堆芯装载方案校核分析以及多堆燃料管理策略优化研究等工作的、具有中国自主知识产权且具有国际水平的压水堆堆芯物理分析与核燃料管理软件系统。

借鉴目前国内工程上所用的从美国、法国等国引进的反应堆核设计软件系统的组成方案(如法国法马通公司的 SCIENCE 程序系统和美国西屋电气公司的 APA 程序系统的设计),再基于项目合作双方对核电厂堆芯技术相关人员业务范围和业务需求的分析,对整个软件系统进行定义,认为其主要由以下 6 个具有独立功能又相互联系的程序组成。

1. 反应堆数据中心(OASIS)

OASIS 是用 SQL 语言开发的关系型数据库,主要用于存储与核电厂反应堆及核燃料相关的数据,具体包括反应堆及核燃料组件的设计参数、每个循环的堆芯装载方案、详细的功率运行历史、启动物理试验及定期物理试验结果、堆芯硼浓度监测结果等。其核心目的是为核电厂堆芯及核燃料管理人员提供一个功能强大、使用方便、安全可靠的数据管理平台,改变目前核电厂现场数据管理较为原始的局面,从而极大地方便现场技术人员安全地共享这些数据、方便地开展数据管理和数据挖掘工作。

以 OASIS 为基础,配合 ORIENT 系统的其他软件,核电厂现场技术人员还可方便地进行堆芯装载方案设计、换料方案校算、堆芯运行跟踪等工作,从而显著提升其对堆芯和核燃料的管理水平,增强核电厂对换料堆芯装载方案质量控制的能力,确保反应堆安全高效地运行。

2. 核燃料组件计算程序 ROBIN

该程序是按目前轻水堆“组件 - 堆芯”两阶段分析方法设计的、用于进行单组件输运燃耗计算或核燃料 + 围板/水反射层超组件计算的程序,其功能与 APA 软件系统中的 PHEONIX 或 PARAGON、CMS 软件系统(Studsvik Scandpower 公司)中的 CASMO、SCIENCE 软件系统中的 APOLLO 相类似。

与目前工业界所用的所有现代意义的组件程序相类似,ROBIN 程序为实现单组件或多组件输运 - 燃耗计算,还需配备必需的多群中子常数库。因为多群中子常数库的质量在很大程度上决定了整个堆芯物理分析的质量,所以对该常数库的开发也是整个软件系统开发的重要内容。

3. 截面表制作程序 IDYLL

该程序的主要功能是将 ROBIN 程序针对各种类型核燃料组件计算产生的不同参考运行工况下的组件等效均匀化参数加工成随各独立变量变化的多项式或插值表的形式,供下游堆芯计算软件使用。IDYLL 程序的功能与 CMS 软件系统中的 TABLE 程序相类似。

4. 堆芯计算程序 EGRET

该程序是按目前轻水堆“组件 - 堆芯”两阶段分析方法设计的、用于进行三维堆芯临界 - 燃耗计算的软件,其功能与 APA 软件系统中的 ANC、CMS 软件系统中的 SIMULATE、SCIENCE 软件系统中的 SMART 相类似。

5. 服务器端管理调度软件 NYMPH

NYMPH 是 ORIENT 软件系统部署于服务器端的管理和调度软件,主要有以下功能:

一是进行多用户的权限管理和作业管理。通过与 OASIS 和 TULIP(用户客户端软件)

的配合，NYMPH 可以实现对不同用户的分级权限管理，同时解决多用户协同工作时的信息共享和作业管理问题。例如，赋予高层级用户检查普通用户所建的计算模型是否正确、所采用的数据源是否经过质保审查的功能等；赋予每个用户将其账户下某些信息如其设计的堆芯装载图共享给指定用户的功能等。

二是担任整个 ORIENT 系统数据流和指令流的调度管理工作。一旦用户通过客户端软件 TULIP 发出某个任务请求，NYMPH 会先对该任务进行解析，然后再执行相应的脚本或软件以完成用户任务，最后会将执行任务过程中或任务结束后的有关信息返回给 TULIP，从而结束用户任务。例如，NYMPH 可以访问 OASIS 来帮助用户在 TULIP 上以可视化的方式建立 ROBIN 计算或 EGRET 计算的模型，也可以在建模完成后调用 ROBIN、IDYLL 或 EGRET 进行计算，并将计算任务的状态信息和有关结果返回给 TULIP。NYMPH 可以根据用户在客户端上的请求，从客户端导入堆芯装载图、定期物理试验数据或反应堆功率运行历史等数据，并将其保存至 OASIS 中，也可以根据用户请求，从 OASIS 中调取本用户或其他用户共享给本用户的任何信息，在该用户的客户端上加以显示。

三是实现对 OASIS 的集成管理。用户可以使用网页浏览器方便地浏览和管理 OASIS，并导出相应的数据记录以备查询和生成报告。

6. 用户客户端软件 TULIP

TULIP 是整个 ORIENT 软件系统直接面向用户的可视化集成作业平台。在该平台上，一方面，用户可以以图形、曲线、表格等方式对储存在 OASIS 中的有关参数进行查阅，如查看机组过去使用的堆芯装载方案、前一循环结束时核燃料组件的燃耗分布及某次定期堆内功率分布测量结果等；另一方面，用户也可以很方便地完成各种典型或非典型的工程计算任务，如设计新的堆芯燃料装载方案，开展堆芯运行跟踪计算，进行堆芯寿期预测、重返临界状态预测、理论计算值和现场实测值的比较等，并且用户在定义和完成这些工程计算任务时，完全不需要直接和 ROBIN、IDYLL、EGRET 这些底层的核心计算软件相交互。

TULIP 不但彻底改变了过去用户需直接面对底层计算软件的做法，也彻底改变了过去基于输入输出卡的传统的人机交互模式，从而极大地方便了用户对 ORIENT 软件系统的使用，提高了用户的工作效率，减少了人因错误，同时也显著提升了用户的软件使用体验。

ORIENT 核程序包的上述 6 大部分中，对 ROBIN、IDYLL 和 EGRET 的开发最为关键，因为三者构成了整个 ORIENT 核程序包的分析计算核心。需要说明的是，虽然近年来国际上针对轻水堆堆芯物理分析提出了所谓的“一阶段方法”，并开展了大量的研究工作，但在综合了解“一阶段方法”的核心思想、其相对于目前两阶段分析方法的计算量增加的情况，以及目前工程上需要“一阶段方法”的紧迫程度、其技术成熟度等情况后，ORIENT 核程序包仍选择使用目前在工程上广泛应用、已经过充分检验的“组件 - 堆芯”两阶段分析方法，这样的技术路线也符合《动力反应堆分析用稳态中子学方法》(ANSI/ANS - 19.3 - 2011) 中总结的目前广泛应用的压水堆堆芯分析方法，具有更好的核电厂适用性。

复　习　题

1. 选择题

(1)按照建造目的划分,秦山第二核电厂的反应堆属于 (　　)

A. 生产堆　　B. 研究堆

C. 动力堆　　D. 轻水堆

(2)在堆芯结构设计中,特别要注意的是(　　)注量对堆芯材料的影响,因为该注量会显著地改变材料的性质。 (　　)

A. 快中子　　B. 慢中子

C. α　　D. β

(3)二回路蒸汽管道的小破口事故属于 (　　)

A. 第Ⅰ类工况　　B. 第Ⅱ类工况

C. 第Ⅲ类工况　　D. 第Ⅳ类工况

(4)基本燃料栅元的设计需确定的参数是:燃料富集度、燃料棒直径、包壳材料及厚度、慢化剂和(　　) (　　)

A. 硼浓度

B. 燃料的体积比[即水铀体积比(V_{H_2O}/V_{UO_2})]

C. 中子注量率分布

D. 温度

(5)下列不是堆芯热工水力设计需确定的数据的是 (　　)

A. 反应堆热工水力特性参数

B. 反应堆额定运行点

C. 堆芯功率分布

D. 预期瞬态的堆芯热工水力状态

2. 判断题

(1)一个详细的反应堆设计过程分为3步,即方案设计(概念设计)、初步设计(基本设计)和施工设计(详细设计)。 (　　)

(2)核电厂在安全方面的设计思想为“积极防御”。 (　　)

(3)确定堆芯设计准则的总原则是:按这些准则要求设计的堆芯能够保证反应堆安全、经济地运行,杜绝事故发生。 (　　)

第10章　堆芯燃料管理

10.1　堆芯燃料管理概述

由于在核电厂中，一批核燃料往往要在反应堆内燃烧3个循环甚至更长的时间，而且价格昂贵（一般一盒燃料组件的价格在800万～1 000万元），因此堆芯燃料管理在核电厂日常管理中是一项重要的工作，直接涉及核电厂的经济效益。另外，在堆芯设计完成后，堆芯是否运行在安全状态、堆内工况是否在控制允许的范围内也是堆芯燃料管理工作的内容。堆芯燃料管理工作的目的是：在满足电力系统能量需求的前提下，以及在核电厂安全运行的设计规范和技术要求限值内，尽可能地提高核燃料的利用率，降低核电厂的单位能量成本。

堆芯燃料管理工作包括堆芯燃料管理策略、燃料循环规划管理、堆芯换料设计管理。

10.2　堆芯燃料管理策略

堆芯燃料管理策略是堆芯燃料管理的基础内容，一个核电厂在初始设计阶段就要确定一个既定的初始堆芯燃料管理策略，即这个核电厂初始使用的燃料组件的富集度和数目，堆芯换料的模式（包括换料组件的数目、富集度和换料模式）。

堆芯燃料管理策略的确定和很多因素有关，其中，燃料本身的设计限制、反应堆的设计限制、电网对电厂发电的要求限制、电厂设备系统设备的可用性限制等是主要因素。在综合考虑这些因素后，通过堆芯燃料管理策略的经济性评估，最终确定核电厂的既定燃料管理策略。当然，由于这些限制因素并非是一成不变的，因此在核电厂的整个运行寿期内，堆芯燃料管理策略可能发生动态变化，即在这个阶段采用一种策略，而在另一个阶段采用不同的策略。

堆芯燃料管理策略的主要任务是对以下6个基本变量进行确定：批料数 n 或一批换料量 N；循环长度 T；新燃料的富集度 ε；循环功率水平 P；燃料组件在堆芯的装载方案 A；控制毒物在堆芯的布置和控制方案 P'。

为了确定一个长周期的堆芯燃料管理策略，需要充分分析这些变量在限制条件内的耦合关系，进而得到最佳结果。为了确定堆芯燃料管理策略，需要满足或考虑以下的限制要求：一是燃料组件限制，即燃料组件卸料燃耗限值、燃料棒燃耗限值；二是堆芯设计限制，应遵守FSAR分析的各种包络条件；三是电网限制，应满足电网要求的机组最大负荷水平、最低负荷水平、平均负荷水平和负荷调节要求（频度，幅度，速度）；四是核电厂系统设备的可用性限制，应满足使核电厂安全运行的所有设备、系统的可用性。

概括地说，堆芯燃料管理策略就是要在满足电力系统的能量需求和在核燃料资源结构的约束内,在核电厂设计规范和技术要求的限制下,为核电厂一系列的运行循环做出经济安全的全部决策。其核心问题就是如何在保证核电厂安全运行的条件下,使核电厂的单位能量成本最低。

10.2.1 秦山第一核电厂30万千瓦机组堆芯燃料管理策略

1. 堆芯描述

秦山第一核电厂是我国第一座自行设计的两环路压水堆核电厂,其1号机组反应堆堆芯的额定热功率的初始设计值为966 MW(t)。OLE运行许可证延续项目实施后,其额定热功率的设计值被调整为998.6 MW(t),反应堆冷却剂系统压力为15.3 MPa。该反应堆堆芯由121组15×15型燃料组件构成,堆芯活性段高度(冷态)为290 cm,等效直径为248.6 cm,堆芯高径比为1.167。

反应堆中共布置了37束控制棒组件,每束控制棒组件含20根控制棒,控制棒组件的吸收体材料为Ag-In-Cd。

控制棒分为两类,一类为调节棒,另一类为停堆棒。其中,调节棒共有21束,分为4组:T_1(8束)、T_2(4束)、T_3(4束)和T_4(5束)。其中,T_4棒组为主调节棒组,T_3棒组为次调节棒组。调节棒组主要用于补偿反应堆运行时的快速反应性变化。停堆棒共16束,分为2组:A_1(8束)和A_2(8束)。停堆棒组主要用于确保反应堆有足够的热停堆深度。

初始堆芯中,在堆芯C-06和L-08处各布置一组一次中子源组件。换料堆芯时各布置一组二次中子源组件。取消次级中子源之后,换料堆芯不再装载次级中子源。

反应堆内共有28个温度测量点和30个中子注量率测量通道,通过这些测量点和测量通道可以进行堆芯冷却剂温度和反应堆内中子注量率的测量,以获得堆内冷却剂的温度分布和详细的中子注量率分布。

2. 燃料组件与燃料棒

秦山第一核电厂1号机组采用了拥有完全自主知识产权的CF-300燃料组件,每个组件由204根燃料棒、20根控制棒导向管和1根中子注量率测量管组成,按15×15正方形栅格排列。

燃料棒由铀-235富集度低的UO_2芯块装在锆-4合金管内构成,控制棒导向管和中子注量率测量管的材料均为不锈钢。

秦山第一核电厂1号机组第一循环采用铀-235富集度为2.40%、2.67%、3.00%燃料组件;第二、三、四循环采用铀-235富集度为3.00%的换料燃料组件,从第五循环开始至今一直采用的是铀-235富集度为3.40%的换料燃料组件。

3. 堆芯装载

秦山第一核电厂1号机组堆芯装载了121组燃料组件,在首循环堆芯装载中,燃料按铀-235富集度不同分3区装载:一区由41个富集度为2.4%的燃料组件组成,二、三区各由40个富集度分别为2.67%和3.00%的燃料组件组成。首循环采用硼硅酸盐玻璃作为可燃毒物,以降低堆芯临界硼浓度,补偿部分剩余反应性,并通过燃料的分区装载和可燃毒物棒的合理布置来展平堆芯的径向功率分布。第一循环的循环长度526.0 EFPD。

从第二循环到第四循环,换料的新燃料的富集度均为3.0%,换料方式为"外-内"("OUT-IN"),即将新燃料布置在堆芯外围,将用过一次或两次循环的燃料组件向堆芯内部移动。从第三循环开始实施燃料管理策略改进,使用修正的"OUT-IN"换料方式,有计划、分步骤地将部分将经过一次或两次循环的燃料组件布置在堆芯外围。第二循环的循环长度为278.9 EFPD;第三循环的循环长度为335.2 EFPD;第四循环的循环长度为352.0 EFPD。

从第五循环开始,新燃料的富集度开始向3.4%过渡。堆芯中装入了32组富集度为3.4%和8组富集度为3.0%的新燃料组件。从第六循环开始,40组新燃料的富集度全部为3.4%,直到现在的循环。在OLE运行许可证延续项目提升功率前,循环长度为411 EFPD左右。OLE运行许可证延续项目提升功率后,在目前的换料模式下,循环长度为388 EFPD左右,秦山第一核电厂30万千瓦机组目前不具备增加或减少组件以调节循环长度的能力。

4.燃料管理限值

秦山第一核电厂1号机组的初始设计平衡循环3.0%燃料组件的燃耗限值为30 000 MWd/tU。

通过不断地改进堆芯燃料管理策略及燃料组件设计,在随堆加深燃耗考验验证的基础上,国家核安全局在2005年国核安发〔2005〕28号中批准同意暂时将秦山第一核电厂1号机组3.4%燃料组件燃耗限值提高到36 000 MWd/tU;2009年在《关于批准提高秦山核电厂燃料组件燃耗限值的通知》(国核安发〔2009〕14号)中又正式批准了秦山第一核电厂1号机组3.4%燃料组件燃耗限值:中心组件40 000 MWd/tU(4次燃料循环),其他组件的最大燃耗为37 000 MWd/tU。

针对目前的平衡循环,堆芯换料设计准则依据FSAR的相关要求,要求主要物理参数和安全限值必须满足以下限值规定:

(1)$F_{\Delta H}^{N}\leqslant 1.67$。

(2)$F_{Q}^{N}\leqslant 2.90$。

(3)DNBR限值。

①DNBR关系式:$W-3$。

②对设计瞬态的最小DNBR≥1.42。

(4)燃料燃耗限值。

①平均批卸料燃耗:37 GWd/tU。

②燃料组件最大燃耗:40 GWd/tU。

(5)慢化剂温度系数≤0 pcm/℃。

(6)停堆深度:热停堆深度≥2 000 pcm。

10.2.2 秦山第二核电厂机组堆芯燃料管理策略

1.堆芯描述

秦山第二核电厂具有4台设计装机容量为60万千瓦的压水堆机组。其反应堆为加压轻水型;堆芯由121组17×17型AFA系列燃料组件组成,额定输出热功率为1 930 MW,堆芯活性段高度为365.8 cm,等效直径为267.0 cm,堆芯高径比为1.37。

反应堆共布置了33束吸收体材料为Ag(80%)-In(15%)-Cd(5%)合金的控制棒,每束控制棒含24根控制棒,包壳管材料为AISI-316不锈钢。控制棒吸收段的长度为360.7 cm,全插入堆芯时,吸收体下端距堆芯底7.9 cm。

控制棒分为两类:一类为调节棒,另一类为停堆棒。调节棒共有17束,分为4组:A(8束)、B(8束)、C(5束)和D(4束)。其中,D棒组为主调节棒组,C棒组为次调节棒组。调节棒组主要用于补偿反应堆运行时的快速反应性变化。停堆棒共16束,分成2组:S_1(4束)和S_2(4束)。停堆棒组主要用于确保反应堆有足够的热停堆深度。

初始堆芯中，在堆芯 C－06 和 L－08 处各布置一组含一次中子源棒的燃料组件，每组燃料组件中含有 1 个二次中子源和 16 根可燃毒物棒；在堆芯 D－08 和 K－06 处各布置一组含 4 个二次中子源棒的燃料组件，两组燃料组件中均不含可燃毒物棒。一次中子源为锎（Cf）源，二次中子源为锑（Sb）－铍（Be）源。

换料堆芯时，在堆芯 C－06 和 L－08 处各布置一组含 4 个二次中子源棒的燃料组件。为降低二次中子源失效风险，目前已逐步使用已辐照的燃料组件替代二次中子源组件，后续反应堆内不再装载二次中子源相关组件。

在堆芯顶部布置有 30 个热电偶，用于监测堆芯出口处的温度和饱和裕度。

在反应堆内，有 38 组燃料组件的仪表管中布置有供可移动式堆内探测器测量用的测量通道，可使用 4 组可移动式裂变电离室进行堆芯中子注量率分布（功率分布）的测量。

在反应堆压力容器外的生物屏蔽层内，布置有用于监测堆芯轴向功率分布的堆外探测仪表。

2. 燃料组件与燃料棒

秦山第二核电厂 1、2 号机组的反应堆使用的是法国法马通公司设计的 AFA 系列燃料组件：初始设计中使用的是 AFA－2G 燃料组件，当前换料堆芯中使用的是 AFA－3G 和 AFA－3G AA 燃料组件。每组燃料组件栅元呈 17×17 方形排列，包含 264 根燃料棒，24 根可布置控制棒、可燃毒物棒或中子源的导向管和 1 根中心仪表管。此外，燃料组件还包含 11 个格架（有标准型和改进型两种，均为 2 个端部定位格架、6 个结构搅混定位格架及 3 个跨间搅混格架），上管座部件和下管座部件。

燃料棒由再结晶 M5（锆－铌）包壳管、装在包壳管中的低富集度的 UO_2 芯块、弹簧及密封焊在包壳管两端的端塞构成。

AFA－3G 燃料组件的控制棒导向管、仪表管、定位格架条带和跨间搅混格架条带的材料为锆－4 合金。AFA－3G AA 燃料组件的控制棒导向管、仪表管、定位格架条带和跨间搅混格架条带的材料为 M5 合金。

机组初始堆芯使用的燃料的铀－235 富集度为 1.9%、2.6%、3.1%。年度换料堆芯使用的燃料的铀－235 富集度为 3.25% 和 3.7%；长燃料循环开始换料堆芯使用的燃料的铀－235 富集度为 4.45%（其中，部分燃料棒为含弥散型可燃毒物钆的燃料芯块，其铀－235 富集度为 2.5%）。

3. 堆芯装载

第一循环中，堆芯使用的铀－235 的富集度不同，铀－235 富集度为 1.9%、2.6%、3.1% 的燃料组件的数目分别为 41、40、40。其中，最高铀－235 富集度的燃料组件装在堆芯外围，铀－235 富集度较低的两种燃料组件按不完全棋盘格式排列在堆芯中部。初始堆芯的燃料循环长度约为 387 EFPD。

按照施工核设计规定，堆芯换料为年换料制。换料堆芯每次装入 36 组铀－235 富集度为 3.25 % 的新燃料组件，燃料循环长度为 280～290 EFPD，换料堆芯不再使用可燃毒物组件。

1、2 号机组从 U1C5 和 U2C3 燃料循环开始进入 AFA－2G/AFA－3G 燃料组件混合换料堆芯，并进入提高换料燃料富集度（3.70%）阶段。3 号机组和 4 号机组从第三燃料循环开始进入铀－235 富集度为 3.70% 的堆芯换料阶段。在该阶段，堆芯换料仍为年换料制，堆芯换料采用部分“OUT－IN”模式。换料堆芯每次装入 36 组铀－235 富集度为 3.7% 的新燃料组件，燃料循环长度约为340 EFPD。在考虑机组具有一定的机动性后，换料堆芯可采用(36±4)组铀-235富集度为3.7%的新燃料组件，机动循环的循环长度约为360 EFPD[使用(36+4)组新燃料组件]和320 EFPD[使用(36-4)组新燃料组件]。

长燃料循环堆芯燃料管理策略采用部分低泄漏堆芯装载模式，每次装入44组铀-235富集度为4.45%的AFA-3G AA新燃料组件(包括含4根、8根和12根钆棒3种)，平衡循环长度为480 EFPD。机动燃料循环采用(44±4)组铀-235富集度为4.45%的AFA-3G AA新燃料组件，其循环长度约为506 EFPD[使用(44+4)组新燃料组件]和456 EFPD[使用(44-4)组新燃料组件]。

4. 燃料管理限值

(1)年换料制

①AFA-2G燃料组件燃耗：

a. 燃料组件最大燃耗≤44 GWd/tU。

b. 燃料棒最大燃耗≤47 GWd/tU。

②AFA-3G燃料组件燃耗：

a. 燃料组件最大燃耗≤49 GWd/tU。

b. 燃料棒最大燃耗≤52 GWd/t。

③$F_{\Delta H}$≤1.55。

④F_Q≤2.35。

⑤停堆深度(寿期末)≥2 000 pcm。

⑥在各种功率水平运行条件下，慢化剂温度系数为非正值。

(2)长燃料循环

①AFA-3G燃料组件最大燃耗≤52 GWd/tU；AFA-3G AA燃料组件最大燃耗≤52 GWd/tU。

②AFA-3G燃料棒最大燃耗≤57 GWd/tU；AFA-3G AA燃料棒最大燃耗≤57 GWd/tU。

③$F_{\Delta H}$≤1.60。

④F_Q≤2.40。

⑤停堆深度(寿期末)≥2 200 pcm。

⑥在各种功率水平运行条件下，慢化剂温度系数为非正值。

10.2.3 方家山核电站机组堆芯燃料管理策略

1. 堆芯描述

方家山核电站1、2号机组是设计装机容量为2台100万千瓦的压水堆机组。其反应堆为加压轻水型；反应堆堆芯是由157组17×17型AFA-3G燃料组件组成的，额定输出热功率为2 895 MW，堆芯活性段高度为365.8 cm，等效直径为304.0 cm，堆芯高径比为1.20。

方家山核电站1、2号机组首炉燃料装有可燃毒物组件，用以平衡寿期初过剩的后备反应性。在第一次换料大修中抽出全部可燃毒物组件并用阻力塞组件替代，第二、三循环换料堆芯的燃料组件中不含可燃毒物组件。从第四循环开始，堆芯进入长循环燃料管理模式。为补偿堆芯后备反应性和展平堆芯径向功率分布，在燃料组件中布置了可燃毒物，可燃毒物材料为Gd_2O_3与UO_2均匀弥散的载钆燃料棒。

初始堆芯中共布置了57束控制棒，每束控制棒含24根控制棒。从第二循环开始，堆芯将增加4束黑体控制棒，使堆芯控制棒组数达61。

初始堆芯中，在堆芯 C－08 和 N－08 处各布置一组含一次中子源棒的燃料组件，每组燃料组件中含有1个二次中子源和16根可燃毒物棒；在堆芯 E－09 和 L－07 处各布置一组含4个二次中子源棒的燃料组件，两组燃料组件中均不含可燃毒物棒。

在堆芯顶部布置有40个热电偶，其中，38个位于堆芯出口处、2个位于堆芯上封头下部，分别用于监测堆芯出口处的温度和上腔室温度。

在反应堆内，有50组燃料组件的仪表管中布置有供可移动式堆内探测器测量用的测量通道，可使用5组可移动式裂变电离室进行堆芯中子注量率分布（功率分布）的测量。

在反应堆压力容器外的生物屏蔽层内，布置有用于监测堆芯轴向功率分布的堆外探测仪表。

2. 燃料组件和燃料棒

方家山核电站1、2号机组反应堆使用的是法国法马通公司设计的带改进型格架的 AFA－3G 燃料组件，每组燃料组件栅元呈17×17方形排列，包含264根燃料棒，24根可布置控制棒、可燃毒物棒或中子源的导向管和1根中心仪表管。此外，燃料组件还包含11个格架（包括2个端部定位格架、6个结构搅混定位格架及3个跨间搅混格架），上管座部件和下管座部件。

燃料棒由再结晶 M5（锆－铌）包壳管、装在包壳管中的低富集度的 UO_2 芯块、弹簧及密封焊在包壳管两端的端塞构成。

AFA－3G 燃料组件的导向管、仪表管、定位格架条带和跨间搅混格架条带的材料为锆－4合金。

方家山核电站1、2号机组初始堆芯使用的燃料的铀－235富集度为1.8%、2.4%、3.1%（分3区装载）。从第二循环开始至第三循环，实施提高富集度策略，换料组件的铀－235富集度为3.2%和3.7%。从第四循环开始，实施长循环燃料管理策略，换料组件的铀－235富集度为4.45%和4.95%，其中，部分燃料棒为含弥散型可燃毒物钆的燃料芯块，铀－235富集度为2.5%。

3. 堆芯装载

1、2号机组第一循环中，堆芯使用的是带改进型格架的 AFA－3G 燃料组件，按照铀－235富集度不同分3区装载。铀－235富集度为1.8%、2.4%、3.1%的燃料组件的数目分别为53、52、52。其中，铀－235富集度最高的燃料组件装在堆芯外围，铀－235富集度较低的两种燃料组件按不完全棋盘格式排列在堆芯中部。初始堆芯的燃料循环长度约为319 EFPD。

1、2号机组第二、三循环实施提高富集度的年换料方式，堆芯换料采用“OUT－IN”模式。第二循环装入堆芯的新燃料组件为48组铀－235富集度为3.70%的带改进型格架的 AFA－3G 燃料组件和4组铀－235富集度为3.20%的带改进型格架的 AFA－3G 燃料组件。第三循环装入堆芯的新燃料组件为52组铀－235富集度为3.70%的带改进型格架的 AFA－3G 燃料组件。第二循环和第三循环的设计循环长度分别约为289 EFPD 和308 EFPD。

1、2号机组从第四循环起进入长循环燃料管理模式，长循环的过渡循环包括第四～六共3个循环。长循环采用部分低泄露堆芯装载模式，每次装入新燃料组件包括32组铀－235富集度为4.45%（含16根和20根两种钆棒）和36组铀－235富集度为4.95%（含8根、16根和20根3种钆棒）的带改进型格架的 AFA－3G 燃料组件。第第四～六3个过渡循环的循环长度分别为510 EFPD、508 EFPD 和505 EFPD。

第七循环起,堆芯燃料组件装载方式相同,燃料管理计算结果趋于一致,进入平衡循环。平衡循环中,每次装入32组铀-235富集度为4.45%和36组铀-235富集度为4.95%的带改进型格架的AFA-3G燃料组件。平衡循环的循环长度为506 EFPD。

机动循环策略为在平衡循环堆芯的基础上增加或减少4组换料组件,分别考虑增加或减少换料组件的铀-235富集度为4.45%和4.95%这两种情况。

堆芯装入36组铀-235富集度为4.45%和36组铀-235富集度为4.95%的AFA-3G燃料组件,记为Ea445;堆芯装入32组铀-235富集度为4.45%和40组铀-235富集度为4.95%的AFA-3G燃料组件,记为Ea495;堆芯装入28组铀-235富集度为4.45%和36组铀-235富集度为4.95%的AFA-3G燃料组件,记为Eb445;堆芯装入32组铀-235富集度为4.45%和32组铀-235富集度为4.95%的AFA-3G燃料组件,记为Eb495。

Ea445堆芯循环长度为534 EFPD;Ea495堆芯循环长度为535 EFPD;Eb445堆芯循环长度为492 EFPD;Eb495堆芯循环长度为490 EFPD。

4.燃料管理限值

(1)提高铀-235富集度的年度换料的燃料管理规定

①AFA-3G燃料组件最大燃耗≤52 GWd/tU。

②$F_{\Delta H}$≤1.55。

③F_Q≤2.25。

④停堆深度≥1 000 pcm(BOL);停堆深度≥2 300 pcm(EOL)。

⑤慢化剂温度系数≤0 pcm/℃

⑥DNBR限值(FC关系式):满流量时,DNBR>1.20;失流时,DNBR>1.21。

(2)长循环后的燃料管理规定

①AFA-3G燃料组件最大燃耗≤52 GWd/tU。

②$F_{\Delta H}$≤1.65。

③F_Q≤2.45。

④停堆深度≥1 000 pcm(BOL);停堆深度≥2 500 pcm(EOL)。

⑤慢化剂温度系数≤0 pcm/℃。

⑥DNBR限值(FC关系式):满流量时,DNBR>1.18;失流时,DNBR>1.19。

10.2.4 重水堆堆芯燃料管理策略

重水堆是不停堆换料的机组,同时其在原始设计上采用天然铀作为燃料。重水堆堆芯由380个燃料通道组成,每个燃料通道内装有12个燃料棒束。反应堆堆芯使用的核材料为96%理论密度的烧结UO_2。首炉堆芯共装载4 560根燃料棒束,其中,铀-235的质量分数为0.71%的天然铀燃料棒束4 400根,铀-235的质量分数为0.52%的贫铀燃料棒束160根(放置在中心区域80个通道沿流量方向的8、9位置)。每根燃料棒束中约含铀19.1 kg,每个机组首炉堆芯中总共含铀约87 t。

从燃料管理的角度划分,秦山CANDU6反应堆的运行寿期被分为3个阶段:一是初始燃料装载至开始换料阶段(0~100 EFPD);二是开始换料至平衡堆芯过渡阶段(100~450 EFPD);三是平衡堆芯阶段(450 EFPD后)。反应堆运行约100 EFPD后开始换料。换料时一般将采用设计的8棒束天然铀换料方式:每个通道首次换料时采用回置式8棒束(Swing-8)换料方式,此后换料采用标准8棒束(Standard-8)换料方式。

此外,仅在燃料棒束破损(为及时卸出破损棒束)等特殊情况下,可能采用4棒束换料方式;或采用全部卸出12个燃料棒束的换料方式,即先采用标准8棒束换料方式,卸出5~12位置处已辐照棒束(8个),然后再采用4棒束换料方式,卸出1~4位置处已辐照棒束(4个)。

在反应堆停堆、主热传输系统(HTS)卸压状态(如大修期间),为进行压力管基准检查、压力管更换等专项活动,对燃料通道可以采取一次性卸出和装入12个燃料棒束的换料方式,但卸料操作必须在停堆1天后才能进行。如果安全壳隔离系统有缺陷,除非在发现安全壳系统缺陷时乏燃料已经在传输中,否则除为安全处置燃料而进行的必要操作外,不允许进行乏燃料传输。

堆芯换料必须满足以下安全目标:

(1)反应堆在稳定状态下,换料引起的堆芯过剩反应性不得超过5 mk。

(2)燃料通道功率小于《运行技术规格书》中规定的通道功率运行限值。

(3)燃料棒束功率小于《运行技术规格书》中规定的棒束功率运行限值。

(4)停堆系统的区域超功率保护(ROP)停堆深度大于4%FP。

(5)燃料棒束的最大卸料燃耗小于630 MWh/kgU的限值。

10.3 燃料循环规划管理

一个确定的堆芯燃料管理策略,并非意味着机组的燃料循环不会发生变化。实际上,由于各种因素的变化,如机组故障导致的循环长度的变化、群堆管理情况下的大修与发电调配、电网的临时要求等都会给具体的燃料循环带来影响。因此,需要建立一个动态的燃料循环规划管理,随时匹配上述需求。

1.燃料循环规划管理的具体任务

(1)确定外部需求

这些需求往往来自电网,在某些特殊情况下可能来自上级单位。通常是为达到特定目的而要求核电机组按照约定的发电曲线运行。

(2)明确内部需求

这些需求包括在群堆模式下调配不同机组大修管理窗口,以减少大修重叠;考虑年度发电计划的完成。

(3)明确机组能力

在不考虑内外部需求的情况下,分析机组在既定燃料管理策略下的最大和最小能力范围。这种能力的调节既包括在燃料管理策略中已经考虑的加减组件的方案,也包括可能采取的降功率运行。

2.秦山地区燃料循环规划管理中考虑的具体因素

目前,秦山地区燃料循环规划管理中考虑的具体因素如下:

(1)外部需求

电网要求在迎峰度夏和迎峰度冬期间机组不进行大修,一般考虑的日期范围:迎峰度夏为每年的6月15日至8月31日,迎峰度冬为每年的11月15日至当年的春节前10天。在各节假日进行机组降负荷操作,使压水堆机组运行功率降至80%左右。

(2)内部需求

考虑到大修期间的统筹管理,应减少人员重叠,尽力避免同时开展2个大修工作。由于在有9台机组的基地不可能完全避免这一问题,因此可按照下列情况的顺序,依次进行优先考虑:同一管理单元不同时大修;同一生产单元不同时大修;秦山第二核电厂和方家山核电站生产单元不同时大修;大修的重叠期间不存在相同的重大系统检修工作。

(3)机组的能力范围

在目前的燃料管理策略下,30万千瓦机组不具备通过提前加减组件来调节循环长度的能力。在寿期末,其可通过降功率延伸运行,具备约30个自然日的延伸运行能力。

在目前的燃料管理策略下,秦山第二核电厂机组具备通过提前加减4组组件来调节循环长度的能力,正常可以增加25 EFPD、减少20 EFPD的循环长度;特殊考虑情况下,可以增加约35 EFPD的循环长度。同时在寿期末,其可通过降功率延伸运行,具备约30个自然日的延伸运行能力。

在目前的燃料管理策略下,方家山核电站机组具备通过提前加减4组组件(不同富集度均可)来调节循环长度的能力,正常可以增加25 EFPD、减少20 EFPD的循环长度;特殊考虑情况下,可以增加约30 EFPD的循环长度。同时在寿期末,其可通过降功率延伸运行,具备约25个自然日的延伸运行能力。

10.4 堆芯换料设计管理

10.4.1 换料设计原则

依据堆芯燃料管理策略和燃料循环规划,可确定核电厂的具体换料设计目标。换料设计的任务是在满足上述燃料管理策略和循环规划的情况下,具体实施换料设计工作。换料设计的基本原则如下:

(1)换料堆芯设计应满足相关核安全法规和核安全导则的要求。

(2)换料堆芯设计应满足核电厂最终安全分析报告所规定的运行限值和条件。

(3)换料堆芯初始装载应提供足够的后备反应性,从而保证提供堆芯额定的输出功率和合理的循环长度。

(4)换料堆芯设计中,任何对安全准则或技术规范的更改都应经过充分分析与论证,并经国家核安全局批准后才能实施。

(5)换料堆芯设计、运行、跟踪和管理(包括启动和定期试验)中,一切与核安全有关的操作、记录、计算、数据输入及设定值都应有独立人员进行独立校核。

10.4.2 正常换料设计流程

正常换料设计是在确定燃料循环规划的基础上,开展具体循环的换料设计工作,主要包括以下内容。

编制并滚动发布中长期大修与燃料循环规划,即明确燃料循环的长期要求。该规划中应给出核电厂各压水堆机组后续循环的能量需求(EFPD)。

(1)启动换料设计。依据中长期大修规划提出的换料设计要求,结合大修的具体要求,向设计院下达换料设计通知书。换料设计通知书中需给出详细的技术要求,包括(但不限于)第 N 燃料循环的能量需求(EFPD)和计划装料时间,可供换料堆芯使用的新燃料组件,第 $N-1$ 燃料循环的预计停堆燃耗、停堆时间和停堆硼浓度,第 $N+1$、第 $N+2$ 燃料循环的能量需求估计值,其他计算所需信息等。

(2)换料方案设计,具体步骤如下:

①设计院按照核电厂的需求开展换料方案设计。

②对设计院提交的初步换料方案进行校算。

③审查并按照安全、经济的原则,确定机组换料堆芯装载方案。

(3)实施换料安全评价,具体内容如下:

①完成换料堆芯安全分析报告的编制工作,确保换料堆芯满足 FSAR 安全要求。

②完成换料堆芯安全分析报告相关支持性材料的编制工作。

(4)提交换料安全分析报告。按照相关核安全法规的要求,核动力厂营运单位需要在停堆前 2 个月向国家核安全局提交换料安全分析报告及相关支持性材料。

(5)实施换料堆芯核设计参数计算,编制包括(但不限于)换料堆芯核设计报告。

(6)下达停堆通知书。在机组停堆后,根据机组实际运行情况,进行停堆参数的分析,并向设计院下达换料设计停堆通知书。停堆通知书需包含以下内容:第 $N-1$ 燃料循环的实际停堆时间、燃料循环停堆燃耗和停堆硼浓度,以为第 N 燃料循环换料堆芯设计提供精确的 $N-1$ 燃料循环基础数据。

(7)实施换料堆芯启动参数计算。在机组第 $N-1$ 燃料循环停堆后、第 N 燃料循环启动前 1 周,完成换料堆芯启动参数计算工作,用于指导第 N 燃料循环的启动。

(8)换料安全分析报告审评。在机组大修装料前,换料堆芯安全分析报告应获得国家核安全局的批准。

(9)实施换料堆芯启动物理试验,验证循环的换料和启动设计结果满足设计预期。

(10)换料设计结果评价。根据启动物理试验实测结果对换料堆芯设计和校算工作进行评价,并确定本循环的换料设计工作满足管理和技术的要求。

10.4.3 紧急换料设计流程

紧急换料是指在机组大修过程中出现了一些运行或燃料的异常,导致换料设计超出 FSAR 规定的范围或无法继续满足循环使用的需求,此时因超过了相关法规规定的提交正常换料设计审查资料的时间(应在停堆前 2 个月向国家核安全局提交换料安全分析)而开展的紧急设计。对于这种换料设计,由于存在一定的时间要求,因此往往不需要其方案为最佳,只需要满足基本需求和安全评价结果,在流程上要简化。

(1)下达紧急换料设计通知书。对此,需给出详细的技术要求,包括第 N 燃料循环的能量需求(EFPD)和计划装料时间,可供换料堆芯使用的燃料组件,第 $N-1$ 燃料循环的预计停堆燃耗、停堆时间和停堆硼浓度,第 $N+1$、$N+2$ 燃料循环的能量需求估计值等。

(2)换料方案设计,具体内容如下:

①换料方案设计。

②换料方案校算。

③根据安全、保守使用的原则,确定换料方案。

(3)实施换料安全评价,具体如下:

①完成换料堆芯安全分析报告的编制工作,确保换料堆芯满足 FSAR 安全要求。

②完成换料堆芯安全分析报告相关支持性材料的编制工作。

(4)提交换料安全分析报告。按照相关核安全法规要求,核动力厂营运单位需要在停堆前 2 个月向国家核安全局提交换料安全分析报告及相关支持性材料。

(5)实施换料堆芯核设计参数计算,编制包括(但不限于)换料堆芯核设计报告。

(6)换料安全分析报告审评。在机组装料前,换料堆芯安全分析报告应获得生态环境部华东核与辐射安全监督站的批准。

(7)实施换料堆芯启动物理试验,验证循环的换料和启动设计结果满足设计预期。

(8)换料设计结果评价与关闭。根据启动物理试验实测结果对换料堆芯设计和校算工作进行评价,并确定本循环的换料设计工作满足管理和技术的要求。

10.4.4　换料设计管理要求

1. 停堆时间预测管理

在反应堆满功率运行一个月后,应根据堆芯跟踪运行数据预测第 $N-1$ 循环的停堆时间。计算反应堆预计停堆时间时应考虑核电厂实施 $N-1$ 循环启动物理试验结果中的设计偏差。

每月根据实际运行数据定期更新反应堆预计停堆时间,并将结果反馈给大修管理部门,定期跟踪并滚动确定下一循环的大修时间。

大修管理部门应在反应堆停堆前 5 个月确定机组计划停堆日期。

2. 换料堆芯设计审查管理

(1)核电厂应组织对换料堆芯设计方案及相关计算分析报告进行独立校算。校算工作可由核电厂自主实施,也可委托第三方实施。

(2)核电厂应组织技术人员依据中长期大修规划、现场燃料组件贮存情况,以及电厂最终安全分析报告限值,对换料设计中的换料堆芯装载方案、换料堆芯安全分析或评价报告进行确认和审查。

(3)对审查中发现的问题的处理原则:一般性问题由换料堆芯设计(校算)设计单位讨论解决;重大技术性问题的处理方案必须在与换料堆芯设计(校算)设计单位进行充分协商和交流后,在双方意见一致的基础上,经核电厂主管领导批准后实施;与换料堆芯安全审评有关的问题,由换料堆芯设计设计单位协助核电厂处理。

3. 换料堆芯审评文件提交管理

按照《核电厂运行安全规定》(HAF103)的附件一——《核电厂换料、修改和事故停堆管理》的规定,营运单位应在换料停堆前 2 个月向国家核安全局提交换料堆芯安全分析报告。

复　习　题

1. 填空题

(1)反应堆两次停堆换料之间的时间间隔称为一个(　　　)。

(2)一个运行循环所经历的运行时间[以等效满功率天(EFPD)表示]称为该运行循环

的(　　　)。

(3)目前根据秦山第二核电厂混合堆芯的计算结果,平衡堆芯每次装入新燃料(　　　)组,批料数 n 介于3和4之间。

2. 选择题:秦山第二核电厂首循环装料采用了下列哪些富集度的燃料组件?　(　　)

A. 3.1%　　　B. 2.6%

C. 1.9%　　　D. 3.7%

3. 判断题

(1)良好的堆芯燃料管理和无序的燃料管理对核电厂的运行、安全和经济效益没有影响。　(　　)

(2)不同的堆芯装载方式对该循环的循环长度没有影响。　(　　)

(3)堆芯不熔化准则指的是燃料芯块温度不能超过 UO_2 的熔化温度,由于辐照的影响,燃耗每加深10 000 MWd/tU, UO_2 的熔点下降32 ℃。　(　　)

(4)目前,秦山第二核电厂采用的是低泄漏年换料制。　(　　)

第 11 章 反应堆热工水力基础

11.1 热 工 基 础

反应堆所能产生的功率的大小,主要取决于反应堆的热传递能力。热传递是一种转移一定数量能量的物理现象。反应堆的热源来自核裂变过程所释放出来的巨大能量,而这些能量从堆芯依次经过导热、对流放热和输热 3 个过程输出。

11.1.1 反应堆内的导热过程

前面已经介绍过,每次铀 -235 核裂变释放出来的总能量平均约为 200 MeV,其中绝大部分在燃料元件内被转换为热能。裂变能的分布与反应堆的具体设计有关,秦山第二核电厂施工设计中所取的燃料元件的释热量占总释热量的 97.4%。另外,控制棒在吸收堆芯的 γ 射线后及其本身吸收中子的(n,α)和(n,γ)反应将释放出一定的热量。慢化剂所产生的热量主要来自裂变中子的慢化、吸收裂变产物所放出的 α 粒子的能量(一部分)、吸收各种 γ 射线的能量。反应堆内结构材料中的热量来源几乎完全是吸收来自堆芯的各种 γ 射线,而对于由结构材料与中子的相互作用生成的热量,一般认为其不大于由吸收 γ 射线产生的总热量的 10%。

燃料元件的导热是指燃料芯块内产生的热量,通过热传导传到燃料元件包壳的外表面的过程。在稳态工况且热导率不随温度而变化时,对于具有内热源的圆柱形燃料芯块(图 11 -1),如果忽略轴向导热,其导热方程为

$$\frac{\mathrm{d}^2 t}{\mathrm{d}r^2}+\frac{1}{r}\frac{\mathrm{d}t}{\mathrm{d}r}+\frac{q_V}{k_{\mathrm{u}}}=0 \qquad (11-1)$$

当内热源均匀分布时,解式(11 -1)就可得到圆柱形燃料芯块中心和表面之间的温差,计算式为

$$t_0-t_{\mathrm{u}}=q_1\frac{1}{4\pi k_{\mathrm{u}}} \qquad (11-2)$$

式(11 -1)和式(11 -2)中,t_0 为圆柱形燃料芯块的中心温度,℃;t_{u} 为圆柱形燃料芯块的表面温度,℃;r 为圆柱形燃料芯块的半径,m;q_1 为燃料芯块的线功率密度,W/m;q_V 为燃料芯块的体积释热率,W/m^3;k_{u} 为燃料芯块的热导率,W/(m · ℃)。

若 q 为燃料芯块的表面热流量,W/m^2,则 q_1、q 和 q_V 之间的关系是

$$q_1=2\pi rq=2\pi r^2q_V$$

同时,反应堆内的导热过程的基本规律也可以用傅里叶定律来简单表达:

$$q''=-k\cdot \mathrm{grad}(T)$$

式中,q''为热流密度,W/m^2;grad(T)为温度梯度,℃/m;k 为热导率,W/(m · ℃)。

热导率是反映物质热传导能力的物理量。金属和气体的热导率大约相差两个数量级。

UO_2 是陶瓷材料,其热导率也较小,而且随温度的变化很明显。

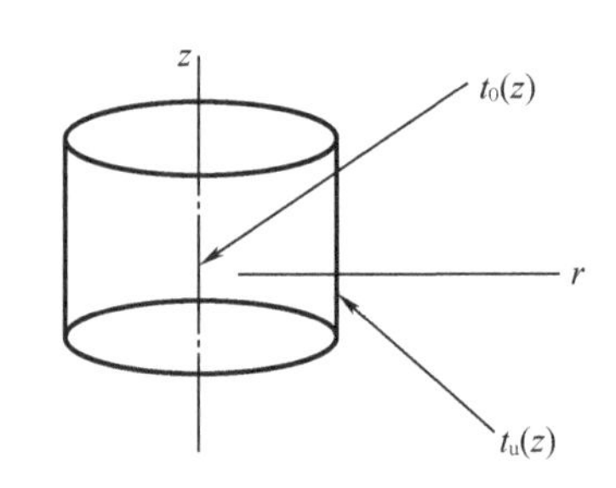

图 11-1　圆柱形燃料芯块示意图

11.1.2　反应堆内的放热过程

放热过程是燃料元件包壳外表面与冷却剂之间直接接触时的热交换,即热量由包壳外表面传递给冷却剂的过程。一般来说,在这种热交换过程中起主要作用的是由流体(冷却剂)位移产生的对流(如空气预热器管、凝汽器管等)。对流放热过程中所传递的热量可用牛顿冷却定律求得,即

$$Q = hF\Delta\theta_f \tag{11-3}$$

式中,Q 为包壳外表面传递给冷却剂的热功率,W;h 为对流放热系数,W/(m^2·℃);F 为传热表面积,m^2;$\Delta\theta_f$ 为膜温压,℃。

在堆芯的位置 z 处,通常 $\Delta\theta_f(z) = t_{cs}(z) - t_f(z)$。其中,$t_{cs}(z)$ 为位置 z 处包壳外表面的温度,℃;$t_f(z)$ 为位置 z 处冷却剂的温度,℃。对于单位长度的燃料元件而言,式(11-3)可以改写为

$$q_1(z) = h(z)F_1[t_{cs}(z) - t_f(z)]$$

所以,有

$$t_{cs}(z) - t_f(z) = \frac{q_1(z)}{h(z)F_1} \tag{11-4}$$

式中,$q_1(z)$ 为位置 z 处单位长度的燃料元件的线功率密度,W/m;$q_1(z)$ 为单位长度的燃料元件的外表面积,m^2;$h(z)$ 为位置 z 处包壳与冷却剂间的放热系数,W/(m^2·℃)。

在用式(11-4)求包壳外表面的温度 $t_{cs}(z)$ 时,关键在于求出放热系数 $h(z)$,当 h 确定后,$t_{cs}(z)$ 就可求得。

影响放热系数大小的主要因素有:

(1)流体(冷却剂)的物性(密度、比热容、导热率和黏度等)。

(2)流体(冷却剂)的流速和流动方式(强迫流动或自然流动)。

(3)流体(冷却剂)的流动形式(层流或湍流)。

(4)传热壁的形状、几何尺寸及其相对于流动方向的方位(垂直或平行)。

(5)流体(冷却剂)在流动和换热过程中状态的变化(沸腾、冷凝和流型等)。

对不同性质的流体(冷却剂)以及不同的运行工况,放热系数的大小差别很大。表 11-1 归纳了对流放热的类型。

表 11-1 对流放热的类型

<table>
<tr><th rowspan="2">单相流体放热系数</th><th colspan="3">两相流体放热系数</th></tr>
<tr><th colspan="2">沸腾</th><th>冷凝</th></tr>
<tr><td rowspan="2">强迫对流放热
自然对流放热</td><td>池式沸腾</td><td>泡核沸腾
过渡沸腾
膜态沸腾</td><td rowspan="2">滴状凝结
膜态凝结</td></tr>
<tr><td>流动沸腾</td><td>泡核沸腾
过渡沸腾
膜态沸腾
通过液膜的强迫对流
缺液区的传热</td></tr>
</table>

在单相流体对流放热过程中，强迫对流放热是流体在外动力的驱动下的换热；自然对流放热是由靠近放热表面和远离放热表面的流体内部密度梯度引起的流体运动过程，而温度梯度通常是由流体本身的温度场引起的，它取决于流体内部是否存在温度梯度，因而流体的运动强度也取决于温度梯度的大小。如能形成循环流动，则称其为自然循环。

同强迫对流换热一样，对于自然对流换热也可用牛顿冷却定律[式(11-3)]来计算换热量。但是，由于自然对流是由温度梯度引起的，因此在运动微分方程中必须考虑由温度梯度引起的浮升力和流体本身的重力。自然对流的放热是极其复杂的，受通道的几何形状的影响比较大，迄今尚无一个像强迫对流那样能够适用于各种几何形状通道的普遍公式，一般只能从实验中得到在某些特定条件下的经验关系式。

11.1.3 反应堆内的辐射传热

两个物体之间发生辐射传热时，物体(辐射体)发射由光子这种能量粒子组成的热射线，冷体(吸收体)因光子的撞击作用转变为热量而变热。所有物体都可能向温度低的物体辐射热量。

辐射传热可以用式(11-5)表示：

$$q'' = \frac{\sigma_{SB}(T_2^4 - T_1^4)}{\frac{1}{E_1} + \frac{1}{E_2} - 1} \tag{11-5}$$

式中，T_1、T_2 分别为低温物体和高温物体的表面温度，K；σ_{SB} 为辐射常数，$W/(m^2 \cdot K^4)$；E_1、E_2 分别为低温物体和高温物体的发射率，无因次。

对氧化物而言，一般取 $E=0.8\sim1.0$，例如，对 UO_2 芯块取 $E=0.9$。对锆合金包壳取 $E=0.6$。水汽混合物的发射率可用式(11-6)计算。

$$E = \alpha E_s + (1-\alpha)E_f \approx 1 - 0.8\alpha \tag{11-6}$$

式中，E_s、E_f 分别为蒸汽和水的发射率；α 为空泡份额。在失水事故中，包壳的温度可能升得很高。

11.1.4 反应堆内的输热过程

反应堆内的输热过程是指当冷却剂流过堆芯时，将反应堆内裂变过程释放的热量带出

堆芯的过程。要想提高堆芯的输热过程的效率,应满足以下条件:

(1)每种介质的入口和出口的温差大。

(2)载热剂流体的流量大。

(3)载热剂储存热量的能力强。

这样,冷却剂从堆芯进口到位置 z 处的输热量为:

$$Q(z)=W\cdot c_p\cdot\Delta t_f(z)=A_f\cdot v\cdot\rho\cdot c_p\cdot\Delta t_f(z)=W\cdot\Delta H_f(z) \tag{11-7}$$

式中,$Q(z)$ 为从冷却剂通道进口至堆芯位置 z 处传出的热功率,W;W 为冷却剂的质量流量,kg/s;c_p 为冷却剂的比热容,J/(kg·℃);ρ 为冷却剂的密度,kg/m^3;v 为冷却剂的流速,m/s;A_f 为冷却剂的流通截面积,m^2;$\Delta H_f(z)$ 为从冷却剂通道进口至堆芯位置 z 处的冷却剂焓升,J/kg;$\Delta t_f(z)$ 为从冷却剂通道进口至堆芯位置 z 处的冷却剂温升,℃,即

$$\Delta t_f(z)=t_f(z)-t_{f,in}=\frac{Q(z)}{Wc_p}$$

式中,$t_f(z)$ 为堆芯位置 z 处的冷却剂温度,℃;$t_{f,in}$ 为堆芯进口的冷却剂温度,℃。

式(11-7)给出了反应堆内几个热工参数的相互关系,该式即可用于求解 $t_f(z)$,也可作为分析反应堆内某些工况的依据。

11.1.5 停堆后的释热

在反应堆停堆后,由于缓发中子在一段较短的时间内还会引起裂变,而且裂变产物和辐射俘获产物还会在很长的时间内继续衰变,因此堆芯仍有一定的释热率。这种现象称为停堆后的释热,与此相对应的功率称为剩余功率。

图 11-2 给出了快速停堆(控制棒迅速下插)过程及停堆后反应堆相对功率水平和平均热流密度随时间的变化。

从图 11-2 中可以看到,在刚停堆的瞬间,反应堆已处于次临界状态,反应堆功率迅速下降;随后在缓发中子引起的裂变和裂变产物及俘获产物的衰变的共同作用下,反应堆功率下降速度变慢。图 11-2 的曲线还表明,相对热流密度的下降要比反应堆相对功率的下降缓慢得多,这是因为燃料元件具有一定的热容。剩余功率由以下 3 部分组成。

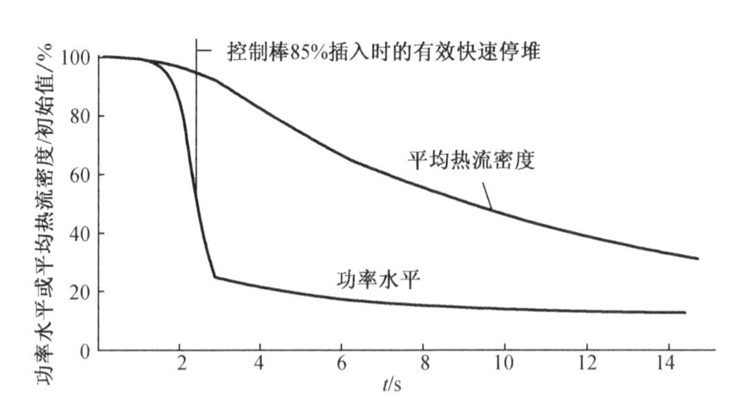

图 11-2 快速停堆(控制棒迅速下插)过程及停堆后反应堆功率水平和平均热流密度随时间的变化

1. 中子引起的剩余功率

停堆后,因中子引起的裂变而继续产生的功率,称为剩余中子功率。在停堆后非常短

的时间(短于0.1 s)内,剩余中子功率主要由瞬发中子引起的裂变贡献。在停堆后的时间 t 较长时,必须考虑各组缓发中子对剩余中子功率的影响。从表1-1可知,缓发中子寿命比较短,最长的平均寿期也只有1 min多,因此由缓发中子引起的剩余裂变只在停堆后20~30 s内对剩余功率有明显的贡献。

2. 裂变产物衰变热

随着剩余裂变功率逐渐下降,裂变产物的放射性衰变热便成为剩余功率的主要成分。一般来说,裂变产物的衰变功率与停堆前裂变产物的总产额及这些产物在反应堆停堆后的衰变程度有关。前者取决于反应堆的初始功率,并与此功率下运行的时间有关。

3. 中子俘获产物的衰变热

在低浓铀热中子堆中,燃料内含有大量的铀-238,其中子俘获产物铀-239和镎-239衰变会放出衰变热。

对于上述3种剩余功率的计算,读者可参阅相关的热工水力教材。

需要说明的是,在停堆后的极短时间(0.1 s)内,瞬发中子引起的裂变功率对剩余功率的贡献是主要贡献;停堆后1~30 s中,缓发中子引起的裂变功率对剩余功率的贡献是主要贡献;停堆后1 min后,裂变产物和俘获产物的衰变功率对剩余功率的贡献是主要贡献。该衰变功率随时间近似按指数规律衰减。

11.1.6 燃料元件的传热计算

1. 沿燃料元件轴向的冷却剂温度分布

设冷却剂的进口温度为 $t_{\mathrm{f,in}}$,当冷却剂流经燃料元件表面时被加热,所以它的温度不断升高,即

$$t_{\mathrm{f}}(z)=\frac{Q(z)}{Wc_p}+t_{\mathrm{f,in}} \tag{11-8}$$

式中,W 为冷却剂的质量流量;c_p 为比热容。从图11-3可知:

$$Q(z)=\int_{-\frac{L_{\mathrm{R}}}{2}}^{z}q_1(z)\,\mathrm{d}z$$

式中,$q_1(z)$ 为燃料元件在位置 z 处的线功率。假设燃料元件沿轴向的释热率按余弦分布,则

$$Q(z)=\int_{-\frac{L_{\mathrm{R}}}{2}}^{z}q_1(0)\cos\frac{\pi z}{L_{\mathrm{Re}}}\mathrm{d}z=\frac{q_1(0)L_{\mathrm{Re}}}{\pi}\left(\sin\frac{\pi z}{L_{\mathrm{Re}}}+\sin\frac{\pi L_{\mathrm{R}}}{2L_{\mathrm{Re}}}\right)$$

这样

$$t_{\mathrm{f}}(z)=t_{\mathrm{f,in}}+\frac{q_1(0)}{\pi}\frac{L_{\mathrm{Re}}}{Wc_p}\left(\sin\frac{\pi z}{L_{\mathrm{Re}}}+\sin\frac{\pi L_{\mathrm{R}}}{2L_{\mathrm{Re}}}\right) \tag{11-9}$$

式中,L_{R} 为燃料元件的有效高度;L_{Re} 为燃料元件的高度。

将 $z=L_{\mathrm{R}}/2$ 代入式(11-9)可得

$$t_{\mathrm{f}}(z)=t_{\mathrm{f,in}}+\frac{2q_1(0)}{\pi}\frac{L_{\mathrm{Re}}}{Wc_p}\left(\sin\frac{\pi z}{L_{\mathrm{Re}}}\right) \tag{11-10}$$

将不同的 z 值代入式(11-10),就可得到不同位置 z 处的冷却剂温度,由此得到温度分布示意图(图11-3)。在推导中曾假设释热率按余弦分布,对于这种情况,由图11-3可以看出:冷却剂的温度在冷却剂通道的进、出口段上升得较慢,在中间段上升得较快,在出口

处达到最大值。

2. 包壳外表面温度 $t_{cs}(z)$ 的计算

在求得 $t_f(z)$ 后，可根据对流放热方程求 $t_{cs}(z)$。根据式（11－4）有

$$t_{cs}(z) - t_f(z) = \frac{q_l(z)}{\pi d_{cs} h(z)} \tag{11-11}$$

由此可得

$$t_{cs}(z) = t_f(z) + \frac{q_l(0)}{\pi d_{cs} h(z)} \cos \frac{\pi z}{L_{Re}} \tag{11-12}$$

式中，假设释热率按余弦分布；d_{cs} 为包壳的外径。所以，只要确定未知量 $h(z)$，就可求得 $t_{cs}(z)$。

由式（11－12）可知，$t_{cs}(z)$ 沿高度方向变化。显然，在某一高度 z 处，$t_{cs}(z)$ 将出现最大值。包壳外表面的最高温度 $t_{cs,max}$ 不允许超过包壳材料的熔点。此外，包壳外表面的最高温度还受材料的强度和腐蚀等因素的限制。从图 11－3 可以看出，包壳外表面的最高温度出现在冷却剂通道的中点和出口之间。这是因为它受到两个因素的影响：一是冷却剂的温度，它沿轴向的变化与释热率分布有关，越接近通道出口，温度升高得越慢；二是膜温压，它与线功率 $q_l(z)$ 成正比，在冷却剂通道中间大且上、下两端小。这两个因素的综合作用使包壳外表面的最高温度发生在冷却剂通道的中点和出口之间。

通过上面的分析可以看出，燃料元件中心温度沿径向的分布可由式（11－13）导出。

$$t_0 = t_f + \Delta t_c + \Delta t_u + \Delta t_g + \Delta t_f \tag{11-13}$$

式中，Δt_c、Δt_u、Δt_g 和 Δt_f 分别为包壳温差、燃料芯块中心与外表面的温差、气隙温差和膜温差。

11.1.7 热屏蔽的传热计算

堆芯是一个强大的辐射源，它所放出的 γ 射线、中子流等中的绝大部分为反射层、热屏蔽、压力壳和生物屏蔽中的元素所吸收或减弱，最终转变成热量；只有极少量的辐射线逸出堆外。因而，这些反应堆部件也需要冷却。这里介绍一下热屏蔽的传热计算。

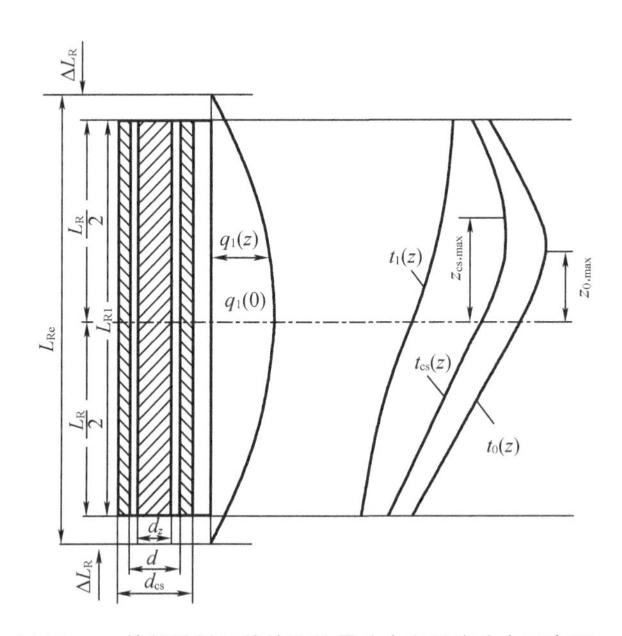

图 11－3　棒状燃料元件的释热量分布和温度分布示意图

热屏蔽位于堆芯和压力容器之间,其功用在于吸收来自堆芯的强辐射(γ 射线和中子流),使压力壳和生物屏蔽遭受的辐射不超过允许的数值。它往往采用高熔点和高导热率的重金属制成(如硼钢等)。如果没有热屏蔽,压力壳由于直接遭受辐射而产生的热应力将比较大,甚至会超过其允许的数值。此外,压力壳经强 γ 射线和中子流的辐照,其积分通量很快接近允许水平,这将大大缩短设备的寿命。

热屏蔽中的热源是按指数衰减规律分布的,所以 γ 射线能量的90%是在热屏蔽(靠近堆芯一侧)厚度的10%内被吸收的,因而在热屏蔽中,最高温度的位置将出现在靠近堆芯的一侧。热源的大小随堆型及热屏蔽结构而异。一般可用式(11-14)表示。

$$q_{V,s}(x)=q_{V,s}(0)Be^{-\mu x} \tag{11-14}$$

式中,$q_{V,s}(x)$ 为位置 x 处热屏蔽的体积释热率;$q_{V,s}(0)$ 为 $x=0$ 处(靠近堆芯的一侧)的体积释热率;B 为累积因子(可由屏蔽设计手册查得,因为热屏蔽的厚度比较小,在估算时可取 $B=1$);μ 为吸收系数,cm^{-1},是一个常数,它取决于材料的性质和辐射粒子的能量。在辐射粒子为中子的情况下,μ 等于中子与所用材料发生具体反应(吸收或散射)时的宏观截面 Σ;对于 γ 粒子,μ 是所用材料的性质和 γ 能谱的复合函数(可由屏蔽设计手册查得)。

对于圆筒形的热屏蔽,有

$$\frac{\mathrm{d}^2t}{\mathrm{d}x^2}=-\frac{1}{k_s}q_{V,s}(x) \tag{11-15}$$

式中,k_s 为热屏蔽的热导率。联立式(11-14)和(11-15),并取 $B=1$ 得

$$-k_s\frac{\mathrm{d}^2t}{dx^2}=q_{V,s}(0)\mathrm{e}^{-\mu x} \tag{11-16}$$

如果 k_s 是常数,则式(11-16)的解为

$$t=-\frac{q_{V,s}(0)}{k_s\mu^2}\mathrm{e}^{-\mu x}+C_1x+C_2$$

式中,C_1、C_2 为常数。

利用边界条件:当 $x=0$ 时,$t=t_1$;当 $x=L$ 时,$t=t_2$。

从而得到最后的解,如下:

$$t(x)=t_1+(t_2-t_1)\frac{x}{L}+\frac{q_{V,s}(0)}{k_s\mu^2}\left[(\mathrm{e}^{-\mu L}-1)\frac{x}{L}-\mathrm{e}^{-\mu x}+1\right] \tag{11-17}$$

将式(11-17)对 x 求导,并令 $\mathrm{d}t/\mathrm{d}x=0$,可求得最高温度所在的位置 $x_{\max}$[式(11-18)],将 $x_{\max}$ 代入式(11-17),可得到最高温度 $t_{\max}$。

$$x_{\max}=-\frac{1}{\mu}\ln\left[(t_2-t_1)\frac{k_s\mu}{q_{V,s}(0)L}+\frac{1-\mathrm{e}^{-\mu L}}{\mu L}\right] \tag{11-18}$$

11.1.8 单相流体的对流换热计算

堆芯的棒束通道中、蒸汽发生器和凝汽器的传热管内,水与壁面之间的传热都是单相流体的强迫对流传热。对于水沿壁面流动的情况,其传热功率都可以用式(11-7)表示。

$$Q(z)=W\cdot c_p\cdot|t_{\mathrm{out}}-t_{\mathrm{in}}|=W\cdot|H_{\mathrm{out}}-H_{\mathrm{in}}| \tag{11-19}$$

式中,t_{in}、t_{out} 分别为进、出口水温;H_{in}、H_{out} 分别为进、出口水焓。

对流传热系数为

$$h=C_1\frac{k}{D_0}Re^{0.8}PrC_2$$

式中，h 为对流传热系数，W/(m^2·℃)；k 为流体的热导率，W/(m·℃)；D_0 为流道的当量直径，m，$D_0=4A/U$（A 为流道截面积，m^2；U 为流道湿润周长，m）；Re 为雷诺数，无因次，$Re=VD_0\rho/\mu$[V 为流速，m/s；ρ 为流体密度，kg/m^3；μ 为黏度，kg/(m·s)]；Pr 为普朗特数，无因次，$Pr=\mu c_p/k$[c_p 为流体的比定压热容，J/(kg·℃)]；C_1、C_2 为常数。

1. 蒸汽发生器内的传热计算

以秦山第二核电厂 1 号机组为例，每台蒸汽发生器内有 4 640 根 U 形管，负责将一回路冷却剂中的热量传递给二次侧的给水。一回路冷却剂的流量为 23 320 t/h（即 6 477.8 kg/s），满功率运行下的进口温度为 327.2 ℃、出口温度为 292.8 ℃，根据式（11－19）可计算出每台蒸汽发生器的传热功率为：

$$Q=W\cdot c_p\cdot|t_{out}-t_{in}|=6\ 477.8\ \text{kg/s}\times4.343\times34.4\ ℃=967.8\ \text{MW}$$

二次侧加热给水产生蒸汽，在满负荷下，给水温度为 230 ℃，给水焓 $H_f=973.3$ kJ/kg。蒸汽发生器出口压力为 6.71 MPa，产生湿度为 0.25% 的饱和蒸汽，该压力下的饱和水焓为 1 256 kJ/kg、饱和蒸汽焓为 2 776 kJ/kg，因此出口蒸汽的焓 $H_V=2\ 776\ \text{kJ/kg}\times99.75\%+1\ 256\ \text{kJ/kg}\times0.25\%=2\ 772.2\ \text{kJ/kg}$。由此可以计算出每台蒸汽发生器产生的蒸汽量：

$$W_V=\frac{Q}{H_V-H_f}=\frac{967.8\times10^3\ \text{kW}}{2\ 772.2\ \text{kJ/kg}-973.3\text{kJ/kg}}=538.0\ \text{kg/s}$$

进入蒸汽发生器二次侧的给水是欠热的，在由一回路冷却剂传给二次侧的热量中，约有 16% 的热量用于将给水加热到饱和温度。在这部分传热面中，由于二次侧给水的流速比较低，其相应的传热系数也比较低，因此这部分传热面存在的热阻会成为传热的主要热阻。设法提高这部分传热面的传热系数对于提升传热效果是有好处的。在二次侧的沸腾传热段上，传热系数较大，形成的热阻与管内对流传热的热阻相当。在秦山第二核电厂 1 号机组蒸汽发生器的设计计算中，满负荷下的总传热系数为 8 218 W/(m^2·℃)（为预热段和沸腾段的权重平均值）。

2. 凝汽器内的传热计算

以秦山第二核电厂 1 号机组为例。秦山第二核电厂 1 号机组有 3 台凝汽器，其额定工况下的循环冷却水的进口温度为 23 ℃，此时的凝结水温度为 40.32 ℃。3 台凝汽器循环冷却水的总流量为 45 m^3/s。按照设计，它们排出的热量为 1 897.2 MW。由此可以计算出循环水出口温度为

$$t_{out}=t_{in}+\frac{Q}{W\cdot c_p}=23\ ℃+\frac{1\ 897.2\times10^3\ \text{kW}}{45\ \text{m}^3/\text{s}\times995\ \text{kg/m}^3\times4.20\ \text{kJ/(kg}\cdot℃)}=33.1\ ℃$$

1 s 内，凝汽器可冷凝的蒸汽量为 829.4 kg。凝汽器总传热系数为 3.20 W/(m^2·℃)。传热管内的循环水流速为 2.44 m/s，传热系数约为 2×10^5 W/(m^2·℃)。由于传热管管壁的热阻较小，因此凝汽器传热的主要热阻在冷凝传热侧。产生热阻的主要原因是：管排沿高度有许多层，上层管排凝结的水滴落到下层上，会在下层管的外表面形成较厚的水膜，进而影响传热。为了减小下层管外表面水膜的厚度，除在管排中间设置积水导流板之外，还把传热管安装成轴线向上拱起的形状，以使冷凝水自动流向两端以进行疏水。整个传热管拱起的高度为 66 mm。

11.1.9 沸腾传热工况

沸腾是一种重要的传热机理，不仅存在于蒸汽发生器、稳压器的电加热器表面等传热

设备中，而且在反应堆正常运行的过程中，堆芯热通道中也存在局部欠热沸腾传热，在反应堆冷却剂系统的事故状态下，堆芯会出现更为复杂的沸腾问题。

沸腾存在两种基本形式：大容积沸腾（即池式沸腾）和流动沸腾。池式沸腾是指由浸没在原来静止的大容积液体内的受热面（如稳压器的电加热器）产生的沸腾。液体在饱和温度以下所产生的沸腾叫作过冷大容积沸腾；液体处于饱和温度时产生的沸腾叫作饱和大容积沸腾。流动沸腾是指液体在流过传热面时产生的沸腾。在堆芯和蒸汽发生器传热管二次侧出现的沸腾都是流动沸腾。

1. 泡核沸腾

当加热面的温度超过液体的饱和温度一定值时，在加热面上就会产生气泡，气泡在紧贴加热面的过热液体中会很快长大，直到跃离壁面并进入大容积液体中。在依靠浮升力向上运行的过程中，气泡不是被冷凝就是继续长大，这就是通常所说的"泡核沸腾"。泡核沸腾可分为如下两种情况：

(1)欠热泡核沸腾

此时液体的主流温度还没有达到饱和温度，但壁面温度已经超过饱和温度，在壁面上也已经产生了气泡。气泡脱离壁面并进入主流区，与欠热液体相遇后被冷凝。所以该状态的气泡主要存在于壁面附近。

(2)饱和泡核沸腾

饱和泡核沸腾发生在液体主流温度已经达到饱和温度的情况下，主流液体中存在部分气泡。

在泡核沸腾工况下，壁面上的气泡不断地产生又不断地跃离，这对边界层产生很大的扰动，对传热有明显的改善作用。

2. 其他传热工况

在热流密度较低时，流道内除上述泡核沸腾传热工况外，还有以下几种传热工况：

(1)单相液体强迫对流传热。此时液体的温度低于饱和温度。

(2)通过液膜的强迫对流蒸发。此时两相流中的含汽率已经相当大，两相流呈环状流动结构，液体薄层沿壁面流动形成一个环状液膜。由于液膜的有效对流传热，液体不会过热到产生气泡的温度。热量传到液膜与汽芯的交界面上，液体的蒸发将热量带走。

(3)缺液区的传热。此时液体呈滴状混在蒸汽中一起流动。由于此时液膜已经烧干，加热表面与蒸汽相接触，与液膜烧干前相比，传热系数已经大幅度降低，壁温也已升高。但液滴对传热有增强作用，所以传热系数仍高于单相蒸汽时的传热系数。液膜烧干时的工况，即强迫对流蒸发到缺液区传热的转折点，称为"干涸"。

(4)单相蒸汽的对流传热。此时传热系数降低，壁温将进一步升高。

在加热壁面的热流密度提高时，欠热沸腾会提前出现，泡核沸腾在壁面上产生气泡的数量增多。当热流密度增加到一定程度时，产生的气泡在离开壁面之前就连成一片，形成一个汽膜。汽膜覆盖了传热表面并形成很大的热阻，传热系数陡然降低，壁温由于热量不能被及时带走而急剧上升。此沸腾工况称为膜态沸腾，由泡核沸腾转变成膜态沸腾的现象称为偏离泡核沸腾（DNB）。膜态沸腾后是缺液区的传热和单相蒸汽的传热。

3. 沸腾危机

由沸腾机理的变化引起传热系数陡降，进而导致的传热壁面温度骤然升高的现象称为沸腾危机。发生沸腾危机时的热流密度称为临界热流密度。

如上所述,在流动沸腾中有两种沸腾危机:一种是偏离泡核沸腾,其机理是泡核沸腾在热流密度足够大时突然转变成膜态沸腾,它发生在含汽率很低或者欠热的液体中。另一种是干涸,其机理是环状流的液膜由于不断蒸发而破裂甚至被蒸干,传热面由于失去液膜覆盖而传热性能变差。这种沸腾危机发生在含汽率很高的环状两相流中。

在堆芯中,传热恶化的危险主要来自偏离泡核沸腾,但在一回路出现大破口失水事故中的堆芯裸露阶段也有可能出现干涸。由于下列两种原因,堆芯中发生偏离泡核沸腾的后果比发生干涸时严重得多:

(1)发生偏离泡核沸腾的必要条件是热流密度特别大。因而一旦传热能力下降,传热面上热量的积聚和温度的升高将是非常迅猛的。而干涸的出现主要取决于液体的流量和含汽率,通常热流密度并不很高。

(2)在从泡核沸腾转变成膜态沸腾时,传热系数降低的幅度很大,这就加剧了传热面(如包壳)温度的上升速度。而干涸发生后,蒸汽的流速突出很高,而且其中还夹带着液滴,所以发生干涸时的传热系数的降低幅度较小。

4. 影响燃料元件表面在发生偏离泡核沸腾时的临界热流密度大小的主要因素

(1)质量流速。质量流速大,流体的扰动强,加热面上难以形成稳定的汽膜,因而使临界热流密度增大。

(2)通道进口处水的欠热度。欠热度越大,临界热流密度越大。

(3)工作压力。一方面,工作压力增加时,汽液之间的密度差减小,气泡不易跃离,使临界热流密度有减小的趋势。另一方面,工作压力的增加会使饱和温度上升,两相流中的含汽率降低,进口处水的欠热度增大,这使临界热流密度有增大的趋势。这两种趋势的综合效果是:工作压力增加使临界热流密度增大。

(4)发生偏离泡核沸腾处冷却剂的焓。冷却剂的焓越大,临界热流密度越小。

(5)加热表面的粗糙度。粗糙度增大可使临界热流密度增大。

临界热流密度的数值可以用公式计算得到,所用公式是从大量试验结果中综合出来的,是半经验公式。

11.1.10 凝结传热

1. 凝结形式

凝结是沸腾汽化的逆过程,是在饱和状态下进行的。凝结时的压力和温度服从饱和线规定的关系,凝结温度越低,对应的蒸汽压力也越低。蒸汽在与低于饱和温度的壁面接触时有两种凝结形式。

(1)膜状凝结

此时,壁面总是被一层液膜覆盖,凝结时放出的潜热必须穿过液膜才能到冷凝壁面上,液膜对冷凝传热形成热阻。

(2)珠状凝结

此时,壁面上冷凝的液体以水珠的形式存在。传热面大部分是裸露的,与蒸汽直接接触,从而使冷凝传热能力大为增强,其传热系数可达膜状凝结的5~10倍。

2. 影响膜状凝结传热的主要因素

凝结的形式主要取决于液体对壁面的浸润性。实际上,在绝大多数冷凝设备(包括电厂的凝汽器在内)中,存在的都是膜状凝结。影响膜状凝结传热的主要因素有下列两个方面：

(1)液膜厚度

液膜是冷凝传热的主要热阻。

(2)不可凝气体

蒸汽中含有极少量的不可凝气体,这可对凝结传热产生十分有害的影响。蒸汽中含有1%的不可凝气体会使传热能力降低60%,这主要是由于在冷凝液膜附近的蒸汽的分压随其凝结而减小,不可凝气体的相对浓缩使分压增大。这层不可凝气体聚集在液膜附近阻碍了蒸汽的凝结。此外,蒸汽的分压下降,其饱和温度即凝结温度也相应降低。这意味着冷凝水与循环水的温差减小,而该温差正是冷凝传热的推动力。

11.2 水力学基础

反应堆内释出的热量通常是由流动的反应堆一回路冷却剂带出堆芯的。因此,核电厂闭合的一回路不仅是一个热工回路,而且是一个水力回路。

为了将堆芯释出的热量带出,反应堆一回路中必须要有具有一定压力和流量的流体流动。堆芯的输热能力及作用在堆内构件上的力与冷却剂的流动特性有关。

11.2.1 单相冷却剂的流动压降

物相(简称“相”)是对物质存在状态的描述。固相、液相和汽相是物质存在的3种状态。物质处于哪一种相,与它所处的温度、压力有关。当温度和压力改变时,物质可以从一种相转变成另一种相。系统内只有一种物相的流动称为单相流。一般把液体冷却剂看作不可压缩流体。也就是说,在处理液体冷却剂流动的问题时,可以把流场中各点的流体密度看作常数。

单相流在稳定流动时,系统内任意给定的两个流通截面之间的静压力的变化即为压降,都可以用动量守恒方程进行计算,即

$$p_1 - p_2 = \Delta p_{el} + \Delta p_a + \Delta p_f + \Delta p_c \tag{11-20}$$

式中,p_1、p_2 分别为流体在所给定的流通截面1、2处的静压力。式中其他符号的说明如下。

1. Δp_{el}

Δp_{el}为流体自截面1流至截面2时,由流体位能的改变引起的静压力的变化,该项通常称为提升压降。若流体的位能是增加的,则提升压降为正值,如果流体的位能是减少的,则提升压降为负值。

单相流体的提升压降,只有在所给定的两个截面位置存在一定的垂直高度差时才会出现。水平通道不存在这个问题。提升压降可用式(11-21)表示。

$$\Delta p_{el} = \int_{z_1}^{z_2} \rho g \sin\theta \, dL \tag{11-21}$$

式中,Δp_{el}为提升压降,Pa;ρ 为流体密度,kg/m^3;g 为重力加速度,m/s^2;θ 为通道轴线与水平面间的夹角,(°);z_1、z_2、L 分别为截面1、2的轴向坐标和通道长度,m。

2. Δp_a

Δp_a 为由流体速度变化引起的静压力的变化,该项称为加速压降。流体速度的变化可

由流通截面变化引起,也可由流体密度变化引起。

由流体密度变化引起的加速压降的表达式为

$$\Delta p_{a} = \int_{v_1}^{v_2} \rho v \mathrm{d}v \qquad (11-22)$$

式中,v_1、v_2 分别为流体在截面1和截面2处的流速。因为 $\rho v = G$ 是一个常数,所以由式(11-22)积分得

$$\Delta p_{a} = G(v_2 - v_1)$$

式中,G 为质量流速,kg/(m²·h)。若把 Δp_a 表示成流体密度或比容($\boldsymbol{v}_1$、$\boldsymbol{v}_2$)的函数,则可写成

$$\Delta p_{a} = G^2\left(\frac{1}{\rho_2} - \frac{1}{\rho_1}\right) = G^2(\boldsymbol{v}_2 - \boldsymbol{v}_1)$$

液体冷却剂在只改变温度而不产生沸腾时,密度变化是很小的。所以,液体冷却剂沿等截面直通道流动时可忽略加速压降。

3. Δp_f 和 Δp_c

通常把由摩擦引起的压力损失分为两类:一类是流体沿截面直通道流动时,由沿程摩擦阻力的作用引起的压力损失,即摩擦压降(Δp_f);另一类是流体流过有急剧变化的固体边界时,如流过阀门、孔板、弯管和燃料组件定位格架等处时,所出现的集中压力损失,即形阻压降(Δp_c)。

(1)计算单相流的摩擦压降

采用Darcy公式:

$$\Delta p_f = f\frac{L}{D_e}\frac{\rho v^2}{2}$$

式中,Δp_f 为摩擦压降,Pa;f 为摩擦系数,无因次,与流体的流动性质(层流与湍流)、流动状态[定型流动(即充分展开的流动)与未定型流动]、受热情况(等温与非等温)、通道的几何形状及表面粗糙度等因素有关;L 为通道长度,m;D_e 为通道的当量直径,m;ρ 为流体密度,kg/m³;v 为流体的速度,m/s。

(2)计算阀门、孔板、弯管的形阻压降

$$\Delta p_c = K\frac{\rho v_i^2}{2}$$

式中,Δp_c 为摩擦压降,Pa;K 为形阻系数,无因次;ρ 为流体密度,kg/m³;v_i 为流体的速度,m/s。对于孔板,当截面突然扩大时,$i=1$;当截面突然缩小时,$i=2$。对于阀门、接管、弯管,i 不取任何值。

(3)计算燃料组件定位格架的摩擦压降

在计算燃料组件定位格架的摩擦压降时,以Rehme推荐的经验公式用得最广泛。

$$\Delta p_{gd} = K_{gd}\frac{\rho v_b^2}{2}$$

式中,Δp_{gd} 为燃料组件定位格架的摩擦压降,Pa;v_b 为棒束中的流体平均速度,m/s;K_{gd} 为定位格架的形阻系数,$K_{gd} = K_d \Psi^2$,无因次,经验系数 K_d 为棒束中雷诺数 Re_d 的函数。

11.2.2 汽水两相流动及其压降

1. 两相流的流型

汽水两相介质在通道内流动时，可以有各种不同的存在形态（即流型）：气体有以小气泡的形式均匀散布在液体中的形态，也有以大气弹的形式存在于液体中的形态；液体有以细小水滴的形式分散在气体中的雾状形态等。显然，在这些不同的形态下，两相流的流动特性是不同的。在垂直加热通道内，随着冷却剂向上流动，依次会出现液态单相流、泡状流、弹状流、环状流、雾环状流和雾状流等。气泡先在加热壁面的汽化核心上形成，长大到一定程度后脱离壁面，这些小气泡独立地随同液体向通道上方运动，这种流型称为泡状流。泡状流通常出现在低含汽率的区域内。随着含汽率升高，小的气泡聚合成大的汽弹，两个大气弹之间是夹杂着小气泡的向上流动的水流，这种流型称为弹状流。当含汽率继续升高时，大气弹汇合成汽芯并在通道中部流动，液相在壁面上流动，此时的流型称为环状流。当壁面上的液体有一部分被气体夹带时，这种流型称为雾环状流。由于壁面上的液体不断蒸发，液膜越来越薄，最后全部蒸干，但汽相中还有液滴存在，此时的流型称为雾状流。

两相流的流型与压力、每一相的流量、热通道负荷、通道几何形状以及流动方向等多种因素有关。

2. 两相流的特性参数

两相流的存在明显地改变了冷却剂的传热性能和流动特性，伴随相变所生成的气泡还会削弱冷却剂的慢化能力。对于两相流来说，通道中各点流体的状况会随时间发生连续的变化，有时是液相，有时是气相，即对某一相来说在时间域上是不连续的。虽然在某一瞬时，两相流的流动仍然遵循质量守恒、动量守恒和能量守恒定律，但是不连续现象的存在，大大增加了建立和求解这些方程的难度。因此，两相流对压水反应堆系统的设计和运行是非常重要的。在进行两相流的流动压降计算、传热计算和流动稳定性分析时，除要涉及具体流型之外，还必须确定通道中每一处两相的数量比例关系，为此引入含汽量、空泡份额和滑速比的概念。

（1）含汽量

在汽水两相混合物中，定义了3种含汽量。

①静态含汽量 x_s

对于不流动的系统，即在气相和液相都没有运动的系统内，静态含汽量 x_s 的定义为

$$x_s=\frac{\text{汽液混合物内蒸汽的质量}}{\text{汽液混合物的总质量}}=\frac{\rho_g A_g}{\rho_f A_f+\rho_g A_g}$$

式中，A_g、A_f、ρ_g 和 ρ_f 分别为在一个长度为 z 的体积元内，蒸汽所占的截面积、液体所占的截面积、蒸汽的密度和液体的密度。由此可见，$0\leqslant x_s\leqslant 1$。

②真实含汽量 x

对于流动的系统，任何一个横截面上的真实含汽量 x 的定义为

$$x=\frac{\text{蒸汽的质量流量}}{\text{汽液混合物的总质量流量}}=\frac{\rho_g V_g A_g}{\rho_f V_f A_f+\rho_g V_g A_g}$$

式中，A_g、A_f、V_g、V_f、ρ_g 和 ρ_f 分别为在一个长度为 z 的体积元内，蒸汽所占的截面积、液体所占的截面积、蒸汽的流速、液体的流速、蒸汽的密度和液体的密度。

真实含汽量 x 对分析过冷沸腾和烧干后的沸腾工况十分重要，因为在这两个区域内，汽

液两相处于热力学不平衡状态。热力学平衡状态含汽量在这些区域是不适用的。

③平衡态含汽量 x_e

若汽液两相处于热力学平衡状态，则 x_e 可由式（11－23）确定。

$$x_e = \frac{H - H_{fs}}{H_{fg}}$$

式中，H 是汽液两相混合物的焓；H_{fs}是液体的饱和焓；H_{fg}是汽化潜热。平衡态含汽量可以为负，也可以为正和大于1。若 x_e 为负，则说明流体是过冷的；若 x_e 大于1，则说明流体已为过热蒸汽。因此在过冷沸腾区，x_e 不等于 x。

（2）空泡份额

在静止的汽液混合物中，α 被定义为蒸汽的体积与汽液混合物总体积的比值，即

$$\alpha = \frac{U_g}{U_f + U_g} \tag{11-24}$$

式中，U_g 为汽液混合物内蒸汽的体积；U_f 为汽液混合物内液体的体积。

而在流动系统中，所考虑的区段内的空泡份额 α 是该区段蒸汽的体积与汽液混合物总体积之比。对于长度为 Δz 的微元段（详见《核反应堆热工分析》），可以列出：

$$\alpha = \frac{A_g \Delta z}{(A_f + A_g)\Delta z} \tag{11-25}$$

式中，A_g 和 A_f 分别为蒸汽和液体在通道内所占的流通截面积。因为 $A_f + A_g = A$。于是式（11－25）可简化为

$$\alpha = \frac{A_g}{A} \tag{11-26}$$

式中，A 为通道的总流通截面积。由此可见，α 在数值上恰好等于蒸汽所占的通道截面积的份额。

（3）滑速比 S

在两相流中，蒸汽的平均速度和液体的平均速度可以相等，也可以不相等。若其中蒸汽的平均速度是 v_g，液体的平均速度是 v_f，则定义 v_g 与 v_f 之比为滑速比 S，即

$$S = \frac{v_g}{v_f} \tag{11-27}$$

在垂直向上流动的两相系统中，由于蒸汽的密度小，受到浮升力的作用，因此蒸汽的运动速度比液体快，这样在蒸汽和液体之间便产生了相对滑移，所以 $v_f < v_g$，$S > 1$。

如果混合物的总质量流量为 W_t，则蒸汽的质量流量为 xW_t，液体的质量流量为$(1-x)W_t$。

因为

$$xW_t = A_g v_g \rho_g$$
$$(1-x)W_t = A_f v_f \rho_f$$

所以

$$v_g = \frac{xW_t}{A_g \rho_g}$$
$$v_f = \frac{(1-x)W_t}{A_f \rho_f}$$

由此可得滑速比为

$$S=\frac{v_g}{v_f}=\frac{x}{1-x}\frac{A_f}{A_g}\frac{\rho_f}{\rho_g}$$

(4)含汽量、空泡份额和滑速比间的关系

$$\frac{1-x_s}{x_s}=\frac{v_g}{v_f}\frac{1-x}{x}$$

式中,x_s 为静态含汽率;x 为真实含汽率。当 $S=\frac{v_g}{v_f}=1$ 时,$x_s=x$。

①两相流的基本方程

a. 质量守恒方程,根据质量守恒定律得出。

b. 动量守恒方程,根据动量守恒原理得出。

②两相流的压降计算

a. 沿等截面直通道的流动压降

在许多涉及高温、高压的热工水力分析中,相关人员可能不知道系统中相继出现的流动结构,因而也就不可能对特定的流动结构应用专门的处理方法。为此,研究人员专门研究了一种无须考虑流动结构且适用于进行热工水力分析的方法。通常根据预测可能出现的两相流流动结构,首先建立一定的物理模型;其次按照所建立的物理模型,适当地定义两相流的特性参数,如速度、温度、密度、黏度等;最后再应用有关标准流体力学和传热学的方法对系统进行分析。目前广为应用的物理模型有"均匀流模型"和"分离流模型"两种。

b. 一维稳态两相流动量方程

与分析单相流一样,动量方程同样是分析两相流压降的基础。严格定义的一维流动是指与流线方向上的参数的变化相比较,流线垂直方向上的流体参数的变化可以忽略不计的流动。简化的一维流动可以使复杂的问题简单化,其结果对实际运用而言仍可靠。简化分析的基础为如下:

- 两相为层状流动,各项均与通道壁面接触并有一公共分解面。
- 两相间存在质量交换。
- 流动是稳定的,在垂直于流动方向的任一截面上,两相均具有各自的平均速度和平均密度,各点的压力相等。
- 蒸汽和液体所占的通道面积之和等于通道的总流通面积。

$$-A\mathrm{d}p-\mathrm{d}F_g-\mathrm{d}F_f-g\sin\theta\mathrm{d}z(A_f\rho_f+A_g\rho_g)=\mathrm{d}(W_fv_f+W_gv_g) \tag{11-28}$$

式(11-28)即为一维稳态两相流动量微分方程。式中,A 为通道的总流通截面积;P 为压力;F 为流体与通道壁面接触的摩擦力;g 为重力加速度;θ 为流体通道轴线与水平面的夹角;ρ 为密度;W 为质量流量;v 为流体的流速;下标 f 表示液相;下标 g 表示气相。

c. 均匀流模型的两相压降表达式

均匀流模型也称为摩擦系数模型或雾状流模型。它是把两相流看作一个具有从每一相物性导出的平均物性的假想单相流。均匀流模型的基本假设是:

- 汽相和液相的流速相等($S=1$)。
- 两相处于热力学平衡状态。
- 使用合理确定的单相摩擦系数。

一般认为该模型适用于分析泡状流和滴状流。均匀流模型一维稳态流动的微分方程可直接由式(11-29)简化得到。

$$-A\mathrm{d}p-\mathrm{d}\overline{F}-A\bar{\rho}g\sin\theta\mathrm{d}z=W\mathrm{d}\bar{v} \tag{11-29}$$

由此式可以推导出均匀流模型的压降表达式。

d. 分离流模型的两相压降表达式

假定汽液两相完全分开,每组均以各自的平均流速沿通道的不同部分流动,这样的一种流动结构就称为分离流模型。其基本前提如下:

- 汽相和液相的流速各自保持不变,但不相等。
- 两相处于热力学平衡状态。
- 应用经验关系式或简化的概念寻求两相流摩擦压降倍数和空泡份额与独立流动变量之间的表达式。

其表达式可写为

$$-\frac{\mathrm{d}p}{\mathrm{d}z}=-\left(\frac{\mathrm{d}p}{\mathrm{d}z}\right)_{\mathrm{f}}+G^2\frac{\mathrm{d}}{\mathrm{d}z}\left[\frac{x_{\mathrm{e}}^2v_{\mathrm{gs}}}{\alpha}+\frac{(1-x_{\mathrm{e}})^2v_{\mathrm{fs}}}{(1-\alpha)}\right]+g\sin\theta[\alpha\rho_{\mathrm{gs}}+(1-\alpha)\rho_{\mathrm{fs}}]$$

11.2.3 堆芯冷却剂流量的分配

为了在安全可靠的前提下尽量提高反应堆的输出功率,必须预先知道堆芯热源的空间分布和各个冷却剂通道内的冷却剂流量。进入堆芯的冷却剂并不是均匀分配的,其主要原因如下:

(1)进入下腔室的冷却剂流量,不可避免地会形成大大小小的涡流区,从而有可能造成各冷却剂通道进口处的静压力各不相同。

(2)各冷却剂通道在堆芯或燃料组件中所处的位置不同,其流通截面的几何形状和大小也就不可能完全一样。例如,处在燃料组件边、角位置处的冷却剂通道的流通截面和处于中心处的冷却剂通道的流通截面就可能不一样。

(3)燃料元件和燃料组件的制造、安装的偏差,会引起冷却剂通道流通截面的几何形状和大小偏离设计值。

(4)各冷却剂通道中的释热量不同,引起各通道内冷却剂的温度(进而是热物性以及含汽量)也各不相同,从而导致通道中的流动阻力产生显著差异,这是使流入各通道的冷却剂流量的大小不同的一个重要原因。

由于堆芯冷却剂流动的复杂性,目前还不可能单纯依靠理论分析来解决其在堆芯的分配问题,只能借助描述稳态工况的冷却剂热工水力状态基本方程、已知的参量或边界条件及一些经验数据或关系式,来求得可以满足工程上需要的堆芯流量分配的近似解。比较准确的流量分配,一般是在堆本体设计之后,根据相似理论,通过水力模拟试验测量出来的,不过这也只能测得冷态工况下的流量分布,有时甚至还要在反应堆的调试过程中进行实际测量。

可以将堆芯中成千上万个相互平行的冷却剂通道看作一组并联通道,而将堆芯的上、下腔室看作这些平行通道的汇集处。依据计算模型的不同,并联通道通常被划分为闭式通道和开式通道两类。如果相邻通道的冷却剂之间不存在质量、动量和热量的交换,这些通道就被称为闭式通道,反之被称为开式通道。通常在热工水力计算中都是将堆芯冷却剂通道作为闭式通道处理的。对于闭式通道来说,只需考虑一维向上(或向下)的流动,不计相邻通道间冷却剂的质量、动量和热量的交换,所以这些方程的形式比较简单。

①质量守恒方程

假设堆芯由 n 个并联的闭式冷却剂通道组成，冷却剂的总循环流量为 W_t，并联通道的各分流量分别为 $W_1, W_2, \cdots, W_n$，则质量守恒方程为

$$(1-\xi_s)W_t = \sum_{i=1}^{n} W_i$$

式中，ξ_s 为旁流系数。等式左边项表示流经堆芯冷却剂通道的冷却剂流量。

②动量守恒方程

冷却剂通道中的动量守恒方程仍然满足式(11－20)。若用一般的函数形式表示，则对第 i 个冷却剂通道可以写出：

$$p_{i,\mathrm{in}} - p_{i,\mathrm{out}} = f(L_i, D_{e,i}, A_i, W_i, \mu_i, \rho_i, x_i, a_i)$$

式中，$p_{i,\mathrm{in}}$、$p_{i,\mathrm{out}}$ 分别为第 i 个冷却剂通道的进口压力、出口压力；L、D_e 和 A 分别为通道的长度、当量直径和流通截面积；W、μ、ρ、x 和 a 分别为质量流量、黏度、密度含汽量和空泡份额；下标 i 表示通道的序数。

③热量守恒方程

第 i 个冷却剂通道在稳态工况下的热量守恒方程为

$$W_i(H_{i,\mathrm{out}} - H_{i,\mathrm{in}}) = \int_0^L q_{1,i}(z)\,\mathrm{d}z$$

式中，$H_{i,\mathrm{out}}$、$H_{i,\mathrm{in}}$ 分别为第 i 个冷却剂通道的出口焓、进口焓，J/kg；$q_{1,i}(z)$ 为第 i 个冷却剂通道轴向高度 z 处的燃料组件的线功率，W/m。等式左边表示第 i 个冷却剂通道内由冷却剂带走的热量，右边表示第 i 个冷却剂通道燃料组件释出的热量。

11.2.4 流动不稳定性

在加热的流动系统中，如果流体发生相变即出现两相流，流体不均匀的体积变化可能导致流体的不稳定。这里的“不稳定”是指：在一个质量流速、压降和空泡之间存在热力－流体动力学联系的两相系统中，流体受到一个微小的扰动后所发生的流量漂移或以某一频率的恒定振幅或变振幅进行的流量振荡。流动不稳定性不仅在热源有变动的情况下会发生，而且在热源保持恒定的情况下也会发生。

在反应堆堆芯、蒸汽发生器及其他存在两相流的设备中，一般都不允许出现流动不稳定性，主要原因如下：

(1)流动振动会使部件产生有害的机械振动，而持续的流动振动会导致部件的疲劳破坏。

(2)流动振动会干扰控制系统。

(3)流动振动会使部件的局部热应力产生周期性变化，从而导致部件的热疲劳破坏。

(4)流动振动会使系统内的传热性能变坏，使临界热流量大幅度下降，造成沸腾临界过早出现。实验证明，当出现流动振动时，临界热流量的数值降低量多达40%。

在两相系统中，可能出现的流动不稳定性主要有以下5种类型：水动力不稳定性或Ledinegg不稳定性；并联通道的管间脉动；流型不稳定性；动力学不稳定性；热振荡。

对以上内容感兴趣的读者可以参阅《核反应堆热工分析》及其他热工水力教材。

复　习　题

1. 选择题

(1)在流量一定的情况下,管路直径变大则阻力变(　　);管路直径一定,流量变小,则阻力变(　　)。如果有部分流体因汽化而形成两相流,这时阻力(　　)。　　(　　)

A. 变小　　B. 变大

C. 不变

(2)停堆后的核反应释热包括　　(　　)

A. 缓发中子引起的剩余裂变产生的功率

B. 裂变产物的衰变热

C. 中子俘获产物的衰变热

D. 主泵转动发出的热量

(3)已知堆芯热点处的热流密度 $q_R = 1.42 \times 10^6 W/m^2$,在该点计算得到的临界热流密度 $q_{DNB} = 2.84 \times 10^6 W/m^2$,该点的 DNBR 为　　(　　)

A. 2　　B. 1

C. 2.5　　D. 0.5

(4)将堆芯燃料核反应释热量传输到反应堆外,依次经过:燃料元件内部(包括燃料芯块、间隙和包壳)的(　　),包壳外表面与冷却剂之间的(　　)(包括单相对流、沸腾传热和热辐射等传热模式),冷却剂的(　　)3 个过程。　　(　　)

A. 导热　　B. 传热

C. 输热　　D. 对流

(5)过冷沸腾发生条件是液体温度(　　)饱和温度和热面的温度(　　)饱和温度。

(　　)

A. 小于　　B. 大于

C. 等于

(6)在反应堆寿期末,将堆芯中央区某几根控制棒插入堆芯,会使径向功率峰值(　　),可以使中央区轴向功率峰值移向堆芯的(　　)。　　(　　)

A. 提高　　B. 不变

C. 降低　　D. 上半部

E. 下半部　　F. 中部

(7)随燃耗的加深,UO_2 的熔点(　　);UO_2 的热导率(　　)。　　(　　)

A. 不变　　B. 上升

C. 下降　　D. 变大

E. 变小

2. 填空题

(1)泡核沸腾传热的主要机理是(　　)、(　　)和(　　)。

(2)自然循环的驱动力是流体的(　　),形成冷流体(　　)和热流体(　　)的流动。

(3)影响反应堆冷却剂流动稳定性的因素有:(　　)、(　　)、(　　)和(　　)。

(4)如图所示,请标出池沸腾曲线上各区传热工况:

①泡核沸腾和自然对流混合传热工况:( )。

②临界热流密度工况:( )。

③过渡沸腾传热工况:( )。

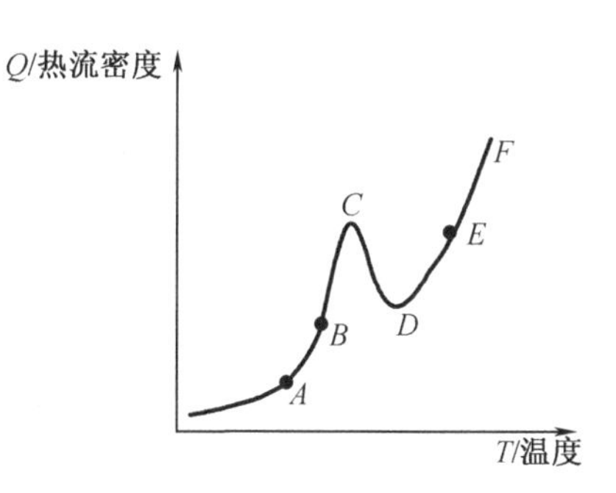

填空题(4)图

(5)在充分发展的流动泡核沸腾(欠热或饱和)工况下,泡核沸腾所传递的热流密度主要取决于壁面( )和沸腾系统的( )。

3.判断题

(1)传热方程数学表达式为 $Q=h\cdot\Delta t\cdot F$。式中,h 为传热系数;F 为传热面积,Δt 为温差。 ( )

(2)停堆后,燃料元件表面热流密度的下降速度与燃料剩余释热的下降速度相同。 ( )

(3)两相流的流型主要与系统的压力、流量、含汽率、壁面热流密度、通道几何形状和流动方向等因素有关。 ( )

(4)核电站的净效率指发电机输出电功率与反应堆热功率的比值。 ( )

(5)饱和汽的温度比饱和水的温度高。 ( )

参 考 文 献

[1] 谢仲生. 核反应堆物理分析:修订本[M]. 西安:西安交通大学出版社,2004.

[2] 谢仲生. 压水堆核电厂堆芯燃料管理计算及优化[M]. 北京:原子能出版社,2001.

[3] 潘泽飞. 压水核动力电厂反应堆物理试验方法[M]. 北京:中国原子能出版社,2015.

[4] 杜德斯塔特,汉密尔顿. 核反应堆分析[M]. 吕应中,王大中,奚树人,译. 北京:原子能出版社,1980.

[5] 拉马什. 核反应堆理论导论[M]. 洪流,译. 北京:原子能出版社,1977.

[6] 杨兰和. CP600 压水堆核电厂核燃料管理[M]. 北京:中国原子能出版传媒有限公司,2011.

[7] 杨兰和. 核电厂物理热工[M]. 北京:中国原子能出版社,2012.

[8] 李冠兴,武胜. 核燃料[M]. 北京:化学工业出版社,2007.